Dieter Hänel

# Molekulare Gasdynamik

Springer-Verlag Berlin Heidelberg GmbH

Dieter Hänel

# Molekulare Gasdynamik

## Einführung in die kinetische Theorie der Gase und Lattice-Boltzmann-Methoden

Mit 48 Abbildungen

 Springer

Professor Dr.-Ing. Dieter Hänel
Universität Duisburg-Essen
Fakultät für Ingenieurwissenschaften
Institut für Verbrennung und Gasdynamik
47048 Duisburg
*haenel@ivg.uni-duisburg.de*

Bibliografische Information der Deutschen Bibliothek
Die Deutsche Bibliothek verzeichnet diese Publikation in der Deutschen Nationalbibliografie;
detaillierte bibliografische Daten sind im Internet über <http://dnb.ddb.de> abrufbar.

ISBN 978-3-662-31229-2    ISBN 978-3-540-35047-7 (eBook)
DOI 10.1007/978-3-540-35047-7



Umschlag-Entwurf: medio Technologies AG, Berlin
Satz: Digitale Druckvorlage des Autors
Gedruckt auf säurefreiem Papier    7/3020 Rw  5 4 3 2 1 0

# Vorwort

Das Ziel dieses Buches ist es, einen Überblick über die kinetische Theorie
der Gase, ihre Lösungsmöglichkeiten und Anwendungen aus ingenieurwissen-
schaftlicher Sicht zu geben.

Vorlesungen über Grundlagen der kinetischen Theorie der Gase sind Be-
standteil des Studiums in den Ingenieurwissenschaften und Naturwissenschaf-
ten. So ist auch die Idee zu diesem Buch aus einer langjährigen Vorlesungs-
reihe über „Molekulare Gasdynamik" an der Fakultät für Ingenieurwissenschaften der Universität Duisburg-Essen entstanden. In der deutschsprachi-
gen Literatur fehlt jedoch ein begleitendes Lehrbuch zur Einführung in die
kinetische Theorie der Gase. Das, soweit mir bekannt, einzige Buch in deut-
scher Sprache wurde von A.Frohn [1] [19] verfasst, in dem die Theorie in kurzer
und verständlicher Form zusammengefasst wurde. Leider ist diese Taschen-
buchausgabe seit Jahren nicht mehr erhältlich. Der Autor dieses Buches hofft,
mit der erweiterten Darstellung der kinetischen Theorie diese Lücke zu füllen.

Die kinetische Theorie beschreibt die makroskopischen Eigenschaften eines Gases, wie Druck, Dichte, Temperatur oder Geschwindigkeit, über die
mikroskopische Bewegung von Atomen und Molekülen.

Einen ersten Einblick in die kinetische Theorie erhält man aus einer elementaren Betrachtung der Gaskinetik, in der mit einfachsten, mikroskopischen Modellen die fluid- und thermodynamischen Variablen einer Strömung
als auch die Transportgrößen wie Viskosität oder Wärmeleitfähigkeit aus molekularkinetischer Sicht dargestellt werden. Dieses Darstellung eignet sich in-
besondere für einführende Vorlesungen in die Grundlagen der Strömungsmechanik.

Eine weitergehende Beschäftigung mit der kinetischen Theorie führt auf
statistische Formulierungen der molekularen Bewegung und Dynamik. Die
Wahrscheinlichkeit, ein Molekül in einem Phasenvolumen zu finden, wird
mittels einer molekularen Geschwindigkeitsverteilungsfunktion ausgedrückt.
Ist diese bekannt, so können aus ihren Momenten alle strömungsrelevanten,
makroskopischen Größen ermittelt werden.

Eine analytisch darstellbare Verteilungsfunktion ist die Maxwell-Verteilung
für Gase im thermodynamischen Gleichgewicht. Trotz dieser einschränkenden

---

[1] Prof. Dr. rer. nat. Arnold Frohn, Emeritus am Institut für Thermodynamik der
Luft- und Raumfahrt der Universität Stuttgart

Annahme erlaubt die Maxwell-Verteilung, Details der molekularen Stoßmechanik, aber auch die Grundlagen der chemischen Reaktionskinetik herzuleiten. Allgemeine Nichtgleichgewichtsvorgänge erfordern jedoch die Lösung der Boltzmann-Gleichung zur Bestimmung der Verteilungsfunktion. Die Momente der Boltzmann-Gleichung und ihrer Näherung, dem BGK-Modell, führen auf die makroskopischen Erhaltungsgleichungen von Masse, Impuls und Energie einschließlich der molekularen Transportprozesse, wie Reibung oder Wärmeleitung.

Lösungen der Boltzmann-Gleichung ermöglichen somit ein theoretisches Fundament der Kontinuumsmechanik und ihrer phänomenologisch festgelegten Transportvorgänge. Als Beispiel seien hier die Navier-Stokes-Gleichungen und der Newtonsche Spannungsansatz genannt, die sich aus einer Näherung der Boltzmann-Gleichung ergeben. Darüber hinaus bietet diese Theorie die einzige Möglichkeit, Phänomene bei stärkeren Abweichungen vom thermodynamischen Gleichgewicht zu erklären und quantitativ zu bestimmen. Dazu gehören insbesondere Strömungsvorgänge bei sehr geringen Dichten in der Raumfahrt- oder Vakuumtechnik, aber auch Nichtgleichgewichtsvorgänge in der Chemie und Plasmaphysik. Die detaillierte Berechnung solcher Vorgänge führt natürlich auf umfangreiche und zum Teil komplexe Mathematik, die den Umfang einer Einführung in die kinetische Theorie überschreitet. Die mathematischen Anforderungen an den Leser werden deshalb auf das Notwendigste begrenzt.

Auf Grund der mathematischen Komplexität der kinetischen Theorie und der damit verbundenen Schwierigkeit, analytische Lösungen zu finden, gewinnen numerische Lösungsverfahren zunehmende Bedeutung, dies vor allem durch die ständig steigende Rechnerkapazität. In diesem Buch wird deshalb noch eine Einführung in ausgewählte, gaskinetische Simulationsmethoden gegeben. Unter diesen Methoden wird im Detail auf die Lattice-Boltzmann-Methoden eingegangen, die direkt auf den hier vorgestellten Grundlagen aufbauen und in der numerischen Strömungsmechanik als effiziente Simulationsmethoden mittlerweile breite Verwendung finden.

Der Autor ist als Student der Luft- und Raumfahrt an der RWTH Aachen in den Vorlesungen von Prof. Dr. A. Frohn zum ersten Male mit der kinetischen Theorie in Berührung gekommen. Die von Prof. Dr. A. Frohn in seiner Vorlesung vermittelte Begeisterung für diese Theorie ist bis jetzt erhalten geblieben und hat zu diesem Buch ebenso wie zu einigen Forschungsthemen beigetragen. Die wissenschaftliche Beschäftigung mit diesen Problemstellungen begann in der Promotionszeit am Stoßwellenlabor der RWTH Aachen unter Prof. Dr. H. Grönig mit experimentellen und theoretischen Untersuchungen zur Stoßwellenstruktur. Die Entwicklung und Anwendung numerischer Methoden in der Strömungsmechanik war wesentliches Forschungsgebiet während der Tätigkeit am Aerodynamischen Institut an der RWTH Aachen unter Prof. Dr. E. Krause. Obwohl hierbei meist Probleme von Kontinuumsströmungen bearbeitet wurden, spielten auch verdünnte Gasströmungen in verschieden Projekten eine Rolle, wie zum Beispiel in Wiedereintrittsproblemen der Raumfahrt oder bei Isotopentrennverfahren. Mit der Berufung auf eine Professur für Strömungsmechanik an der Universität Duisburg-Essen wurde neben anderen Vorlesungen zur Strömungsmechanik auch die Vorlesung „Molekulare Gasdynamik" übernommen, aus der, wie oben erwähnt, die Idee zu diesem Buch kam. Als Anfang der neunziger Jahre die ersten Arbeiten zu Lattice-Boltzmann-Methoden erschienen, wurden diese von Frau Dr. O. Filippova[2] und mir aufgegriffen und weiterentwickelt. Die Weiterentwicklungen dieser Methoden führten mittlerweile zu mehreren Forschungsprojekten, die durch die Deutsche Forschungsgemeinschaft unterstützt wurden.

Duisburg, im Frühjahr 2004                    *Prof. Dr.-Ing. Dieter Hänel*

---

[2] jetzt EXA Corporation, Lexington, USA

# Inhaltsverzeichnis

# 1. Einführung in die molekulare Gasdynamik

## 1.1 Zum Inhalt dieses Buches

Im ersten Kapitel werden einige Grundbegriffe und Annahmen der kinetischen Theorie der Gase vorgestellt.

Darauf aufbauend beginnt die eigentliche Thematik im zweiten Kapitel „Elementare Gaskinetik" mit einem sehr einfachen Modell der Molekülbewegung. In dem Modell wird stark vereinfachend angenommen, dass sich die Moleküle nur in den 6 kartesischen Richtungen bewegen können („1/6" Modell). Trotz dieser Vereinfachung erlaubt diese molekulare Vorstellung die Abschätzung der wichtigsten thermodynamischen und strömungsmechanischen Größen aus molekular-kinetischer Sicht. Da hier ohne mathematischen Aufwand die physikalische Bedeutung der Strömungsgrößen aus grundlegender, molekularkinetischer Sicht dargestellt wird, eignet sich dieses Kapitel auch als Einführung in die Grundlagen der Strömungsmechanik.

Im dritten Kapitel „Verteilungsfunktion und makroskopische Größen" wird der Begriff einer allgemeinen Geschwindigkeitsverteilungsfunktion als wichtigste Größe der kinetischen Theorie eingeführt. Über die Definition der Momente wird der Zusammenhang zwischen der mikroskopischen Formulierung und den makroskopischen Variablen einer Strömung hergestellt. Kenntnis der Verteilungsfunktion vorausgesetzt, können alle Variablen, einschließlich der molekularen Transportvorgänge, als Momente der Verteilungsfunktion ausgedrückt werden.

Die einzige, auf einfache Weise analytisch darstellbare Verteilungsfunktion ist die Maxwellsche Geschwindigkeitsverteilungsfunktion, kurz Maxwell-Verteilung, eines Gases im Gleichgewicht, welches sich makroskopisch in Ruhe oder in gleichförmiger Bewegung befindet. Die Maxwell-Verteilung wird im vierten Kapitel „ Kinetische Theorie für Gleichgewicht" hergeleitet und ihre Eigenschaften diskutiert. Mittels der Maxwell-Verteilung werden im Detail die molekularen Stoßbeziehungen in einem Gas formuliert, die auch die Grundlage bilden zur Herleitung der Boltzmann-Gleichung im nächsten Kapitel. Die Stoßbeziehungen bauen dabei auf den Gesetzmäßigkeiten elastischer Stöße zwischen den Molekülen auf. Um den mathematischen Aufwand einzuschränken, werden hierbei die Moleküle als harte, elastische Kugeln angenommen. Ausgehend von der Maxwell-Verteilung werden die Vorgänge bei chemisch reagierenden Strömungen von molekular-kinetischer Seite aus betrachtet und grundlegende Beziehungen reaktiver Strömung, wie Reaktionsgeschwindigkeit oder Arrhenius-Gesetz, hergeleitet.

Im fünften Kapitel „Boltzmann-Gleichung" wird die allgemeine Bestimmungsgleichung einer Verteilungsfunktion für Nichtgleichgewichtsvorgänge, die oben erwähnte Boltzmann-Gleichung, hergeleitet, und es werden die Grenzfälle dieser Gleichung für freie Molekülströmung und für Kontinuumsströmung betrachtet. Wenn die Boltzmann-Gleichung realistische Strömungen beschreiben soll, muss sie den zweiten Hauptsatz der Thermodynamik erfüllen. Dass dies so ist, wird anhand des sogenannten H-Theorems gezeigt.

Die Momente der Boltzmann-Gleichung werden in allgemeiner Form als Maxwellsche Transportgleichungen formuliert. Für die Invarianten eines elastischen Molekülstoßes, d.h. Masse, Impuls und Energie, führen diese auf die bekannten, makroskopischen Erhaltungsgleichungen eines Fluides.

Die Lösung der Boltzmann-Gleichung, insbesondere des Kollisionstermes dieser Gleichung, ist mathematisch äußerst komplex. Eine wesentliche Vereinfachung dieses Termes stellt das BGK-Modell der Boltzmann-Gleichung dar. Trotz der Vereinfachung erfüllt das BGK-Modell wesentliche Eigenschaften der Boltzmann-Gleichung, wie die Erhaltungsgleichungen eines Fluides und das H-Theorem. Dieses Modell wird hier vorgestellt, da es z.B. Ausgangspunkt neuerer, numerischer Verfahren ist, wie z.B. der Lattice-Boltzmann-Verfahren, die im letzten Kapitel beschrieben werden.

Aufbauend auf den Grundlagen des vorangegangenen Kapitels werden im sechsten Kapitel „Boltzmann-Gleichung für Gasgemische" die Entwicklungen für die Boltzmann-Gleichung und ihre Momentengleichungen auf Gemische idealer Gase unterschiedlicher Spezies übertragen. Es werden Momentengleichungen für die Spezies und das Gemisch formuliert und die entsprechenden Erhaltungsgleichungen daraus hergeleitet. Daraus folgend wird eine Übersicht über unterschiedliche Diffusionsvorgänge gegeben.

Mittels H-Theorem kann gezeigt werden, dass die Boltzmann-Gleichung, formuliert für ein Gasgemisch, die Entropiebedingung des zweiten Hauptsatzes erfüllt. Daraus hergeleitet werden die Bedingungen für ein Gemisch im Gleichgewicht.

Die im Kapitel sieben vorgestellte Chapman-Enskog-Entwicklung ermöglicht explizite Lösungen des BGK-Modelles und der Boltzmann-Gleichungen für kleine Abweichungen vom thermodynamischen Gleichgewicht. Die Entwicklung wird zunächst anhand des einfacheren BGK-Modelles gezeigt und anschließend auf die Boltzmann-Gleichung übertragen. Ergebnisse der Chapman-Enskog-Entwicklung sind die Formulierungen der Transportansätze für Schubspannungen und Wärmestrom, wie sie empirisch für die Kontinuumstheorie angenommen werden. Aus der Chapman-Enskog-Entwicklung folgen die Navier-Stokes-Gleichungen als erste Näherung der Boltzmann-Gleichung für kleine Abweichungen vom Gleichgewicht.

In den Kapiteln acht und neun werden numerische Verfahren zur Lösung der Boltzmann-Gleichung vorgestellt. Auf Grund der mathematischen Komplexität der gaskinetischen Grundgleichungen bieten numerische Methoden meist die einzige Möglichkeit, wissenschaftliche und technische Probleme im Detail zu lösen. Aus der Vielfalt von numerischen Konzepten werden drei Verfahren vorgestellt. Die Monte-Carlo-Methode ist das meist verwendete Lösungskonzept für verdünnte Gasströmungen, wie sie in Wiedereintrittsproblemen der Raumfahrt und in der Vakuumtechnik auftreten. In dieser Methode wird keine Boltzmann-Gleichung gelöst, sondern man simuliert direkt das zugrunde liegende Modell der stochastischen Molekülbewegung in Form von aufeinander folgenden Transport- und Kollisionsschritten. Ähnlich aufgebaut ist das Lattice-Gas-Verfahren, jedoch auf einem stark vereinfachten Phasenraum.

Die Lattice-Boltzmann-Verfahren, denen das Kapitel neun gewidmet ist, nutzen die Idee des vereinfachten Phasenraumes des Lattice-Gas-Verfahrens, auf dem jedoch die Boltzmann-Gleichung bzw. das BGK-Modell direkt approximiert wird. Das Lattice-Boltzmann-Verfahren eignet sich besonders zur Simulation kontinuumsnaher Strömungen kleiner Mach-Zahlen und zeichnet sich besonders durch große numerische Effizienz und geometrische Flexibilität aus. Es ist mittlerweile ein weit verbreitetes, gaskinetisches Verfahren in der numerischen Strömungsmechanik geworden.

**Literaturempfehlung**

Aus den vielen Lehrbüchern auf dem Markt wird im Folgenden eine kurze Auswahl aufgeführt, die sich nach persönlichen Erfahrungen des Autors besonders zur Vertiefung und Erweiterung der Kenntnisse eignet :

- Eine persönliche Empfehlung zur weiteren Einarbeitung und Vertiefung in die kinetische Theorie ist das Buch von Vincenti und Kruger „Introduction to Physical Gas Dynamics" [39].
- Das Grundlagenwerk der molekularen Theorie von Gasen und Flüssigkeiten ist das (dicke) Buch von Hirschfelder, Curtiss und Bird „Molecular Theory of Gases and Liquids" [24]. Dieses setzt jedoch schon einige Kenntnisse der Theorie voraus.
- Für stärker mathematisch interessierte Leser wird das Buch von Cercignani „Rarefied Gas Dynamics: From Basic Concepts to Actual Calculations" [8] empfohlen.
- Zur historischen Entwicklung der kinetischen Theorie mit Orginalaufsätzen wird das Buch Brush „Kinetische Theorie" [7] empfohlen. Dieses ist auch in englisch und z.T. in mehreren Bänden zu haben.
- Zur Vertiefung auf dem Gebiet der Monte-Carlo-Methoden ist das Buch von Bird „Molecular Gasdynamics" [3] geeignet. Weitere Entwicklungen zu diesen Methoden findet man in den Fachzeitschriften und im Internet unter entsprechenden Stichwörtern.

- Das Gebiet der Lattice-Gas-Verfahren bzw. der Zellularen Automaten wird ausführlich von Wolfram in ,,A New Kind of Science" [42] dargestellt.
- Eine Übersicht über Lattice-Boltzmann-Methoden wird von Succi in ,,The Lattice Boltzmann Equation for Fluid Dynamics and Beyond" [37] gegeben. Entwicklungen zu diesen Methoden sind sehr aktuell, es wird deshalb auch auf Fachzeitschriften, Tagungen und Internet zu diesem Thema verwiesen.

## 1.2 Einleitung

Die Strömung eines Gases kann entweder mittels makroskopischer oder mikroskopischer Modellierung mathematisch beschrieben werden. Bei ausreichend großer Dichte, z.B. bei Normalzustand der Atmosphäre, betrachtet man ein Gas makroskopisch als Kontinuum und beschreibt es über die differentiellen Änderungen der makroskopischen Größen Geschwindigkeit, Dichte, Druck und Temperatur. Diese Modellierung eines Fluides führt im Allgemeinen zu Systemen partieller Differentialgleichungen, die die Erhaltung der makroskopischen Variablen Masse, Impuls und Energie in Ort und Zeit beschreiben. Ein Beispiel hierfür sind die Navier-Stokes-Gleichungen. Die Kontinuumsannahme versagt aber, wenn das Gas stark verdünnt ist, da dann die lokalen Mittelwerte vom augenblicklichen Zustand einzelner Moleküle abhängen können. Die Modellierung erfordert in diesem Falle eine detaillierte, mikroskopische Betrachtung.

Bei der mikroskopischen oder molekularen Modellierung eines Gases nimmt man an, dass das Gas aus einer sehr großen Anzahl kleiner, unteilbarer Materieteilchen, den Atomen oder Molekülen, besteht. Für diese Teilchen wird vorausgesetzt, dass sie nur schwach miteinander wechselwirken und dass sie sich in einem Zustand ständiger, zufälliger Bewegung befinden, der sogenannten Brownschen Bewegung. [1] Man geht dabei von der Vorstellung aus, dass sich die Moleküle kräftefrei oder unter Einfluss externer Kräfte in einem Vakuum auf Bahnen bewegen, die durch die Gesetze der Mechanik (Newtonsches Gesetz) bestimmt sind. Nach einer gewissen Flugstrecke, der freien Weglänge, kommt es zu einer Kollision mit einem weiteren Molekül, wodurch die Flugbahn, und somit der Betrag und die Richtung der Molekülgeschwindigkeit, abrupt geändert wird. Die Bahn eines Moleküles unter Einfluss von Kollisionen ist in Abb. 1.1 skizziert. Die unterschiedlichen, freien Weglängen, über alle Moleküle gemittelt, ergeben die mittlere freie Weglänge, ein wichtiger Parameter der Gaskinetik. Der freie Flug der Moleküle, der nur durch einzelne Kollisionen kurzzeitig unterbrochen wird, unterscheidet das Gas von den geordneteren Strukturen in Flüssigkeiten und Festkörpern.

---

[1] nach englischen Botaniker R. Brown, 1827, der die regellose Bewegung kleinster Teilchen in einer Flüssigkeit beobachtete.

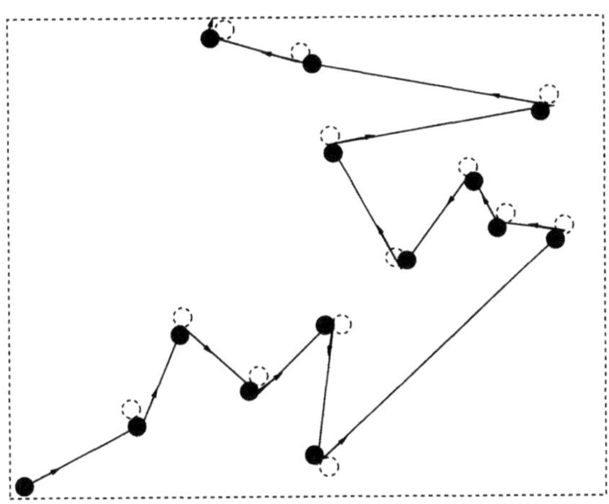

**Abb. 1.1.** Bahn eines Moleküles infolge freien Fluges und Kollisionen mit anderen Molekülen (Brownsche Bewegung)

Die Bewegung eines Moleküles kann, wie bereits gesagt, durch die Gesetze der Mechanik beschrieben werden. Das Problem dabei ist jedoch die riesige Anzahl von sich bewegenden Molekülen mit z.B $10^{19}$ Molekülen pro cm$^3$ bei Normalzustand, die praktisch nicht mehr einzeln und in ihrer Wechselwirkung miteinander zu erfassen sind. Mechanische Beschreibung aller Teilchen ist somit nicht möglich und ist aber auch nicht notwendig, da zur Beurteilung eines Strömungsvorganges nur makroskopische Gesamtwirkungen, d.h. lokale Mittelwerte, interessieren. Dies sind gerade die Größen Geschwindigkeit, Dichte, Druck und Temperatur einer Strömung, wie sie auch aus der Kontinuumstheorie erhalten werden.

Die einzige Möglichkeit mikroskopischer Beschreibung der molekularen Vorgänge ist deshalb die statistische Erfassung der Molekülzustände. In der molekularen Gasdynamik erfolgt dies in einem sechsdimensionalen Phasenraum, in dem nicht mehr Ort und Geschwindigkeit einzelner Moleküle vorgeschrieben werden, sondern nur noch die Wahrscheinlichkeit, mit der sich ein Molekül in einem bestimmten Orts- und Geschwindigkeitsbereich aufhält. Diese Wahrscheinlichkeit wird in Form einer Verteilungsfunktion der Geschwindigkeiten eines Moleküles definiert. Die Geschwindigkeitsverteilungsfunktion ist die wichtigste Größe der kinetischen Theorie der Gase, die es zu bestimmen gilt. Ist diese bekannt, können daraus alle interessierenden, makroskopischen Variablen als geeignete Mittelwerte der Verteilungsfunktion ermittelt werden. Leider ist die Bestimmung dieser Funktion eine mathematisch äußerst komplexe Aufgabe, die auf die Lösung einer Integro-Differentialgleichung, der Boltzmann-Gleichung, führt. Lediglich für den Fall des thermodynamischen Gleichgewichtes eines ruhenden Gases gibt es eine Geschwindigkeitsverteilungsfunktion, die bekannte Maxwell-Verteilung, die unter Ausnutzung von Symmetrieeigenschaften der chaotischen Molekularbewegungen analytisch formuliert werden kann. Trotz der stark einschränkenden Voraussetzung können aus der Maxwell-Verteilung eine Anzahl von Schlussfolgerungen für das kinetische Verhalten eines Gases gezogen werden.

Der Übergang zu einer statistischen Betrachtung erlaubt es somit, trotz der riesigen Anzahl von Molekülen in einem Gas, von den mikroskopischen Zuständen auf die makroskopischen Eigenschaften des Gases zu schließen und diese zu berechnen. *Dies ist der Sinn und die Aufgabe der kinetischen Theorie der Gase.* Die kinetische Theorie ist somit eine statistische Theorie.

Die makroskopischen Größen an einem Punkt in der Strömung können als Mittelwerte geeigneter molekularer Größen betrachtet werden, wobei die Mittelwerte über die Moleküle in einem möglichst kleinen Volumen um den Punkt gebildet werden. Die Kontinuumsannahme ist gültig, solange sich in dem kleinen Volumen eine ausreichend große Anzahl von Molekülen befindet, so dass der Mittelwert nicht vom augenblicklichen Zustand einzelner Moleküle abhängt. Ist dies nicht der Fall, versagt die Kontinuumstheorie und somit verlieren auch Lösungen der Navier-Stokes-Gleichungen, der umfassendsten Beschreibung einer Kontinuumsströmung, ihre Gültigkeit. Physikalisch tritt der Fall z.B. in verdünnter Gasströmung auf, typisch für Probleme des Wiedereintrittes von Raumflugkörpern in die Atmosphäre oder für Probleme der Vakuumtechnik. Hier kann nur die mikroskopische Betrachtung, d.h. die kinetische Theorie der Gase, Lösungen anbieten. Der Gültigkeitsbereich der Boltzmann-Gleichung ist weitaus größer gegenüber den Navier-Stokes-Gleichungen, da sie neben der Beschreibung der Kontinuumsströmung auch die Lösungen verdünnter Gasströmung einschließt.

Andere Probleme, bei denen die Kontinuumstheorie nicht weiterhelfen kann, sind die molekularen Transportvorgänge, die sich makroskopisch als Reibung, Wärmeleitung und Diffusion darstellen. In der Kontinuumstheorie werden diese über empirische Ansätze modelliert, wie z.B. der Newtonsche, der Fouriersche oder Ficksche Ansatz für diese Transportvorgänge. Hierbei wird angenommen, dass die Transportvorgänge proportional zu den Gradienten der entsprechenden Variablen sind, multipliziert mit den Transportkoeffizienten der Viskosität, der Wärmeleitfähigkeit bzw. der Diffusion. Diese Koeffizienten sind aus der Kontinuumstheorie nicht herleitbar. Auf mikroskopischer Basis beschreiben diese Vorgänge den Austausch von Impuls, Energie und Masse der Moleküle in einer Nichtgleichgewichtsströmung, die durch räumliche Änderungen der makroskopischen Variablen gekennzeichnet ist. Die kinetische Theorie der Gase ermöglicht es, in Abhängigkeit vom Molekülmodell, diese Transportkoeffizienten zu bestimmen und auch die Kontinuumsansätze theoretisch zu verifizieren. Darüber hinaus ist die Gaskinetik in der Lage, die molekularen Transportvorgänge bei freier Molekülströmung zu beschreiben, die aus der Kontinuumsannahme heraus nicht erklärt werden können.

Die kinetische Theorie erweitert somit die Grenzen der Gasdynamik über die Ansätze der Kontinuumsmechanik hinaus, gibt aber auch gleichzeitig ein theoretisches Fundament für die Ansätze der Kontinuumsmechanik.

## 1.3 Annahmen der molekularen Theorie

### 1.3.1 Molekülmodelle

Wesentlich für die mikroskopische Betrachtung ist die Annahme eines sinnvollen Molekülmodelles. Ein Atom besitzt eine „innere" Struktur aus Atomkern und Elektronen, in Molekülen ist diese Struktur noch wesentlich komplizierter. In dieser gaskinetischen Betrachtung wird die „innere" Struktur eines Moleküles jedoch nicht berücksichtigt. Das Molekül wird als kugelförmiges Teilchen angenommen, die Wirkung der „inneren" Struktur drückt sich lediglich als intermolekulare Kraft aus, die jedoch eine wesentlich kleinere Reichweite hat im Vergleich zur mittleren freien Weglänge.

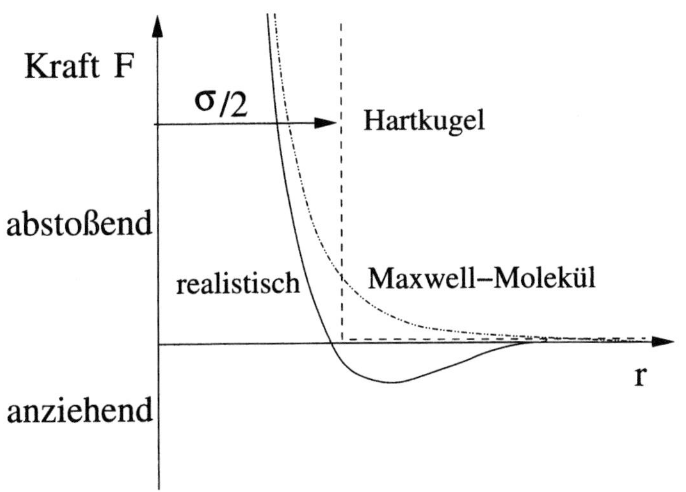


**Abb. 1.2.** Intermolekulare Kraft an einem Molekül mit realistischer Vorstellung der Kraftverlaufes über den Abstand $r$ vom Molekülzentrum und zwei Modelle des Kraftverlaufes
– Annahme einer elastischen harten Kugel mit Durchmesser $\sigma$
– Annahme einer stetigen, abstoßenden Kraft mit $F \sim r^{-\alpha}$,
    für Maxwell-Moleküle ist $\alpha = 5$

Die Abb. 1.2 zeigt den Verlauf der intermolekularen Kraft über den Abstand $r$ vom Molekülzentrum einmal so, wie man ihn sich realistisch vorstellt, und zum anderen angenähert durch zwei typische Modelle. Das einfachste Modell ist die Vorstellung des Moleküles als harte, elastische Kugel, auch Billardball-Modell genannt. Ein sich näherndes Molekül erfährt eine abstoßende Kraft erst dann, wenn es das Molekül mit Durchmesser $\sigma$ berührt. Beim Modell des Maxwell-Moleküles nimmt die abstoßende Kraft mit der fünften Potenz des Abstands ab, $F \sim r^{-5}$. Ein sich näherndes Molekül wird somit vor dem betrachteten Molekül bereits abgelenkt. Das Resultat ist eine „weiche" Kollision. Komplexere Molekülmodelle berücksichtigen auch die sogenannte Potentialdelle, die zu lokal anziehender Kraft führt.

Die komplexeren Molekülmodelle und selbst schon das Maxwell-Molekül führen auf umfangreiche mathematische Formulierungen des Stoßprozesses, die den Rahmen dieses Buches überschreiten. Aus diesem Grunde wird hier nahezu durchgehend das Hartkugelmodell als Molekülmodell vorausgesetzt. Das Hartkugelmolekül wird durch zwei Größen bestimmt,

- den Durchmesser $\sigma$
- und die Masse $m$ des Moleküles.

Trotz seiner Einfachheit liefert dieses Modell realistische Ergebnisse makroskopischer Größen, wobei natürlich der Durchmesser des Moleküles durch Vergleich von theoretischen und gemessenen Daten angepasst wird.

### 1.3.2 Molekulare Skalen

Bei mikroskopischer Betrachtung treten drei wesentliche Längenskalen auf. Diese Skalen sind:

- Mittlere freie Weglänge $l_f$ als Flugstrecke zwischen zwei Stößen.
- Mittlerer Molekülabstand $d_M$ als Maß für die Dichte des Gases.
- Moleküldurchmesser $\sigma$ als Maß für die Reichweite intermolekularer Kräfte.

Den mittleren Molekülabstand $d_M$ erhält man, wenn man alle $N$ Moleküle eines Volumens $V$, gleich der Teilchendichte $n = N/V$ mal Volumen V, gleichmäßig in einen Würfel der Kantenlänge $a$ packen würde, siehe Abb. 1.3. Das Volumen des Würfels ist $V = a^3$. Für eine große Anzahl $N$ von Molekülen gilt

$$N \approx (a/d_M)^3 = n\,V$$

Daraus ergibt sich für den mittleren Molekülabstand $d_M$

$$d_M = n^{-1/3}. \tag{1.1}$$

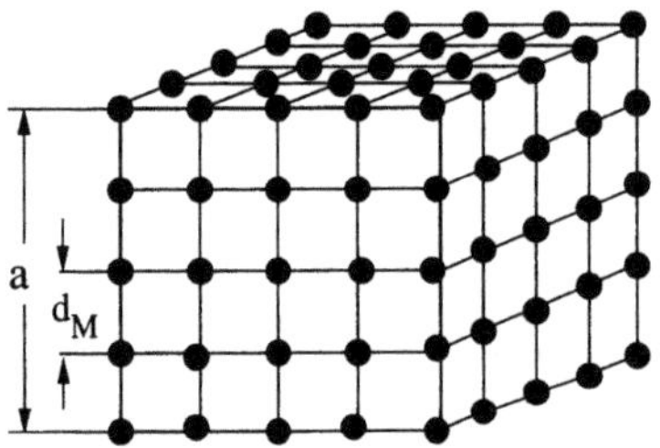


**Abb. 1.3.** Zur Definition des mittleren Abstandes $d_M$ der Moleküle

Für die Gültigkeit der kinetischen Theorie der Gase wird vorausgesetzt, dass sich die Moleküle kräftefrei oder nur unter Einfluss externer Kräfte auf ihren Bahnen bewegen. Dies bedeutet, dass die Reichweite der intermolekularen Kräfte (ein Maß dafür ist der Moleküldurchmesser $\sigma$) ausreichend kleiner sein muss gegenüber dem mittleren Abstand $d_M$. Der mittlere Abstand wiederum soll sehr viel kleiner sein als die mittlere freie Weglänge, so dass ein Molekül während des freien Fluges, außer bei einer Kollision, nicht von einem anderen Molekül beeinflusst wird. Aus diesen Forderungen folgt, dass diese molekularen Längen sich ausreichend unterscheiden, d.h.:

$$\sigma < d_M < l_f. \tag{1.2}$$

Diese Forderung wird erfüllt, wenn das Gas ausreichend verdünnt ist. Dieses schließt das Verhalten eines Gases bei Normaltemperatur und -druck mit ein.

Ein Vergleich dieser Größenordnungen mit den in Tabelle 1.3 angegebenen Daten für Luft bei Normalzustand bestätigt diese Forderung. Es gilt:

$$\sigma : d_M : l_f = 3,7 \cdot 10^{-10} : 3,34 \cdot 10^{-9} : 6 \cdot 10^{-8} \sim 1 : 10 : 160.$$

## 1.4 Gaskinetische Zustandsbereiche

### 1.4.1 Knudsen-Zahl $Kn$

Die wichtigste Kennzahl zur Charakterisierung eines Gaszustandes aus der Sicht der Gaskinetik ist die Knudsen-Zahl $Kn$. Die Knudsen-Zahl $Kn$ ist definiert als Verhältnis zweier charakteristischer Längen

$$Kn = \frac{l_f}{L}. \tag{1.3}$$

Die Länge $L$ ist eine charakteristische, makroskopische Länge, über der sich die Strömungszustände im Wesentlichen ändern. Sie ist abhängig vom Problem und kann z.B. eine Körperlänge oder eine typische Raumabmessung sein.

Die charakteristische Länge der Molekülbewegung ist die mittlere freie Weglänge eines Moleküles $l_f$. Dies ist die freie Flugstrecke eines Moleküles zwischen zwei Kollisionen mit einem anderen Molekül, bei der sich der Zustand des Moleküles nicht ändert. Formulierungen der mittleren freien Weglänge sind im Abschnitt 2.1.4 angegeben. Aus (2.24) folgt, dass das Produkt aus Dichte und freier Weglänge nur von Molekülparametern einer bestimmten Gassorte abhängt:

$$l_f \cdot \varrho = \frac{m}{\sqrt{2}\,\pi\,\sigma^2} = const.$$

Aus dieser Beziehung folgt, dass die Knudsen-Zahl umgekehrt proportional zur Dichte des Gases ist

$$Kn = \frac{const.}{L \cdot \varrho}. \tag{1.4}$$

Die makroskopischen Größen, wie Geschwindigkeit, Druck oder Dichte, sind geeignete Mittelwerte der molekularen Zustände. Diese wiederum ändern sich bei jeder Kollision. Das bedeutet, dass der makroskopische Zustand wesentlich von der Kollisionshäufigkeit der Moleküle abhängt und damit von dem Verhältnis von mittlerer freien Weglänge $l_f$ und makroskopischer Länge $L$, d.h. von der Knudsen-Zahl $Kn$.

### 1.4.2 Knudsen-Zahl, Reynolds-Zahl und Mach-Zahl

Bevor die unterschiedlichen Strömungsbereiche als Funktion der Knudsen-Zahl näher betrachtet werden, wird zunächst der Zusammenhang zwischen der Knudsen-Zahl und den wichtigsten Ähnlichkeitsparametern der Strömungsmechanik, der Reynolds-Zahl und der Mach-Zahl, aufgezeigt.

Die Reynolds-Zahl $Re$ ist ein Maß für den Reibungseinfluß in makroskopischen Strömungen und kann grob als das Verhältnis von Trägheitskräften zu Reibungskräften definiert werden. Mit typischen Referenzgrößen, d.h. einer Fluiddichte $\varrho$, einer Strömungsgeschwindigkeit $U$, einer Körperlänge $L$ und der Viskosität $\eta$ lautet die Reynolds-Zahl

$$Re = \frac{\varrho\, U\, L}{\eta}. \tag{1.5}$$

Die Mach-Zahl $Ma$ ist ein Maß für den Kompressibilitätseinfluss und ist definiert als Verhältnis von Strömungsgeschwindigkeit $U$ zur Schallgeschwindigkeit $a$

$$Ma = \frac{U}{a} \quad \text{mit} \quad a = \sqrt{\kappa\, R\, T} = \sqrt{\kappa\, \frac{k}{m}\, T}. \tag{1.6}$$

Um die Knudsen-Zahl als Funktion von Mach- und Reynolds-Zahl auszudrücken, wird diese erweitert mit

$$Kn = \frac{l_f}{L} = \frac{\eta}{\varrho\, U\, L} \cdot \frac{U}{a} \cdot \frac{\varrho\, a\, l_f}{\eta} = \frac{Ma}{Re} \cdot \frac{\varrho\, a\, l_f}{\eta}.$$

Der Faktor $\varrho\, a\, l_f / \eta$ kann mit den Beziehungen aus dem Kapitel 2 berechnet werden. Die Viskosität wird durch (2.29) und die freie Weglänge durch (2.23) ausgedrückt

$$\eta = \frac{5\sqrt{\pi}}{16} \cdot \frac{\sqrt{k\, m}}{\pi\sigma^2} \cdot \sqrt{T} \quad \text{und} \quad l_f = \frac{m}{\sqrt{2}\,\pi\,\sigma^2\,\varrho}.$$

Damit folgt für die Knudsen-Zahl als Funktion von Mach-Zahl und Reynoldszahl

$$Kn = 1,28\,\sqrt{\kappa} \cdot \frac{Ma}{Re}. \tag{1.7}$$

Die Knudsen-Zahl ist somit proportional zum Verhältnis von Mach-Zahl zu Reynolds-Zahl. Die Proportionalitätskonstante $1,28\,\sqrt{\kappa}$ ist von Größenordnung Eins und ergibt sich z.B. für $\kappa = 1,4$ zu ca. $1,5$.

### 1.4.3 Strömungsbereiche

Mittels der Abhängigkeiten der Knudsen-Zahl nach (1.3), (1.4) und (1.7) können die verschiedenen Zustandsbereiche einer Strömung interpretiert werden. Entsprechend der Größenordnung der Knudsen-Zahl unterscheidet man die in Tabelle 1.1 aufgeführten Strömungsbereiche.

**Tabelle 1.1.** Strömungsbereiche

| | | | |
|---|---|---|---|
| Kontinuumsströmung | $0$ | $< Kn <$ | $10^{-2}$ |
| Gleitströmung (slip flow) | $10^{-2}$ | $< Kn <$ | $10^{-1}$ |
| nahezu freie Molekülströmung (Transitionsgebiet) | $10^{-1}$ | $< Kn <$ | $10$ |
| freie Molekülströmung | $10$ | $< Kn <$ | $\infty$ |

**Der Kontinuumsbereich** ist der Bereich, in dem wir leben und in dem die meisten natürlichen und technischen Strömungen stattfinden. Typisch für den Bereich ist die Luftatmosphäre bei Normalzustand mit einer mittleren freien Weglänge $l_f = 6 \cdot 10^{-8}$ m aus Tabelle 1.3 und einer Knudsen-Zahl von $Kn = 6 \cdot 10^{-8}$ bezogen auf $L = 1$ m.

**Der Bereich verdünnter Gase** von Gleitströmung bis zur freien Molekülströmung ist gekennzeichnet durch große Knudsen-Zahlen von O(1) und größer. Entsprechend der Beziehung (1.4) wird dieser Bereich erreicht, wenn das Produkt aus Dichte $\varrho$ und Abmessung $L$ klein wird. Kleine Dichten werden erreicht in der Vakuumtechnik oder in großen Höhen der Atmosphäre (Wiedereintrittsproblem).

Kleine Abmessungen wiederum sind typisch für Gas-Partikel-Strömungen mit sehr kleinen (Nano-)Partikeln in der Gasphase. Bezieht man die Knudsenzahl der Relativströmung um einen Partikel auf den Partikeldurchmesser $d_p \approx 10$ nm, so erhält man schon bei atmosphärischen Zustand Knudsen-Zahlen von der Größenordnung Eins. Für die Randbedingung an der Partikeloberfläche ist die Annahme vollständiger Akkomodation, z.B. die Haftbedingung, nicht mehr gültig, siehe dazu Abschn. 2.3.3.

Ausgehend von (1.7) erkennt man, dass große Knudsen-Zahlen sich dann einstellen, wenn die Mach-Zahl hoch und die Reynolds-Zahl niedrig ist. Dies ist wiederum typisch für Wiedereintrittkörper und für Flugzeuge im hypersonischen Bereich in großen Höhen bei Mach-Zahlen $Ma = $O(10). Der hypersonische Bereich wird oft gekennzeichnet durch eine Knudsen-Zahl

$$Kn_{hypersonic} = \frac{l_f}{\delta} = const. \cdot \frac{Ma}{\sqrt{Re}},$$

die analog zu (1.7) mit der Grenzschichtdicke $\delta \sim L/\sqrt{Re}$ gebildet wird. Ist diese Knudsen-Zahl von O(1) und größer, dann liegt der Verdichtungsstoß um einen Körper im Bereich der Grenzschicht.

**Gemischte Strömungsprobleme,** bei denen alle unterschiedlichen Bereiche gleichzeitig auftreten, sind z.B. Strömungen in Ultra-Gaszentrifugen, bei denen extreme Dichteverhältnisse zwischen Achse und Rotorwand infolge Zentrifugalwirkung auftreten oder klassischerweise die Strömung um einen Raumgleiter beim Wiedereintritt in die Erdatmosphäre bis hin zur Landung. Die Abb. 1.4 zeigt näherungsweise eine typische Trajektorie eines Raumgleiters beim Wiedereintritt in die Atmosphäre. Die Flugbahn ist dargestellt als Funktion der Fluggeschwindigkeit $V$ und der Flughöhe $H$, für die gleichzeitig das Dichteverhältnis $\varrho(H)/\varrho_0(H = 0)$ angegeben ist.

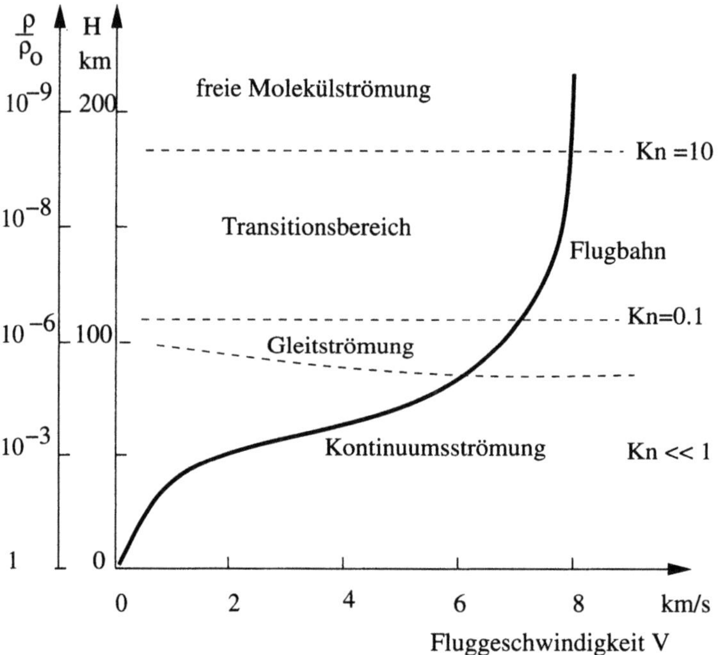


**Abb. 1.4.** Skizze der Flugbahn und Strömungsbereiche beim Wiedereintritt eines Raumgleiters abhängig von Fluggeschwindigkeit, Höhe bzw. Dichteverhältnis

Die theoretische Erfassbarkeit der unterschiedlichen Strömungsbereiche ist im Wesentlichen auf die zwei Extremfälle begrenzt, nämlich auf den Kontinuumsbereich mit Knudsen-Zahlen $Kn \ll 1$ und den Bereich der freien Molekülströmung mit $Kn \gg 1$. Diese werden im nachfolgenden Abschnitt kurz diskutiert.

### 1.4.4 Kontinuumsströmung

Unter einem Kontinuum versteht man ein den Raum gleichmäßig und lücken-
los ausfüllendes Medium, hier ein Gas. Die Annahme eines Kontinuums ist
jedoch lediglich eine Modellvorstellung, da sich die Gasmoleküle in ständiger, stochastischer Bewegung befinden. Das Kontinuumsmodell erfordert somit eine Mittelung in Zeit und Raum über eine ausreichend große Anzahl von
Molekülen, so dass sich die stochastischen Schwankungen ausgleichen. Ist diese Mittelung möglich, so erhält man eine mächtige, mathematische Theorie,
die Kontinuumstheorie, die für viele Bereiche sehr gute, mit den Erfahrungen
übereinstimmente Ergebnisse liefert. Für deformierbare Medien führt dies zur
Kontinuumsmechanik, wozu die Elastizitätstheorie, die Hydrodynamik und
die hier interessierende Gasdynamik gehört.

Die Annahme einer Kontinuumsströmung eines Gases setzt voraus, dass
das Gas ausreichend dicht ist, so dass sich auch noch in einem sehr kleinen
Kontrollvolumen eine große Anzahl von Molekülen befindet. Desweiteren ist
zu fordern, dass die mittlere freie Weglänge $l_f$ zwischen zwei Kollisionen sehr
viel kleiner ist als eine makroskopische Länge $L$. Dies bedeutet gleichzeitig,
dass die mittlere Zeit zwischen zwei Kollisionen wesentlich kleiner ist als die
Zeit, die ein Fluid mit der Strömungsgeschwindigkeit $U$ für eine Strecke $L$
benötigt. Auf einer Wegstrecke $L$ geschehen dadurch sehr viele Molekülkolli-
sionen, der Gaszustand eines Kontinuums ist somit kollisionsbestimmt. Diese
Forderungen sind gleichbedeutend mit der Bedingung sehr kleiner Knudsen-
Zahlen

$$Kn = \frac{l_f}{L} \ll 1.$$

Die makroskopischen Größen sind Mittelwerte entsprechender molekularer Größen und hängen bei einem Kontinuum auch für ein noch so klei-
nes Kontrollvolumen nicht mehr vom Zustand eines einzelnen Moleküles ab.
Das Kontrollvolumen kann zu mathematisch infinitesimal kleinen Volumen
zusammengezogen werden, ohne dass sich dadurch die Mittelwerte ändern.
Damit ist die Begründung der Kontinuumstheorie gegeben, in der die makroskopischen Größen punktweise und ihre Änderungen differentiell definiert
werden,

*Die Navier-Stokes-Gleichungen* sind das wichtigste und allgemeinste Gleichungssystem zur Beschreibung einer Strömung im Kontinuumsbereich. Die
Gleichungen beschreiben die makroskopische Erhaltung von Masse, Impuls
und Energie eines reibungsbehafteten, wärmeleitenden Fluides. Diese Gleichungen wurden bereits im 19. Jahrhundert mittels kontinuumsmechanischer
Bilanzbetrachtungen hergeleitet. Dieses System von Gleichungen kann jedoch
auf der Grundlage der Kontinuumsmechanik nicht vollständig geschlossen
werden, da Ansätze für die Schubspannung, den Wärmestrom und den Diffusionsstrom aus dieser Theorie nicht bestimmt werden können. Diese auf
molekularen Transport aufbauende Effekte werden in der Kontinuumsme-

chanik rein phänomenologisch definiert und empirisch durch Messung der Transportkoeffizienten festgelegt.

Die kinetische Gastheorie dagegen schließt die Kontinuumstheorie als Näherung mit ein und bietet somit die Möglichkeit die Transportvorgänge qualitativ und quantitativ auf Grund der mikroskopischen Betrachtungsweise zu bestimmen, siehe hierzu Abschn. 7.1.1.

*Die Randbedingungen* an einer festen Wand unter den Bedingungen des Kontinuums sind die bekannten Stokesschen Haftbedingungen, die verschwindenden Tangentialimpuls an der Oberfläche fordern. Auf Grund der großen Anzahl von Stößen und Reflexionen von Molekülen aller möglichen Geschwindigkeitsrichtungen und -beträge auf einem Flächenelement einer Wand entsteht eine Geschwindigkeitsverteilung der reflektierten Moleküle, die unabhängig von der der einfallenden Moleküle ist (diffuse Reflexion) und im Mittel verschwindende, makroskopische Geschwindigkeit ergibt (Haftbedingung). Gleichzeitig passt sich die kinetische Energie der reflektierten Moleküle an den Wandzustand an, so dass das Gas die Temperatur der Wand annimmt. Das Anpassen des Gases an den Wandzustand, sowohl für die Geschwindigkeit als auch für die Temperatur, wird als *vollständige Akkomodation* bezeichnet.

## 1.4.5 Freie Molekülströmung

Das andere Extrem ist, wenn die mittlere freie Weglänge $l_f$ sehr viel größer als die makroskopische Länge $L$ ist. In diesem Zustand fliegen die Moleküle frei über eine Strecke $L$, sie ändern ihren Zustand erst, wenn sie auf eine feste Berandung oder höchstens noch „zufällig" und selten auf ein anderes Molekül stoßen. Der makroskopische Zustand hängt damit stark von den Eigenschaften einzelner Moleküle ab. Man bezeichnet den Zustand als *freie Molekülströmung* oder stark verdünnte Gasströmung (rarefied gas flow).

Die Berechnung dieser Strömung kann nur auf der Basis der kinetischen Theorie erfolgen, die Gleichungen der Kontinuumsmechanik (Navier-Stokes-Gleichungen) gelten nicht mehr. Die beschreibende Gleichung ist die *Boltzmann-Gleichung*, die im Prinzip alle Bereiche einschließt. Lösungen der Boltzmann-Gleichung sind mathematisch sehr komplex. Für technisch relevante Probleme sind im Allgemeinen numerische Verfahren, wie z.B. die Monte-Carlo-Verfahren, einsetzbar.

Ein wesentliches Problem verdünnter Gasströmung ist die Formulierung der Randbedingungen an einer Wand. Auf Grund der relativ geringen Anzahl von Stößen an einer Wand kann im statistischen Mittel eine endliche Tangential- (Gleit-)geschwindigkeit und thermisch ein Sprung zwischen Wand- und Gastemperatur auftreten. Diese Abweichung von der Kontinuumsbedingung am Rand wird als *unvollständige Akkomodation* bezeichnet, siehe dazu Abschn. 2.3.3.

# 1.5 Bezeichnungen thermodynamischer Größen

Als Einführung in die kinetische Theorie werden nachfolgend einige thermodynamische Größen eines idealen Gases voran gestellt, um Verknüpfungen und die hier verwendeten Bezeichnungen der Thermodynamik festzulegen.

**Tabelle 1.2.** Gasgrößen

| | | |
|---|---|---|
| Masse eines Moleküles | $m = \mathbf{M}/N_L$ | g |
| Teilchenzahl | $N$ | – |
| Avogadro-Zahl | $N_L = 6 \cdot 10^{23}$ | $\mathrm{mol}^{-1}$ |
| Loschmidtsche Zahl<br>= M. pro cm³ bei Normalzustand | $n_L = 2,69 \cdot 10^{19}$ | $\mathrm{cm}^{-3}$ |
| Molekulargewicht (-masse) | $\mathbf{M}$ | g/mol |
| Boltzmannkonstante<br>(Energie pro Grad und Teilchen) | $k = 1,38 \cdot 10^{-23}$ | N m /K |
| Universelle Gaskonstante<br>(Energie pro Grad und Mol) | $\mathbf{R} = k \cdot N_L = 8,314$ | N m/(mol K) |
| Spezielle Gaskonstante<br>(Energie pro Grad und Masse) | $R = \mathbf{R}/\mathbf{M} = k/m$ | N m/(kg K) |
| Teilchendichte<br>(Teilchenzahl pro Volumen) | $n = \frac{N}{V}$ | $\mathrm{m}^{-3}$ |
| Massendichte<br>(Masse pro Volumen) | $\varrho = \frac{N\,m}{V} = n\,m$ | kg/m³ |
| Molare Dichte<br>(Anzahl Mole pro Volumen) | $\psi = \frac{N/N_L}{V} = n\,/N_L$ | mol/m³ |
| Druck | $p = n\,k\,T = \varrho\,R\,T$ | N/m² |
| Innere Energie pro Masse | $e = c_v\,T$ | N m/kg |
| Enthalpie pro Masse | $h = e + p/\varrho = c_p\,T$ | N m/kg |
| Spezifische Wärmen | $c_v$, und $c_p = c_v + R$ | N m/(kg K) |
| Isentropenexponent | $\kappa\,(=\gamma) = c_p/c_v$ | – |

## 1.6 Molekulare Größenordnungen

Zur Abschätzung der Größenordnung molekularer Parameter werden im Folgenden einige molekulare Größen am Beispiel von Luft bei Normatmosphäre aufgeführt.

**Tabelle 1.3.** Molekulare Größenordnungen für Luft im Normalzustand

| | |
|---|---|
| Druck | $p_L = 1,013$ bar |
| Temperatur | $T_L = 273\,\mathrm{K}$ |
| Spez. Gaskonstante | $R_L = 287\ \mathrm{J/(kg\,K)}$ |
| Dichte | $\varrho_L = 1292\ \mathrm{g/m^3}$ |
| Molekulargewicht | $M_L = 28,9\ \mathrm{g/mol}$ |
| dynamische Viskosität | $\eta_L = 171 \cdot 10^{-4}\,\mathrm{g/(m\,s)}$ |
| kinematische Viskosität | $\nu_L = \eta/\varrho = 1,464 \cdot 10^{-5}\,\mathrm{m^2/s}$ |
| Isentropenexponent | $\kappa = \frac{7}{5} = 1,4$ |

| | |
|---|---|
| Schallgeschwindigkeit | $a_L = \sqrt{\kappa\,R\,T} = 331\ \ \mathrm{m/s}$ |
| Molekülgeschwindigkeiten: | |
|   thermische aus (2.11) | $c_0 = \sqrt{3RT} = 485\ \ \mathrm{m/s}$ |
|   Mittelwert aus (4.18) | $\bar{c} = \sqrt{\frac{8}{\pi}RT} = 446\ \ \mathrm{m/s}$ |
|   wahrscheinlichste aus (4.17) | $c_m = \sqrt{2RT} = 395\ \mathrm{m/s}$ |

| | |
|---|---|
| Teilchenmasse | $m = M_L/N_L = 4,8 \cdot 10^{-23}\,\mathrm{g}$ |
| Partikeldichte | $n = \varrho/m = 2,69 \cdot 10^{19}\,\mathrm{cm^{-3}}$ |
| mittlere freie Weglänge aus (2.23)<br>  aus Viskosität $\eta$ aus (2.29) | $l_f = \frac{32}{5\,\pi}\,\frac{\eta}{\varrho\bar{c}} = 6 \cdot 10^{-8}\ \mathrm{m} = 60\ \mathrm{nm}$ |
| mittlerer Molekülabstand aus (1.1) | $d_M = n^{-1/3} = 3,34 \cdot 10^{-9}\,\mathrm{m}$ |
| Moleküldurchmesser aus (2.23) | $\sigma = (\sqrt{2}\,\pi\,l_f\,n)^{-1} = 3,7 \cdot 10^{-10}\,\mathrm{m}$ |
| Knudsen-Zahl für $L = 1\,\mathrm{m}$ | $Kn = \frac{l}{L} = 6 \cdot 10^{-8}$ |
| Stoßfrequenz aus (2.21) | $\nu_s = \frac{\bar{c}}{l} = 10^{10}\ \mathrm{s^{-1}}$ |

# 2. Elementare Gaskinetik

Zur Einführung in die kinetische Theorie von Gasen wird zunächst ein sehr simples, mikroskopisches Modell der Molekülbewegungen eingeführt, das sogenannte „1/6" Modell. Hierbei bewegen sich alle Moleküle mit einer mittleren Einheitsgeschwindigkeit jeweils in den sechs kartesischen Richtungen. Trotz der Vereinfachungen erlaubt dieses Modell, alle wichtigen makroskopischen Eigenschaften eines Gases aus einer elementaren Betrachtung der molekularen Bewegung abzuschätzen. Viele Begriffe und Definitionen aus der Thermodynamik und Gasdynamik, wie z.B. der Druck, die innere Energie, aber auch Transportgrößen, wie z.B. die Viskosität, lassen sich sofort mittels bekannter Gesetze der Mechanik, auf die elementaren Teilchen angewendet, erklären und einsichtig interpretieren. Diese elementare Gaskinetik trägt somit zum tieferen Verständnis der Gesetze der klassischen Thermodynamik und Gasdynamik bei und ist gleichzeitig eine Einführung in die nachfolgenden, detaillierten Betrachtungen der Gaskinetik.

## 2.1 Makroskopische Eigenschaften eines Gases in Ruhe

### 2.1.1 Molekulare „1/6"-Verteilung

Betrachtet wird ein abgeschlossenes Volumen $V$, indem sich eine große Zahl $N$ Moleküle ($N \gg 1$) befinden. Makroskopisch sei das Gas in Ruhe, d.h. die Strömungsgeschwindigkeit ist Null und die Temperatur und Dichte des Gases sind konstant. Die Moleküle werden als kleine, starre Kugeln der Masse $m$ und mit einem Durchmesser $\sigma$ betrachtet.

Ausgehend von einem beliebigen Anfangszustand würde sich in einem realen Gas auf Grund von Kollisionen zwischen den Molekülen nach ausreichend langer Zeit ein Gleichgewichtszustand mit irregulärer, chaotischer Bewegung der Moleküle einstellen. Statistisch gesehen ist dies ein „geordnetes Chaos", bei dem die Moleküle im Mittel gleichmäßig im Raum verteilt sind und sich ohne Vorzugsrichtung in alle Richtungen mit unterschiedlicher Geschwindigkeit bewegen (Brownsche Bewegung). Dieser Zustand wird durch die Maxwellsche Geschwindigkeitsverteilung beschrieben, die in Kapitel 4 behandelt wird.

Anstelle der chaotischen Brownschen Bewegung wird jetzt vereinfachend angenommen, dass die Moleküle sich lediglich auf sechs, kartesischen Vorzugsrichtungen mit konstanter, mittlerer Geschwindigkeit $c_0$ bewegen. Der Ortsraum $(x, y, z)$ und der molekulare Geschwindigkeitsraum $(c_x, c_y, c_z)$ dieses vereinfachten Modelles sind in Abb. 2.1 skizziert.

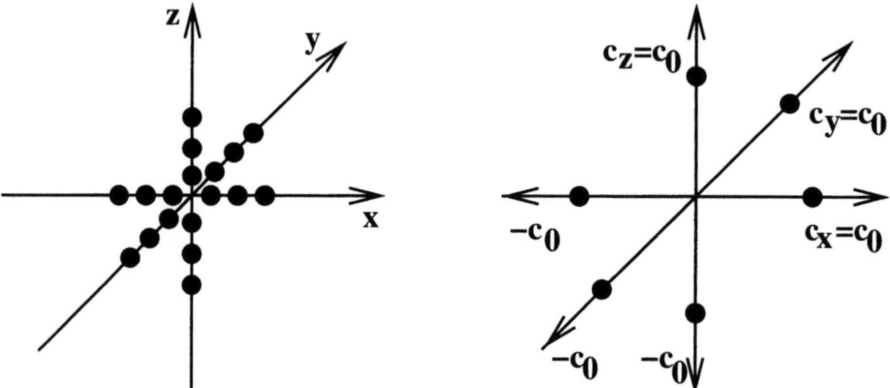


**Abb. 2.1.** Orts- und Geschwindigkeitsraum der molekularen „1/6"-Verteilung

Die $N$ Moleküle im Volumen $V$ werden dabei gleichmäßig auf jede Richtung aufgeteilt, so dass längs jeder Richtung sich $N/6$ Moleküle mit $c_0$ bewegen („1/6"-Verteilung). Für das elementare Molekularmodell gelten die in Tabelle 2.1 zusammengefassten Definitionen und Beziehungen:

**Tabelle 2.1.** Grundgrößen des elementaren Modelles

| | |
|---|---|
| $m$ | Masse eines Moleküles |
| $\sigma$ | Durchmesser eines Moleküles |
| $c_0$ | mittlere, thermische Geschwindigkeit |
| $N$ | Gesamtzahl der Moleküle im Volumen $V$ |
| $n = N/V$ | Teilchendichte |
| $\varrho = n\,m$ | Massendichte |
| $N/6$ | Anzahl der Moleküle pro Richtung, |
| z.B.: | $N/6$ mit $c_x = c_0,\ c_y = 0,\ c_z = 0$ |
| | $N/6$ mit $c_x = -c_0, c_y = 0,\ c_z = 0$   usw. |

*Anmerkung 2.1.1.* Das „1/6"-Modell ist im Prinzip unphysikalisch und instabil. Selbst wenn man es schaffen könnte, eine solche „1/6"-Verteilung

anfänglich einzustellen, würden sich durch Molekülstöße nach kurzer Zeit alle
möglichen Richtungen und Beträge der Molekülgeschwindigkeiten einstellen.
Daneben verletzt dieses Modell auch die Isotropiebedingung des Druckes,
der unabhängig von der Richtung einer Kontrollfläche sein muss. Das Modell
kann dennoch zur vereinfachten Darstellung der prinzipiellen Abhängigkeiten der Zustands- und Stoffgrößen genutzt werden, da dieses vereinfachte,
mikroskopische Modell wesentliche makroskopische Eigenschaften repräsentiert. In etwas erweiterter Form, jedoch immer noch stark vereinfachend,
werden ähnliche Modelle des Phasenraumes zur numerischen Lösung gaskinetischer Probleme formuliert. Beispiele hierzu sind die Lattice-Gas-Methode
in Abschn. 8.2 und Lattice-Boltzmann-Methoden in Kap. 9.

### 2.1.2 Thermodynamische und kalorische Größen

**Teilchenstrom $\dot{n}$.** Der Teilchenstrom $\dot{n} = \frac{\partial n}{\partial t}$ ist gleich der Anzahl von
Teilchen, die pro Zeiteinheit $\Delta t$ durch eine Kontrollfläche $A$ treten. Zur Bestimmung wird beispielhaft der Strom von Teilchen $\dot{n}_x$ mit der Geschwindigkeit $c_x = c_0$ durch eine Fläche $A_x$ normal zur x-Richtung betrachtet. Alle
Teilchen, die sich in einem Zylinder befinden mit dem Volumen

$$\Delta V = c_0 \, \Delta t \, A_x \,,$$

gebildet mit der Grundfläche $A_x$ und der Flugstrecke $c_0 \, \Delta t$, fliegen in positiver
x-Richtung durch diese Fläche. Die Anzahl dieser Teilchen ist $\Delta N = N/6 \cdot \Delta V/V$. Mit der Dichte $n = N/V$ ergibt sich somit der Teilchenstrom in
x-Richtung zu:

$$\dot{n}_x = \lim_{\Delta t \to 0} \frac{\Delta N}{\Delta t} = \frac{1}{6} \frac{N}{V} \, c_0 \, A_x = \frac{1}{6} \, n \, c_0 \, A_x. \tag{2.1}$$

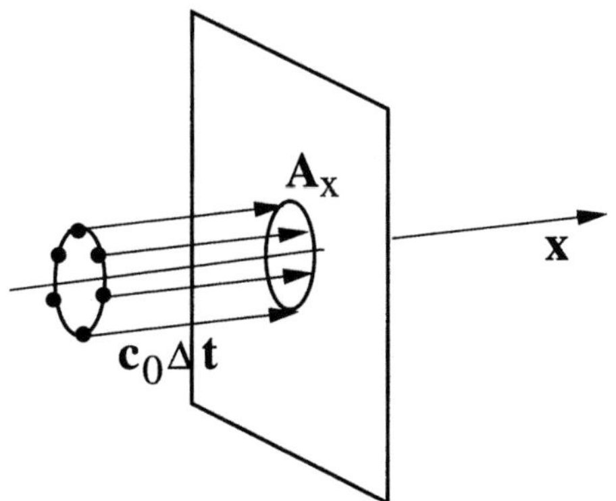


**Abb. 2.2.** Teilchenstrom der „1/6"-
Verteilung durch Fläche $A_x$

Der Massenstrom durch die entsprechende Fläche ist

$$\dot{m}_x = m \cdot \dot{n}_x.$$

Diese Beziehungen für den Teilchenstrom bzw. den Massenstrom stellt ein vereinfachtes Ergebnis zur Abschätzung des Effusionsstromes durch eine kleine Lochblende ins Vakuum dar. Das Problem wird später im Abschn. 4.2.1 genauer mittels Maxwell-Verteilung untersucht, wobei die Moleküle aus allen Richtungen des Halbraumes durch die Lochfläche $A_x$ fliegen können. Das genauere Ergebnis ergibt $\dot{n}_x = \frac{1}{4}\, n\, c_0\, A_x$ anstelle (2.1).

**Druck $p$.** Der Druck $p$, bzw. die Druckkraft $F_p = p \cdot A$, die das Gas auf eine Wand der Fläche $A$ ausübt, kann als Reaktion auf die Impulsänderung bei elastischer Reflexion der Moleküle an der Wand interpretiert werden. Die Reflexion eines elastischen Teilchens an einer Wand ist in Abb. 2.3 skizziert.

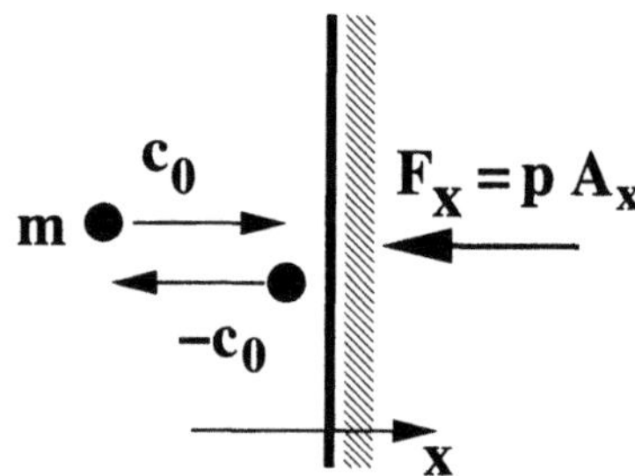


**Abb. 2.3.** Elastische Reflexion der Moleküle an einer Wand

Die resultierende Druckkraft $F_x$ infolge Reflexion elastischer Teilchen der Masse $m$ an einer Wand lässt sich mittels Impulssatz bestimmen. Für eine Kontrollfläche unmittelbar an der Wand gilt:

$$\dot{I}_{x,aus} - \dot{I}_{x,ein} = F_x.$$

Die Impulsströme der auftreffenden, bzw. reflektierten Moleküle sind $\dot{I}_{x,ein} = \dot{n}_x\,(m\,c_0)$ und $\dot{I}_{x,aus} = \dot{n}_x\,(-m\,c_0)$. Die resultierende Kraft $F_x = -p\,A_x$ auf das Fluid ist gleich der Druckkraft. Damit folgt aus dem Impulssatz

$$\dot{n}_x\,(-m\,c_0) - \dot{n}_x\,(m\,c_0) = -p\,A_x \tag{2.2}$$

und somit mit (2.1) der Druck $p$ zu:

$$p = \frac{1}{3}\,\varrho\,c_0^2 = \frac{2}{3}\,n\cdot\frac{m}{2}\,c_0^2. \tag{2.3}$$

Der Druck $p$ steht somit in direkter Beziehung mit der Dichte und der kinetischen Energie $\frac{m}{2}\,c_0^2$ der Moleküle. Die Gleichung (2.3) kann als gaskinetische Formulierung einer thermischen Zustandsgleichung interpretiert werden.

**Gasgleichung.** Die Gasgleichung eines thermisch idealen Gases wird hier eingeführt, um den Begriff der Temperatur $T$ festzulegen. Die Temperatur ist eine in der Thermodynamik definierte Größe, die aber in der kinetischen Theorie nicht als physikalische Größe auftritt. Die Gasgleichung lautet:

$$p = n\,k\,T = \varrho\,R\,T \tag{2.4}$$

mit der Boltzmannkonstante $k$, bzw. der spezifischen Gaskonstante $R = k/m$. Die Gasgleichung verknüpft somit die Temperatur mit den kinetisch definierbaren Größen von Dichte und Druck.

**Innere oder thermische Energie.** In der gaskinetischen Herleitung (2.3) des Druckes tritt als einzige Energieform translatorisch bewegter Moleküle nur die kinetische Energie $E_{kin} = \frac{m}{2}\, c_0^2$ eines Moleküles auf. Thermodynamisch ist zum anderen die thermische oder innere Energie $E_{therm}$ des Gases die einzige Energieform eines ruhenden Gases. Beide Energiebegriffe müssen somit äquivalent sein.

Gleichsetzen der Beziehungen für den Druck (2.3) aus der gaskinetischen Betrachtung und aus der Gasgleichung (2.4), liefert einen Zusammenhang zwischen der gaskinetischen und der thermodynamischen Deutung der thermischen Energie. Hieraus folgt für die kinetische bzw. thermische Energie:

$$E_{kin} = m\frac{c_0^2}{2} = \frac{3}{2}\, k\, T = E_{therm}. \tag{2.5}$$

Diese Beziehung kann gleichzeitig auch als gaskinetische Definition der Temperatur betrachtet werden, da diese bis auf eine Konstante proportional der kinetischen Energie eines Moleküles ist. Für ein Gas aus einatomigen Molekülen gilt somit:

*Die mittlere, kinetische Energie der Moleküle entspricht der thermischen Energie des Gases. Daraus folgt die gaskinetische Definition der Temperatur.*

In der Thermodynamik wird die thermische Energie $E_{therm}$ eines Gases im Allgemeinen auf die Masse bezogen, und ist für kalorisch ideale Gase eine lineare Funktion der Temperatur:

$$e = \frac{E_{therm}}{m} = \frac{\partial e}{\partial T}\Big|_V T = c_v\, T.$$

Hierbei ist $c_v$ die spezifische Wärme bei konstantem Volumen. Für die thermische Energie $e$ pro Masse eines Gases folgt daraus mit (2.5):

$$e = \frac{1}{2}\, c_0^2 = \frac{3}{2}\, \frac{k}{m} \cdot T = \frac{3}{2}\, R \cdot T = c_v \cdot T. \tag{2.6}$$

Die spezifische Wärme bei konstantem Volumen $c_v$ ergibt sich damit zu:

$$c_v = \frac{3}{2}\, \frac{k}{m} = \frac{3}{2}\, R.$$

**Gleichverteilungssatz der Energien.** Ein beliebiger Geschwindigkeitsvektor $\boldsymbol{c}$ wird im Allgemeinen durch drei Komponenten $\boldsymbol{c} = (c_x, c_y, c_z)^T$ beschrieben. Jede Komponente trägt einen Anteil zur kinetischen Energie bei, nämlich

$$E_{kin} = \frac{m}{2}\, (c_x^2 + c_y^2 + c_z^2).$$

Die kinetische Energie eines Teilchens in translatorischer Bewegung setzt sich somit aus den drei Anteilen der Komponenten in den einzelnen Richtungen (Freiheitsgraden) zusammen. Das Molekül besitzt somit drei *Freiheitsgrade.*

Die mittlere, thermische Energie eines Moleküles in translatorischer Bewegung ist wiederum entsprechend der Beziehung (2.6) gleich $3/2\,RT$. Hieraus kann man schließen, dass jedem Freiheitsgrad eine Energie von $1/2\,RT$ zugeordnet werden kann. Dieses Ergebnis ist ein spezieller Fall des Gleichverteilungssatzes der Energien in der gaskinetischen Theorie. Dieser besagt in etwas vereinfachter Form:

*Jeder Anteil einer molekularen Energieform, der sich in einer Summe quadratischer Terme ausdrücken lässt, trägt zu der mittleren Energie pro Masse mit einen Anteil $\frac{1}{2}\,RT$ bei.*

Als Energieformen in diesem Sinne kommen in Betracht:

- die kinetische Energie translatorischer Bewegung,
- die Rotationsenergie eines Systemes endlichen Trägheitsmomentes
- oder die potentielle und kinetische Energie einer schwingenden Feder.

Das hier betrachtete "1/6" Modell ist ein Sonderfall der Translation, bei dem jedes Molekül nur eine kartesische Gesamtgeschwindigkeit der Größe $c_0$ besitzt. Zerlegt man z.B. $c = c_x = c_0$ in einem gedrehten Koordinatensystem, so erhält man wieder drei Freiheitsgrade und der Gleichverteilungssatz gilt auch für dieses Modell.

Jeder Energieanteil wird durch einen Freiheitsgrad (abgekürzt als $FG$) charakterisiert. Damit kann die innere Energie voll angeregter Freiheitsgrade in einer allgemeinen Form beschrieben werden zu:

$$e = \frac{FG}{2}\,\frac{k}{m}\cdot T = \frac{FG}{2}\,R\cdot T. \tag{2.7}$$

Bei der Bestimmung der Freiheitsgrade wird angenommen, dass ein Atom ein ausdehnungsloser Massepunkt ohne eigenes Trägheitsmoment ist. Sind jedoch zwei oder mehrere Massepunkte in einem gewissen Abstand starr miteinander verbunden, besitzen diese ein endliches Trägheitsmoment. Mögliche Freiheitsgrade einfacher ein- und mehratomiger Moleküle sind:

- translatorische Freiheitsgrade der Bewegung in x-, y- und z-Richtung mit $FG = 3$,

- rotatorische Freiheitsgrade einer Drehung um die kartesischen Achsen mit $FG = 2$ bis $FG = 3$, abhängig von der Anordnung der Moleküle,

- Schwingungsfreiheitsgrade einer gedachten Feder zwischen zwei Molekülen mit $FG = 2$ pro Verbindung für potentielle und kinetische Energie.

Die einzelnen Molekülfreiheitsgrade gehen jedoch nur für den Fall, dass sie voll angeregt sind, mit dem Faktor 1/2 in die thermische Energie (2.7) ein. Bei den meisten ein- bis dreiatomigen Molekülen ist das für die translatorischen und rotatorischen Freiheitsgrade bereits oberhalb einer Temperatur von $5\,K$ der Fall, während die Schwingungsfreiheitsgrade i.Allg. erst bei hohen Temperaturen voll angeregt sind. Zum Beispiel ist dies der Fall bei $T \geq 2270\,K$ für $O_2$ oder bei $T \geq 3390\,K$ für $N_2$.

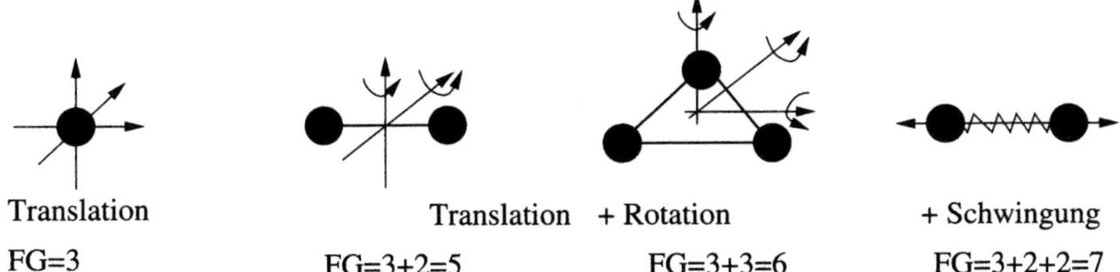

<table>
<tr><td>Translation<br>FG=3</td><td>Translation + Rotation<br>FG=3+2=5    FG=3+3=6</td><td>+ Schwingung<br>FG=3+2+2=7</td></tr>
</table>

**Abb. 2.4.** Freiheitsgrade von einfachen Molekülen

**Spezifische Wärmen und Isentropenexponent.** Mit Hilfe der Gleichung (2.7) für die thermische Energie $e$ als Funktion der Molekülfreiheitsgrade lassen sich sehr einfach die spezifischen Wärmen $c_v$ und $c_p$ und der Isentropenexponent $\kappa$ für ein ideales Gas bestimmen. Für die thermische Energie eines idealen Gases gilt damit:

$$e = c_v\,T = \frac{FG}{2}\,RT \quad \text{mit} \quad c_v = \frac{FG}{2}\,R. \tag{2.8}$$

Für die Enthalpie folgt entsprechend:

$$h = c_p\,T = (c_v + R)\,T = (\frac{FG}{2} + 1)\,RT \quad \text{mit} \quad c_p = \frac{FG + 2}{2}\,R. \tag{2.9}$$

Der Isentropenexponent $\kappa$ ist damit sofort bestimmt.

$$\kappa = \frac{h}{e} = \frac{c_p}{c_v} = \frac{FG + 2}{FG}. \tag{2.10}$$

Einige Beispiele für ideale Gase sind:

| | | |
|---|---|---|
| einatomige Moleküle (He, Ar, Ne, $\cdots$), | FG=3, | $\kappa = \frac{3+2}{3} = 1,66,$ |
| zweiatomige Moleküle ($O_2$, $N_2$, CO, $\cdots$), | FG=5, | $\kappa = \frac{5+2}{5} = 1,4.$ |
| dreiatomige Moleküle ($CO_2$, $NO_2$, $\cdots$), | FG=6, | $\kappa = \frac{6+2}{6} \approx 1,33.$ |

**Mittlere, thermische Geschwindigkeit $c_0$.** Aus dem Zusammenhang zwischen kinetischer Energie der Moleküle und thermischer Energie in (2.5) kann sofort die zunächst als Unbekannte angenommene Molekülgeschwindigkeit $c_0$ als Funktion der Temperatur festgelegt werden. Für die Molekülgeschwindigkeit $c_0$ ergibt sich aus (2.5):

$$c_0 = \sqrt{3\,\frac{k}{m}\,T} = \sqrt{3\,RT}. \tag{2.11}$$

Diese Geschwindigkeit wird als mittlere, thermische Geschwindigkeit $c_0$ bezeichnet oder auch als quadratischer Mittelwert der molekularen Geschwindigkeiten (4.19), wie in Kap: 4.1.3 allgemeiner definiert. Die Geschwindigkeit $c_0$ ist, wie obige Beziehung (2.11) zeigt, ein Maß für die Temperatur eines ruhenden Gases. Ein Vergleich mit der Schallgeschwindigkeit $a$ eines Gases

$$a = \sqrt{\frac{dp}{d\varrho}\Big|_s} = \sqrt{\kappa\, R\, T}$$

zeigt, dass die mittlere Molekülgeschwindigkeit $c_0$ von der Größenordnung der Schallgeschwindigkeit $a$ ist, da:

$$\frac{c_0}{a} = \sqrt{\frac{3}{\kappa}} = O(1).$$

Für ein einatomiges Gas mit einem Isentropenexponent $\kappa = 5/3 \approx 1.66$ folgt somit $c_0 \approx 1.34\, a$, für ein zweiatomiges Gas mit $\kappa = 7/5$ folgt $c_0 \approx 1.46\, a$. Um eine Vorstellung von der Größenordnung der thermische Geschwindigkeit $c_0$ zu bekommen, vergleicht man diese zum Beispiel mit der Schallgeschwindigkeit in Luft $a_L$. Die Schallgeschwindigkeit beträgt $a_L \approx 347$ m/s bei 300 K und somit beträgt die mittlere thermische Geschwindigkeit $c_0 \approx 500$ m/s.

### 2.1.3 Gemische idealer Gase

Betrachtet wird ein Gemisch idealer Gase, welches sich in einem abgeschlossenen Volumen $V$ im Gleichgewicht befindet. Gleichgewicht bedeutet hier, dass die einzelnen Spezies vollständig durchmischt sind (keine Konzentrationsdifferenz) und die Temperatur der einzelnen Spezies sich angeglichen hat (konstante Temperatur $T$). Das Gemisch besteht aus einer Anzahl $s$ unterschiedlicher Spezies $N_A$, $N_B$, ..$N_s$, die unterschiedliche Molekülmassen $m_A$, $m_B$, ..$m_s$ haben können.

**Die Erhaltung der Anzahl der Moleküle** im Gemisch fordert:

$$N = N_A + N_B + \cdots = \sum_s N_s \qquad \text{bzw.}$$

$$n = N/V = n_A + n_B + \cdots = \sum_s n_s. \tag{2.12}$$

Die Erhaltung der Anzahl $N$, bzw. der Teilchendichte $n$ gilt nur für nichtreagierende Gase. In chemischen Reaktionen kann sich jedoch die Gesamtanzahl und die gesamte Teilchendichte $n$ auf Grund von Entstehen und Vergehen einzelner Spezies ändern.

**Die Erhaltung der Masse** führt auf die Erhaltung der Gesamtdichte $\varrho$.

$$M = N_A\, m_A + N_B\, m_B + \cdots = \sum_s m_s\, N_s \qquad \text{bzw.}$$

$$\varrho = M/V = \varrho_A + \varrho_B + \cdots = \sum_s \varrho_s. \tag{2.13}$$

Im Gegensatz zur Teilchenzahl und Teilchendichte bleibt die Gesamtmasse $M$ und damit die Gesamtdichte $\varrho$ auch in einem chemisch reagierenden Gemisch erhalten.

**Daltonsches Gesetz.** Die Interpretation des Druckes als Reaktion auf die Impulsänderung reflektierter Moleküle an einer Wand erlaubt sofort, den Gesamtdruck $p$ als Summe der Impulsänderungen aller Spezies anzusetzen. Unter Nutzung von (2.3) folgt für den Gesamtdruck:

$$p = \frac{1}{3\,V}\left(N_A\,m_A\,c_A^2 + N_B\,m_B\,c_B^2 + ..\right) = \frac{1}{3\,V}\sum_s N_s\,m_s\,c_s^2 = n\,k\,T. \quad (2.14)$$

Jeder Term dieser Gleichung hat die Form eines Partialdruckes der Spezies und somit repräsentiert die Beziehung (2.14) sofort das Daltonsches Gesetz, das aussagt, dass der Gesamtdruck gleich der Summe der Partialdrücke ist.

$$p = p_A + p_B + ... = \sum_s p_s. \quad (2.15)$$

Der Partialdruck einer Spezies ist z.B.:

$$p_A = \frac{1}{3}\,n_A\,m_A\,c_A^2 = n_A\,k\,T = \varrho_A\,R_A\,T.$$

**Gleichverteilung der Energien in einem Gemisch.** Für die mittlere kinetische Energie eines Moleküles einer Spezies gilt mit $E_{therm} = E_{kin}$ nach (2.5) für ein Gemisch im Gleichgewicht:

$$\frac{1}{2}\,m_A\,c_A^2 = \frac{1}{2}\,m_B\,c_B^2 = \frac{1}{2}\,m_s\,c_s^2 = \frac{3}{2}\,k\,T. \quad (2.16)$$

Bei gleicher Temperatur jeder Spezies $s$ besitzt jede Spezies somit auch gleiche kinetische Energie $\frac{1}{2}\,m_s\,c_s^2$. Die thermischen Geschwindigkeiten $c_A$, $c_B$, .. der Spezies können jedoch auf Grund unterschiedlicher Massen, entsprechend obiger Gleichung, unterschiedlich sein.

$$c_s = \sqrt{\frac{3}{2}\,\frac{k}{m_s}\,T} \sim \frac{1}{m_s}. \quad (2.17)$$

**Gasdiffusion oder molekularer Diffusionseffekt.** Eine Konsequenz der Massenabhängigkeit der thermischen Geschwindigkeit ist die sogenannte Gasdiffusion oder molekulare Diffusion. Nimmt man an, dass z.B. $m_A < m_B$ ist, dann folgt aus (2.17), dass sich leichte Moleküle im Mittel schneller als schwerere bewegen.

$$\frac{c_A}{c_B} = \sqrt{\frac{m_B}{m_A}} > 1 \quad \text{falls} \quad m_A < m_B.$$

Dieser molekulare Diffusionseffekt wird industriell als Membrandiffusionsverfahren bzw. Gasdiffusionsverfahren zur Trennung von Isotopen in Gasgemischen genutzt, siehe auch Abschn. 4.2.2.

**Strömungsgeschwindigkeit des Gemisches.** Bewegt sich das Gasgemisch mit einer mittleren Strömungsgeschwindigkeit $v$, so kann prinzipiell jede Spezies $s$ ihre eigene Strömungsgeschwindigkeit $v_s$ haben. Für den gesamten Massenstrom pro Fläche gilt:

$$\varrho\, v = \varrho_A\, v_A + \varrho_B\, v_B + \cdots = \sum_s \varrho_s\, v_s .$$

Hieraus folgt die *massengemittelte Geschwindigkeit $v$ eines Gemisches* zu:

$$v = \frac{\varrho_A\, v_A + \varrho_B\, v_B + \cdots}{\varrho_A + \varrho_B + \cdots} = \frac{\sum_s \varrho_s\, v_s}{\varrho} . \tag{2.18}$$

Für ein Gemisch im Gleichgewicht, d.h. ohne Gradienten der Geschwindigkeiten $v_s$ und ohne äußere Kräfte, gilt neben der Annahme gleicher Temperatur für alle Spezies auch die Annahme gleicher Strömungsgeschwindigkeit für alle Spezies, d.h.

$$v = v_A = v_B = v_s . \tag{2.19}$$

Diese Bedingung erfüllt Gleichung (2.18) exakt.

Der Nachweis, dass alle Spezies in Gemischen im Gleichgewicht gleiche Temperatur und Strömungsgeschwindigkeit besitzen, wird später in Abschn. 6.5 gebracht.

### 2.1.4 Abschätzung von Kollisionsparametern

Obwohl in diesem „1/6" Modell bisher keine molekularen Kollisionen angenommen wurden, lassen sich hiermit dennoch Kollisionsparameter durch die Annahme fiktiver Kollisionen qualitativ abschätzen. Eine genaue Berechnung unter Berücksichtigung der Relativgeschwindigkeiten zwischen den Molekülen erfolgt im Abschn. 4.4.3.

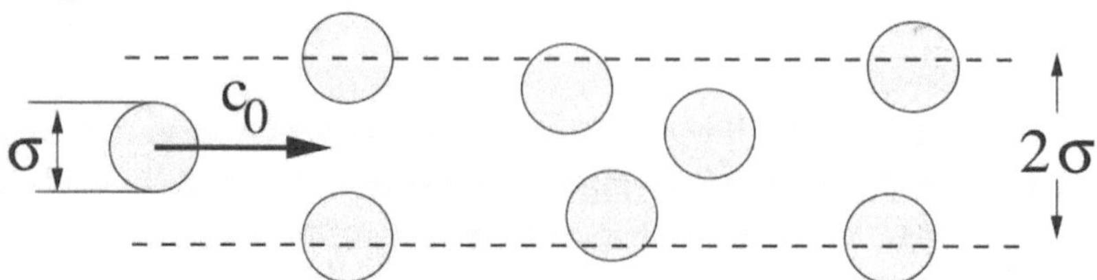


**Abb. 2.5.** Anordnung zur Abschätzung von Kollisionsparametern.

**Abb. 2.5.** Anordnung zur Abschätzung von Kollisionsparametern.

Zur näherungsweisen Abschätzung nimmt man, wie in Abb. 2.5 skizziert, an, dass die Bewegung aller Moleküle eingefroren ist, nur ein Testmolekül bewegt sich mit $c_0$. Alle Moleküle werden als Kugeln mit dem Durchmesser $\sigma$ betrachtet. Das Testmolekül stößt bzw. berührt innerhalb einer Zeit $\Delta t$ alle (ruhenden) Moleküle, die sich in einem Zylinder mit dem Durchmesser

$D = \sigma + 2 \cdot \frac{1}{2}\sigma = 2\sigma$ und der Länge $c_0\,\Delta t$ befinden. Das Volumen dieses Zylinders ist somit

$$\Delta V = \pi\sigma^2\,c_0\,\Delta t.$$

**Stoßfrequenz.** Die Stoßfrequenz $\nu_s$ ist gleich der Anzahl der Molekülstöße pro Zeit. Die Anzahl der Stöße, gleich $\nu_s\,\Delta t$, ist proportional zu der Anzahl Moleküle, die sich in dem betrachteten Zylinder mit Volumen $\Delta V$ befinden, bezogen auf die Gesamtzahl $N$ der Moleküle im gesamten Volumen $V$. Die Anzahl der Stöße ist somit:

$$\nu_s\,\Delta t = \frac{\Delta V}{V}\,N = \pi\sigma^2\,c_0\,\frac{N}{V}\,\Delta t.$$

Hieraus ergibt sich die Stoßfrequenz $\nu_s$ zu:

$$\nu_s = \pi\,\sigma^2\,c_0\,n. \tag{2.20}$$

Die korrekte Lösung für eine starre Kugel mittels Maxwell-Verteilung berechnet, (4.37), ist zum Vergleich

$$\nu_s = 4/\sqrt{3\pi}\cdot\pi\sigma^2\,c_0\,n. \tag{2.21}$$

**Mittlere freie Weglänge $l_f$.** Die mittlere freie Weglänge $l_f$ ist die freie Flugstrecke eines Moleküles, die es im Mittel zwischen zwei Stößen zurücklegt. Sie ist eine wichtige Größe zur Charakterisierung der Strömungsbereiche. Die mittlere freie Weglänge $l_f$ ergibt sich sofort aus der Kollisionsfrequenz $\nu_s$ zu:

$$l_f = \frac{c_0}{\nu_s} = \frac{1}{\pi\,\sigma^2\,n} = \frac{m}{\pi\,\sigma^2}\,\frac{1}{\varrho}. \tag{2.22}$$

Die korrekte Lösung für eine starre Kugel mittels Maxwell-Verteilung berechnet, (4.38), ist zum Vergleich

$$l_f = \frac{1}{\sqrt{2}}\,\frac{1}{\pi\,\sigma^2\,n}. \tag{2.23}$$

Für die mittlere freie Weglänge $l_f$ folgt, dass sie im Wesentlichen umgekehrt proportional zur Dichte ist, bzw. dass das Produkt aus Dichte und Weglänge nahezu eine Konstante für eine Molekülsorte ist.:

$$l_f \cdot \varrho = \frac{m}{\sqrt{2}\,\pi\,\sigma^2} \approx const. \tag{2.24}$$

**Stoßzahl $z_s$.** Die gesamte Anzahl $z_s$ der Stöße pro Zeit und Volumen ist eine häufig genutzte Größe in der Reaktionskinetik. Die Gesamtzahl $z_s$ ergibt sich aus:

$$z_s = n \cdot \nu_s = \pi\,\sigma^2\,c_0\,n^2.$$

Typisch für die Kollisionszahl $z_s$ ist, dass die beteiligten Gaskomponenten mit dem Produkt ihrer Dichten eingehen, d.h. hier $z_s \sim n^2$.

## 2.2 Molekulare Transportprozesse mäßig verdünnter Gase

In den bisherigen, elementaren Betrachtungen wurde angenommen, dass das Gas im Volumen $V$ makroskopisch in Ruhe ist. Das Gas befindet sich somit im thermischen Gleichgewicht, da alle makroskopischen Größen, wie Strömungsgeschwindigkeit, Temperatur oder Konzentration räumlich und zeitlich konstant sind.

Treten Änderungen dieser makroskopischen Größen auf, dann befindet sich das Gas nicht mehr im thermischen Gleichgewicht. In einer räumlich veränderlichen Strömung transportieren die Moleküle infolge ihrer thermischen Bewegung ihren im Mittel unterschiedlichen Zustand über eine freie Weglänge $l_f$ aus dem Gebiet, aus dem sie kommen, in einen Bereich mit unterschiedlichem, mittleren makroskopischem Zustand. Die Moleküle befinden sich relativ zu ihrer neuen Umgebung im Zustand des thermischen Nichtgleichgewichtes. Der Angleichungsprozess erfolgt über molekulare Kollision und führt zu sogenannten, molekularen Transportprozessen, die sich makroskopisch als Reibung, Wärmeleitung oder Diffusion bemerkbar machen.

Dieser Transportprozess hängt somit wesentlich von der Anzahl von Kollisionen über einer charakteristischen, makroskopischen Abmessung $L$ ab. Entscheidend dafür ist das Verhältnis der freien Weglänge $l_f$ zu der makroskopischen Abmessung $L$, d.h. der Knudsen-Zahl $Kn = l_f/L$. Entsprechend der Größenordnung der Verhältnisse dieser Längen kann man wieder die zwei Extreme unterscheiden, die *Kontinuumsströmung* mit $l_f \ll L$ und die *freie Molekülströmung* mit $l_f \gg L$. Für beide Extremfälle können die Transportgrößen mittels elementarer Gaskinetik relativ einfach abgeschätzt werden, während die Zwischenzustände nur sehr schwierig zu modellieren sind.

Ist die mittlere freie Weglänge $l_f$ sehr viel kleiner als die makroskopischen Abmessung $L$, d.h. $l_f \ll L$, dann trifft ein Molekül auf seinen Weg sehr viele andere Moleküle und ändert permanent infolge Kollisionen seinen Zustand. Es ist der Bereich, mit dem man im Allgemeinen vertraut ist, wie z.B. Luft bei Druck von 1 bar und Temperatur von 300 K. Die freie Weglänge zwischen Molekülstößen beträgt hierbei $l_f \approx 6 \cdot 10^{-8}$ m. Der molekulare Transportprozess ist somit im Kontinuumsbereich kollisionsbestimmt.

Der Austausch von molekularen Erhaltungsgrößen, wie Masse, Impuls und Energie, erfolgt in ähnlicher Weise über den gleichen Kollisionsvorgang, so dass auch die daraus folgenden, makroskopischen Wirkungen der molekularen Transportprozesse, wie Schubspannung, Wärmeleitung oder Diffusion, ähnlich sind. Dies zeigt sich z.B. in den konstanten, bzw. nahezu konstanten Ähnlichkeitsparametern, wie Prandtl-Zahl oder Schmidt-Zahl, die molekulare Transportgrößen, wie Viskosität, Wärmeleitfähigkeit oder Diffusionskonstanten ins Verhältnis setzen. Charakteristisch für den Kontinuumsbereich ist auf Grund der hohen Kollisionsfrequenz auch, dass die Transportgrößen in weiten Bereichen unabhängig von der Gasdichte sind.

## 2.2.1 Modell zur Herleitung der Transportprozesse

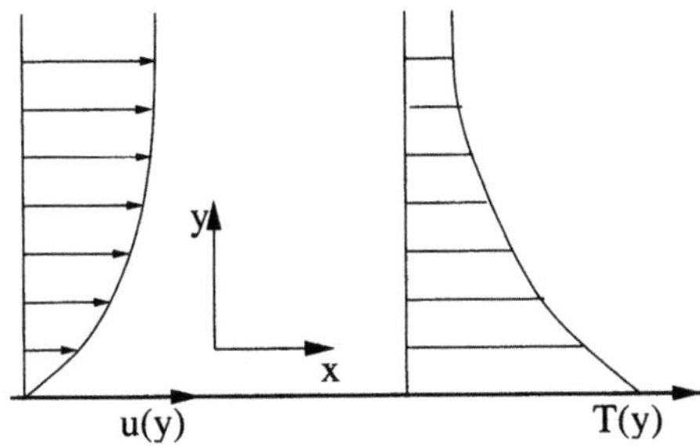


**Abb. 2.6.** Geschwindigkeits- und Temperaturverlauf in einer Wandgrenzschicht

Zur Herleitung wird eine nahezu parallele Strömung in $x$-Richtung mit Änderungen der Strömungsgrößen im Wesentlichen in $y$-Richtung betrachtet. Ein typischer Verlauf der Strömungsgeschwindigkeit $u(y)$ und der Temperatur $T(y)$ ist in Abb. 2.6 für eine Strömungs- und Temperaturgrenzschicht über einer ebenen Platte skizziert. Die in einer Grenzschicht auftretenden, schwachen Änderungen in $x$-Richtung seien hier vernachlässigt.

Für die folgende Betrachtung wird nur ein kleiner Bereich $\Delta y$ herausgegriffen. Über diesen Bereich kann angenommen werden, dass die Strömungsgrößen sich nur schwach über $y$ ändern und in $x$-Richtung konstant sind. Ein solcher Ausschnitt ist in Abb. 2.7, rechts, dargestellt. Als makroskopische, veränderliche Größen $V(y)$ werden hierbei neben der Geschwindigkeit $u(y)$ und der Temperatur $T(y)$ auch mögliche Konzentrationsänderungen $x_s(y)$ einer Diffusionsgrenzschicht berücksichtigt. Die Konzentration wird als Massenkonzentration, bzw. Massenbruch $x_s = \varrho_s/\varrho$ einer Spezies $s$ definiert. Diese veränderlichen, makroskopischen Größen verursachen molekulare Transportvorgänge, die sich wieder makroskopisch entsprechend der betrachteten Größen $V(y)$ als Reibungsspannung

$$\tau = \eta \, \frac{d\,u}{d\,y} \qquad \text{für} \qquad V(y) = u(y),$$

als Wärmestrom

$$q = \lambda \, \frac{d\,T}{d\,y} \qquad \text{für} \qquad V(y) = T(y),$$

oder als Diffusionstrom einer Spezies $A$

$$j_A = \varrho D \, \frac{d\,x_A}{d\,y} \qquad \text{für} \qquad V(y) = x_A(y)$$

bemerkbar machen. Die Komponentenangaben, wie z.B. $\tau_{xy} = \tau$ oder $q_y$ sind der Übersichtlichkeit halber weggelassen worden.

Mikroskopisch entspricht diesen Transportprozessen der Austausch der Erhaltungsgrößen von Masse, Impuls und Energie der Moleküle entsprechend

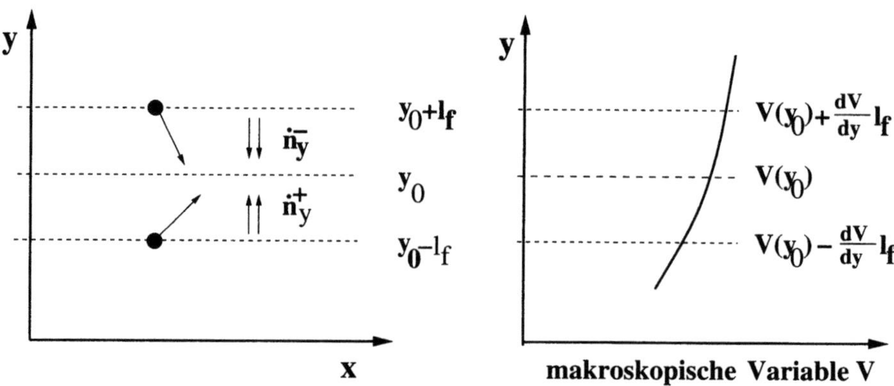



**Abb. 2.7.** Parallelströmung zur Abschätzung der Transportgrößen

der Abb. 2.7. Der Austausch des mittleren Tangentialimpulses $m\,u$ der Moleküle quer zu den Ebenen $y = const.$ führt zu Schubspannungen $\tau$, dem Wärmestrom $q$ entspricht der Austausch der kinetischen Energie $\frac{m}{2}c_0^2$ und dem Diffusionstrom der Austausch der Speziesmasse $m_A = m \cdot x_A$ einer Molekülsorte $A$.

Die einzelnen Transportprozesse und ihre Zuordnungen sind in Tabelle 2.2 zusammengefasst mit den Abkürzungen $V(y)$ für die makroskopischen Variablen, $P$ für die molekularen Austauschgrößen und $\Lambda$ für die makroskopische Wirkung. Der entsprechende Transportkoeffizient ist mit $K$ bezeichnet.

Zur Herleitung eines Zusammenhanges zwischen mikroskopischen und makroskopischen Größen wird ein Kontrollvolumen um die Ebene $y_0$ betrachtet, in dem die Moleküle im Mittel die makroskopischen Variablen $V(y_0)$ repräsentieren. Unter- und oberhalb dieser Ebene werden zwei Kontrollvolumina um $y_0 \pm l_f$ im Abstand einer freien Weglänge $l_f$ betrachtet, wie in Abb. 2.7 skizziert.

Die Zustände auf diesen Nachbarebenen können unter Voraussetzung kleiner Gradienten $\frac{dV}{dy}$ angenähert geschrieben werden zu

$$V(y_0 \pm l_f) = V(y_0) \pm \frac{dV}{dy}\, l_f.$$

Es wird jetzt angenommen, dass die Moleküle, die in Richtung der mittleren Ebene mit Teilchenstrom $\dot{n}^\pm$ fliegen, ihren letzten Kontakt (Kollision) bei $y_0 \pm l_f$ hatten. Sie tragen damit den dortigen, makroskopischen Zustand $V(y_0 \pm l_f)$ im Mittel mit sich. Mit diesen Zuständen fliegen sie eine freie Weglänge $\pm l_f$, treffen im Kontrollvolumen um $y_0$ auf die dortigen Moleküle mit mittlerem Zustand $V(y_0)$ und ändern durch Kollisionen ihre Zustände. Der Gradient $\sim \frac{dV}{dy}$ macht sich als makroskopische Wirkung bemerkbar, d.h.

$$\Lambda \sim \frac{dV}{dy}.$$

**Tabelle 2.2.** Molekulare Transportprozesse

| Makroskopische Variable $V(y)$ | Molekularer Transport $P$ | Makroskopische Wirkung $\Lambda$ | Transport-koeffizient $K$ |
|---|---|---|---|
| Geschwindigkeit $u(y)$ | Impuls $m\,u$ | Schubspannung $\tau = \eta\,\frac{d\,u}{d\,y}$ | Viskosität $\eta$ |
| thermische Energie $e(y)$ Temperatur $T(y)$ | Energie $\frac{m}{2}\,c_0^2$ | Wärmestrom $q = \lambda\,\frac{d\,T}{d\,y}$ | Wärmeleitfähigkeit $\lambda$ |
| Konzentration $x_A(y) = \frac{\varrho_A}{\varrho}$ | Speziesmasse $m\,x_A$ | Diffusionsstrom $j_A = \varrho\,D_{AB}\,\frac{d\,x_A}{d\,y}$ | Diffusionskonstante $D_{AB}$ |

Die gesamte Zustandsänderung ergibt sich aus einer Bilanz der Partikelströme von oben, bzw. von unten in das Kontrollvolumen um $y_0$ über eine Projektionsfläche $A_y$.

$$- \Lambda\,A_y = \dot{n}^+\,m\,\left[V(y_0) - \frac{dV}{dy}\,l_f\right] + \dot{n}^-\,m\,\left[V(y_0) + \frac{dV}{dy}\,l_f\right].$$

Die Teilchenströme $\dot{n}^{\pm}$ sind entsprechend ihrer Richtung positiv oder negativ. Ersetzt man die Teilchenströme näherungsweise durch das „1/6"-Gesetz mit $\dot{n}^{\pm} = \pm\frac{1}{6}\,n\,c_0\,A_y$ aus (2.1), so ergibt sich die makroskopische Wirkung $\Lambda$ pro Zeit und Fläche als Funktion molekularer Größen und der Änderung der makroskopischen Variablen zu:

$$\Lambda = \frac{1}{3}\,n\,c_0\,m \cdot \frac{dV}{dy}\,l_f. \tag{2.25}$$

Mit den Definitionen von $V(y)$ und $\Lambda$ aus Tabelle 2.2 können die einzelnen Transportprozesses analysiert werden.

Kritisch anzumerken ist, dass der Ansatz für $\dot{n}$ nach Gleichung (2.1) entsprechend dem einfachen „1/6" Modell nur qualitativ gilt. Desweiteren wurde die Annahme getroffen, dass die Teilchen nur aus den Schichten $y_0 \pm l_f$ kommen, was nur für dieses einfache Modell zutrifft. Dennoch zeigen die nachfolgenden Betrachtungen der einzelnen Effekte, dass diese recht einfache Abschätzung bis auf eine Proportionalitätskonstante die Physik einfacher Moleküle korrekt widerspiegelt.

### 2.2.2 Schubspannung und Viskosität

Schubspannung und Viskosität sind ein Ergebnis des molekularen Impulsaustausches. In der Beziehung für $\Lambda$ in (2.25) wird jetzt $V(y)$ ersetzt durch die Tangentialgeschwindigkeit $u(y)$, so dass das Produkt $m\,u(y)$ als mittlerer Tangentialimpuls der Moleküle interpretiert werden kann. Die entsprechende makroskopische Wirkung ist die Schubspannung, d.h. $\Lambda = \tau$. Damit folgt aus (2.25) durch Vergleich mit dem Newtonschen Ansatz $\tau = \eta \frac{du}{dy}$ für die Schubspannung

$$\tau = \frac{1}{3}\,n\,c_0\,m\,l_f \cdot \frac{du}{dy} = \eta\,\frac{du}{dy} \tag{2.26}$$

sofort eine Beziehung für die dynamische Viskosität $\eta$ als Funktion von molekularen Größen zu:

$$\eta = \frac{1}{3}\,n\,m\,c_0\,l_f = \frac{1}{3}\,\varrho\,c_0\,l_f. \tag{2.27}$$

Übernimmt man für diese Gleichung die Beziehungen aus dem „1/6" Modell mit Beziehung (2.22) für die freie Weglänge $l_f$ und (2.11) für die thermische Geschwindigkeit $c_0$, so ergibt sich für die Viskosität $\eta$:

$$\eta = \frac{1}{3}\,n\,m\,\sqrt{3\frac{k}{m}\,T}\,\frac{1}{\pi\sigma^2\,n} = \frac{\sqrt{3}}{3}\,\frac{\sqrt{k\,m}}{\pi\sigma^2}\,\sqrt{T} \sim \sqrt{T}. \tag{2.28}$$

Der exakte Wert aus einer Lösung der Boltzmann-Gleichung für Starrkugel-Moleküle [39] ergibt sich zu

$$\eta = \frac{5\pi}{32}\,\varrho\,\bar{c}\,l\,,$$

gebildet jedoch mit dem linearem Mittelwert (4.17) der Molekülgeschwindigkeiten $\bar{c} = \sqrt{\frac{8}{\pi}\,\frac{k}{m}\,T}$ und der genauen Lösung (2.23) für die freie Weglänge. Im Vergleich zur Näherung (2.28) ergibt die genauere Beziehung für die Viskosität:

$$\eta = \frac{5\sqrt{\pi}}{16}\,\frac{\sqrt{k\,m}}{\pi\sigma^2}\,\sqrt{T}. \tag{2.29}$$

Ein Vergleich beider Resultate zeigt, dass sich Näherung (2.28) von der exakten Lösung in (2.29) nur um einen Faktor von $1,04$ unterscheidet.

Aus den Ergebnissen für die Viskosität in (2.28) bzw. in (2.29) folgt in Übereinstimmung mit dem Experiment:

1. die Viskosität $\eta$ von idealen Gasen hängt nicht von der Dichte ab und
2. die Viskosität $\eta$ von Gasen ist makroskopisch nur eine Funktion der Temperatur und steigt mit der Temperatur.

Vergleiche mit gemessenen Werten der Viskosität zeigen jedoch, dass die Temperaturabhängigkeit $\eta(T)$ stärker ist als $T^{1/2}$. Für weite Temperaturbereiche kann die Temperaturabhängigkeit allgemeiner durch einen Exponentialansatz beschrieben werden in der Form:

$$\frac{\eta(T)}{\eta_{ref}} = \left(\frac{T}{T_{ref}}\right)^{s} \qquad \text{mit} \qquad \frac{1}{2} \leq s \leq 1. \tag{2.30}$$

Der Exponent $s$ beträgt im Bereich um $300\,\mathrm{K}$ z.B. für Luft, Stickstoff und Argon $s = 0,82$, für Helium $s = 0,64$ und für Wasserstoff $s = 0,69$.

Die Ursache für die Abweichungen dieser Theorie liegt wesentlich in der Annahme des Molekülmodelles, d.h. in der Fernwirkung der angenommenen Wechselwirkungspotentialen zwischen den Molekülen. In den bisherigen Herleitungen wurden auch keine Annahmen über innere Freiheitsgrade der Moleküle getroffen, d.h. die Herleitung gilt im Prinzip nur für einatomige Gase und der Annahme eines Starrkugel-Moleküles.

Detaillierte Rechnungen mittels Chapman-Enskog-Entwicklung der Boltzmann-Gleichung in Kap. 7.2 und in mehr Details in [39] oder [9] zeigen, dass der Exponent je nach Molekülmodell zwischen $s = 1/2$ für starre Kugeln und $s = 1$ für das Maxwellsche Modell liegt. Die in (2.30) definierte Abhängigkeit von der Temperatur wird durch die Chapman-Enskog-Lösung der Boltzmann-Gleichung in Abschn. 7.2.2 für die Viskosität in (7.48) und für die Wärmeleitfähigkeit $\lambda$ in (7.49) bestätigt. Der Exponent hängt von der Wahl des molekularen Wechselwirkungspotentiales ab.

Eine brauchbare Korrektur der Temperaturabhängigkeit für zweiatomige Gase liefert ein mehr empirischer Modellansatz von Sutherland, siehe Bird et al. [5]. Der Ansatz lautet:

$$\frac{\eta}{\eta_{ref}} = \left(\frac{T}{T_{ref}}\right)^{1/2} \frac{1 + A\,T_{ref}}{1 + A/T} \qquad \text{z.B. Luft:} \quad A = 110\,K.$$

Die Ergebnisse bei angepasstem Koeffizient $A$ sind in sehr guter Übereinstimmung mit experimentellen Werten.

### 2.2.3 Wärmestrom und Wärmeleitfähigkeit

Wärmestrom und Wärmeleitfähigkeit sind ein Ergebnis des molekularen Energieaustausches. Ausgehend von der Beziehung (2.25) wird $V(y)$ ersetzt durch die thermische Energie $e = c_v\,T$ pro Masse. Entsprechend der Definition (2.6) ist diese identisch mit der kinetischen Energie pro Masse der Moleküle

$$e = \frac{1}{2}\,c_0^2 = c_v \cdot T.$$

Die kinetische Energie eines Moleküles $\frac{m}{2}\,c_0^2 = m\,c_v\,T$ ist damit die entsprechende, molekulare Transportgröße. Die daraus folgende, makroskopische

Wirkung ist der Wärmestrom, d.h. $\Lambda = q$. Damit folgt aus (2.25) durch Vergleich mit dem Fourierschen Ansatz $q = \lambda \frac{dT}{dy}$ für den Wärmestrom

$$q = \frac{1}{3}\, n\, c_0\, m\, l_f\, c_v \cdot \frac{dT}{dy} = \lambda \frac{dT}{dy} \tag{2.31}$$

sofort eine Beziehung für die molekulare Wärmeleitfähigkeit $\lambda$.

$$\lambda = \frac{1}{3}\, n\, m\, c_0\, l_f\, c_v = \frac{1}{3}\, \varrho\, c_0\, l_f\, c_v. \tag{2.32}$$

Übernimmt man die Beziehungen aus dem „1/6" Modell mit (2.22) für die mittlere freie Weglänge und (2.11) für die molekulare Geschwindigkeit, so ergibt sich:

$$\lambda = \frac{1}{3}\, n\, m\, \sqrt{3\frac{k}{m}\, T}\, \frac{1}{\pi \sigma^2 n}\, c_v = \frac{\sqrt{3}}{3}\, \frac{\sqrt{k\, m}}{\pi \sigma^2}\, c_v\, \sqrt{T} \sim \sqrt{T} \tag{2.33}$$

Der exakte Wert aus einer Lösung der Boltzmann-Gleichung für Starrkugel-Moleküle, z.B. aus [39], ergibt sich zu

$$\lambda = \frac{25\pi}{64}\, \varrho\, \bar{c}\, l\, c_v,$$

gebildet mit dem linearen Mittelwert $\bar{c}$ der Geschwindigkeiten nach (4.17) und der freien Weglänge $l_f$ nach (2.23). In Form von Gleichung (2.33) ergibt dies

$$\lambda = \frac{25\sqrt{\pi}}{32}\, \frac{\sqrt{k\, m}}{\pi \sigma^2}\, c_v\, \sqrt{T}. \tag{2.34}$$

Ein Vergleich zeigt, dass sich die Näherung (2.33) von der exakten Lösung in (2.34) durch einen etwas größeren Faktor von $\approx 5/2$ unterscheidet. Die Ursache der größeren Abweichung liegt im Wesentlichen in der quadratischen Abhängigkeit der kinetischen Energie von der molekularen Geschwindigkeit.

Das Resultat für die Wärmeleitfähigkeit $\lambda$ ist bis auf eine Konstante und der ebenfalls konstanten, spezifischen Wärme $c_v$ identisch mit dem der Viskosität $\eta$, so dass gilt:

$$\lambda = k\, \eta\, c_v \tag{2.35}$$

Der Faktor $k$ ist Eins für die die Näherung (2.33) und $k \approx 5/2$ unter Berücksichtigung der exakten Lösung in Beziehung (2.34). Auf Grund der Proportionalität von Viskosität und Wärmeleitfähigkeit gelten für die Wärmeleitfähigkeit von idealen Gasen die gleichen Aussagen wie für die Viskosität, nämlich:

1. $\lambda$ hängt nicht von der Dichte ab und
2. $\lambda$ ist makroskopisch nur eine Funktion der Temperatur und steigt mit der Temperatur.

Vergleiche mit gemessenen Werten zeigen in Analogie zur Viskosität, dass die Temperaturabhängigkeit $\lambda(T) \sim T^{1/2}$ nicht korrekt ist, sondern sich allgemeiner beschreiben lässt mit einem Ansatz:

$$\frac{\lambda(T)}{\lambda_{ref}} = \left(\frac{T}{T_{ref}}\right)^{s} \qquad \text{mit} \qquad \frac{1}{2} \leq s \leq 1. \tag{2.36}$$

Der Exponent $s$ ist in weiten Temperaturbereichen identisch mit dem für die Viskosität, was sich in einer nahezu konstanten Prandtl-Zahl ausdrückt. Die Lösung der Boltzmann-Gleichung für die Wärmeleitfähigkeit $\lambda$ in (7.49) ergibt analog zur Zähigkeit eine Temperaturabhängigkeit wie in (2.36), in Abhängigkeit vom molekularen Wechselwirkungspotentiales.

Die Herleitung gilt im Prinzip nur für einatomige Gase mit drei translatorischen Freiheitsgraden. Zwei- und mehratomige Moleküle haben zusätzliche, innere Freiheitsgrade, im Wesentlichen sind dies die voll angeregten Rotationsfreiheitsgrade, wodurch merkliche Abweichungen von dieser Näherungstheorie auftreten. Mit einer Korrektur nach *Eucken* können die inneren Freiheitsgrade jedoch bei der Bestimmung der Wärmeleitfähigkeit berücksichtigt werden. Ausgehend von (2.35) spaltet man die Wärmeleitfähigkeit $\lambda$ in Anteile für translatorische und innere Freiheitsgrade auf.

$$\lambda = \lambda_{tr} + \lambda_{in} = k_{tr}\,\eta\,c_{v_{tr}} + k_{in}\,\eta\,c_{v_{in}}.$$

Der translatorische Anteil, der wie bei einatomigen Molekülen proportional zu $c_0^2$ ist, wird mit der exakten Lösung für $\lambda$ gewichtet, d.h. $k_{tr} = 5/2$, während der Faktor $k_{in} = 1$ gewählt wird, da die inneren Freiheitsgrade nicht mit der Geschwindigkeit korrelieren. Für ein mehratomiges Molekül mit drei translatorischen und $FG-3$ voll angeregten, inneren Freiheitsgraden folgt nach (2.8) für die spezifischen Wärmen $c_{v_{tr}} = \frac{3}{2}\,R$ und $c_{v_{in}} = \frac{FG-3}{2}\,R$. Mittels Eucken-Korrektur erhält man für ein mehratomiges Molekül die Wärmeleitfähigkeit zu:

$$\lambda = \eta\,R\left(\frac{15}{4} + \frac{FG-3}{2}\right) = \eta\,c_v\,\frac{9\kappa - 5}{4} \tag{2.37}$$

mit $R = c_v\,(\kappa - 1)$ und $\kappa = c_p/c_v = (FG + 2)/FG$. Die Eucken-Korrektur schließt die Lösung für einatomige Gase ein und ist eine gute Näherung für mehratomige Gase bei normalen Temperaturen.

### 2.2.4 Prandtl-Zahl

Die Prandtl-Zahl ist ein wichtiger Ähnlichkeitsparameter für reibungsbehaftete Wärmeübergangsprobleme. Die Prandtl-Zahl kann als das Verhältnis von produzierter Reibungswärme zu Wärmetransport infolge Wärmeleitung interpretiert werden. Sie ist definiert zu:

$$Pr = \frac{\eta\,c_p}{\lambda} = \frac{\eta\,c_v}{\lambda}\,\kappa. \tag{2.38}$$

Die Prandtl-Zahl in Gasen ist i.A. ein Wert kleiner Eins und nahezu unabhängig von der Temperatur. Als Beispiel sei die Prandtl-Zahl von Luft aufgeführt, die in einem Temperaturbereich von 200 K bis 2000 K zwischen $Pr = 0,74$ und $Pr = 0,70$ variiert.

Die Werte für Prandtl-Zahlen liegen für einatomige Gase bei etwa $Pr \approx 2/3$, z.B. Helium mit $Pr \approx 0,68$ oder Argon mit $Pr \approx 0,69$ und für zweiatomige etwa bei $Pr \approx 3/4$, z.B. Stickstoff, Sauerstoff oder Luft mit $Pr \approx 0,73$.

Die Prandtl-Zahl ist auf Grund ihrer geringen Temperaturabhängigkeit eine geeignete Größe zur Validierung der theoretischen Ansätze. Die Temperaturunabhängigkeit bestätigt zunächst die Ähnlichkeit der molekularen Transportvorgänge für Impuls- und Energieaustausch. Ersetzt man die Größen in der Prandtl-Zahl durch die einfache Näherung für die Zähigkeit $\eta$ aus (2.28) und der Wärmeleitfähigkeit $\lambda$ nach (2.32), so erhält man:

$$Pr = \kappa.$$

Dieses Ergebnis ist im Vergleich mit den obigen Zahlenwerten unzufriedenstellend. Die Prandtl-Zahl mit den Werten aus einer Lösung der Boltzmann-Gleichung, (2.29) und (2.34) ergibt:

$$Pr = \frac{2}{5}\,\kappa.$$

Für einatomige Gase mit $\kappa = \frac{5}{3}$ erhält man eine Prandtl-Zahl von $Pr = \frac{2}{3}$, die dicht an den experimentellen Werten für diese Gase liegt. Für zweiatomige Gase mit $\kappa = \frac{7}{5}$ ergibt sich ein zu großer Wert. Für diesen Fall korreliert die Prandtl-Zahl mit der Korrektur nach Eucken (2.37) viel besser. Diese lautet:

$$Pr = \frac{4\,\kappa}{9\kappa - 5}.$$

Für zweiatomige Gase ergibt sich eine Prandtl-Zahl von $Pr = 28/38 = 0,737$ in recht guter Übereinstimmung mit gemessenen Werten.

### 2.2.5 Diffusionstrom und Diffusionskoeffizient

Diffusionstrom und Diffusionskoeffizient sind ein Ergebnis des molekularen Massentransportes. Zur Abschätzung des diffusiven Transportes wird ein Gasgemisch mit den Spezies $A$ und $B$, bestehend aus Molekülen der Masse $m_A$ und $m_B$, angenommen. Um diese vereinfachte Theorie anwenden zu können, müssen die Massen in etwa gleich sein, da ansonsten die mittleren freien Weglängen und die thermischen Geschwindigkeiten für die Spezies unterschiedlich sind und dadurch die Modellvorstellung nach Abb. 2.7 nicht mehr adäquat ist. Die Voraussetzung

$$m_A \approx m_B \approx m$$

gilt für Moleküle nahezu gleichem Molekulargewichtes, wie z.B. für $N_2$ und $CO_2$, bzw. für identische Moleküle, die irgendwie markiert sind. Letzteres wird als Selbstdiffusion bezeichnet.

Die Dichte $\varrho$ und die Konzentration (Massenbruch) $x_A = \frac{\varrho_A}{\varrho}$ des Gemisches ist somit definiert durch

$$\varrho = \varrho_A + \varrho_B \qquad \text{und} \qquad x_A + x_B = 1.$$

Ausgehend von der Beziehung (2.25) wird $V(y)$ ersetzt durch die variable Konzentration $x_A(y)$. Die entsprechende, molekulare Transportgröße ist der Massenanteil der Komponente $A$ gleich $m\,x_A = m_A\,\frac{n_A}{n}$. Die daraus folgende, makroskopische Wirkung ist der Diffusionsstrom $\Lambda = j_A$, der den Massenstrom infolge Diffusion der Sorte $A$ pro Zeit- und Flächeneinheit darstellt. Damit folgt aus (2.25) durch Vergleich mit dem Fickschen Gesetz der Diffusion $j_A = \varrho\,D_{AB}\,\frac{dx_A}{dy}$ für den Diffusionsstrom

$$j_A = \frac{1}{3}\,n\,m\,c_0\,l_f \cdot \frac{dc_A}{dy} = \varrho\,D_{AB}\,\frac{dx_A}{dy} \tag{2.39}$$

sofort eine Beziehung für die Diffusionskonstante $D_{AB}$ zu:

$$D_{AB} = \frac{1}{3}\,c_0\,l_f. \tag{2.40}$$

Übernimmt man die Beziehungen aus dem „1/6" Modell mit (2.22) für die mittlere freie Weglänge und (2.11) für die thermische Geschwindigkeit, so ergibt sich für das Produkt $\varrho\,D_{AB}$:

$$\varrho\,D_{AB} = \frac{1}{3}\,n\,m\,\sqrt{3\frac{k}{m}\,T}\,\frac{1}{\pi\sigma^2\,n} = \frac{\sqrt{3}}{3}\,\frac{\sqrt{k\,m}}{\pi\sigma^2}\,\sqrt{T}. \tag{2.41}$$

Eine exakte Lösung der Boltzmann-Gleichung für Starrkugel-Moleküle liefert analog zu $\eta$ und $\lambda$ eine Beziehung, die sich von der Näherung nur durch eine Konstante unterscheidet.

$$\varrho\,D_{AB} = \frac{3\sqrt{\pi}}{8}\,\frac{\sqrt{k\,m}}{\pi\sigma^2}\,\sqrt{T}. \tag{2.42}$$

Die Diffusionskonstante $D_{AB}$ selbst ist eine Funktion der Dichte $\sim 1/\varrho$, das Produkt $\varrho\,D_{AB}$ jedoch ist analog zur Viskosität und Wärmeleitfähigkeit unabhängig von der Dichte und proportional zu $T^{1/2}$.

Ein allgemeinerer Ansatz für die Diffusionskonstante ist wiederum

$$\frac{D_{AB}(T)}{D_{AB_{ref}}} = \left(\frac{T}{T_{ref}}\right)^s \qquad \text{mit} \qquad \frac{1}{2} \le s \le 1.$$

Der Exponent $s$ ist in weiten Temperaturbereichen identisch mit dem für die Viskosität, was sich in der nahezu konstanten Schmidt-Zahl ausdrückt.

### 2.2.6 Schmidt-Zahl

Die Schmidt-Zahl ist eine wichtige Kennzahl für Diffusionsvorgänge in reibungsbehafteter Strömung. Die Schmidt-Zahl ist definiert als

$$Sc = \frac{\eta}{\varrho\,D}. \tag{2.43}$$

Ersetzt man diese durch die vorherigen Resultate, so erhält man für die Näherung sofort

$$Sc = \frac{\eta}{\varrho\,D} = 1$$

und mit der Boltzmannlösung für Starr-Kugeln einen Wert von

$$Sc = \frac{\eta}{\varrho\,D} = \frac{5}{6} = 0,833.$$

Experimentelle Werte der Schmidt-Zahl für einfache Gase bei ca. 300 K liegen im Bereich zwischen $0,7$ und $0,75$, wie z.B. für Argon mit $Sc = 0,75$, Luft, Stickstoff und Sauerstoff bei $Sc = 0,74$ oder Wasserstoff bei $Sc = 0,73$.

*Anmerkung 2.2.1.* Eine Zusammenfassung unterschiedlicher Diffusionseffekte ist in Abschn. 6.3.1 zu finden. Zum vertiefenden Studium der molekularen Transportvorgänge wird das Grundlagenwerk von Hirschfelder, Curtis und Bird [24] und als Übersicht das Buch von Vincenti und Kruger [39] empfohlen. Für spezielle Anwendungen empfiehlt sich das Buch von Bird, Stewart und Lightfoot [5].

## 2.3 Molekularer Transport in freier Molekülströmung

Freie Molekülströmung tritt dann auf, wenn die mittlere freie Weglänge $l_f$ viel größer ist als die charakteristische, makroskopischen Abmessung $L$, d.h. wenn die Knudsen-Zahl $Kn = l_f/L \gg 1$. Wesentliche Effekte sind jedoch schon in der Übergangsströmung zwischen Kontinuum und freier Molekülströmung, d.h bei Knudsen-Zahl $Kn = O(1)$ spürbar.

In der freien Molekülströmung fliegen die Moleküle, wie der Name sagt, frei ohne Kollisionen. Sie ändern ihren Zustand erst beim Auftreffen auf eine Wand den Randbedingungen dort entsprechend. Von dieser Vorstellung ausgehend ist es einsichtig, dass der mittlere, makroskopische Zustand in einem herausgeschnittenen Kontrollvolumen von der Anzahl und dem Zustand einzelner Moleküle abhängt. Damit ist auch zu erwarten, dass Transportgrößen, wie Viskosität oder Wärmeleitfähigkeit nicht mehr unabhängig von der Gasdichte sind.

Zur Abschätzung der molekularen Transportprozesse wird als ein sehr einfaches Beispiel die Strömung zwischen zwei parallelen, unendlich ausgedehnten Platten im Abstand $H$ betrachtet, wie in Abb. 2.8 skizziert. Folgende Annahmen werden für dieses Beispiel getroffen:

- Die mittlere freie Weglänge $l_f$ ist von der Größenordnung der makroskopische Länge $L$, hier gleich dem Abstand $H$ der Platten.

$$l_f \geq H \qquad \text{bzw.} \qquad Kn = \frac{l_f}{H} \geq 1.$$

- Die Wände können unterschiedliche Geschwindigkeiten, z.B. $U_{W2} > U_{W1}$ und unterschiedliche Temperaturen $T_{W2} > T_{W1}$ haben.

- Die Moleküle fliegen normal zu den Wänden mit den Geschwindigkeiten $c_1$ nach oben, bzw. mit $c_2$ nach unten. Der Zustand „1" ist der Zustand der Moleküle nach der letzten Berührung mit der unteren Wand und „2" entsprechend nach der Berührung mit der oberen Wand.

- Die Moleküle ändern ihren Zustand nur durch die Wechselwirkung mit den Wänden. Dabei wird zunächst angenommen, dass die Moleküle jeweils wieder in die vertikale Richtung reflektiert werden.

- Die Moleküle tragen jeweils ihre Eigenschaften mit, wie Tangentialimpuls $m\,u$ und Energie $\frac{m}{2}c_0^2$, die sie zuletzt an der anderen Wand geändert haben. Durch Impuls- und Energieaustausch infolge der Stöße an der Wand werden diese Eigenschaften wieder geändert.

- Der Austausch tangentialen Impulses $m\,u$ an der Wand führt zu *Schubspannungen* $\tau$ und der Austausch kinetischer Energie $\frac{1}{2}\,m\,c^2$ führt zu dem *Wärmestrom* $q$.

- Auf der Wand kann vollständige Anpassung (z.B. Haftbedingung) oder nur teilweise Anpassung (z.B. Gleitströmung) des Molekülzustandes an den Wandzustand erfolgen.

- Transportgrößen (Viskosität, Wärmeleitung) werden im Gegensatz zu Kontinuum ($Kn \ll 1$) jetzt Funktionen der lokalen Dichte.

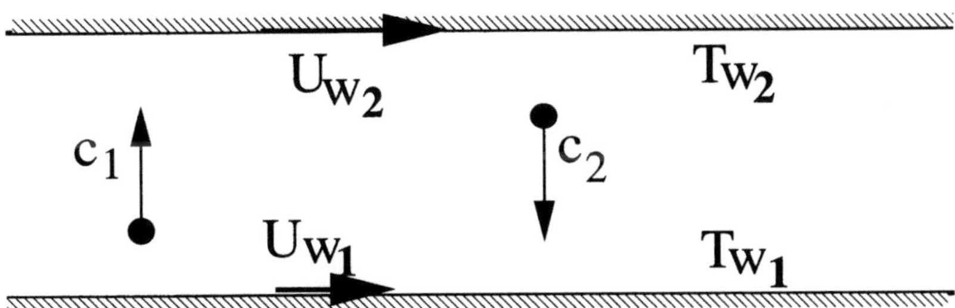


**Abb. 2.8.** Freie Molekülströmung zwischen zwei Platten

Die Teilchendichte des Systemes setzt sich aus den Anteilen der aufwärts und abwärts fliegenden Moleküle zusammen.

$$n = n_1 + n_2.$$

Die Molekülgeschwindigkeiten der beiden Anteile können entsprechend ihrer Temperatur, die sie zuletzt an den Wänden aufgenommen haben, unterschiedlich sein.

$$c_1 = \sqrt{3\,R\,T_1} \quad \text{und} \quad c_2 = \sqrt{3\,R\,T_2}.$$

Auf einem Flächenelement $A$ einer Wand, z.B. der oberen Wand, muss der Partikelstrom der auftreffenden Moleküle $\dot{n}_1$ gleich sein dem Strom der reflektierten Moleküle $\dot{n}_2$, die diese mit dem Zustand „2" verlassen, d.h.

$$\dot{n}_1 = \dot{n}_2.$$

Die Partikelströme $\dot{n}_1$ nach oben mit Zustand „1", bzw. der abwärts gerichtete Strom $\dot{n}_2$ sind dann:

$$\dot{n}_1 = n_1 c_1 A \qquad \text{und} \qquad \dot{n}_2 = n_2 c_2 A.$$

Aus der Gleichheit der Ströme ergibt sich ein Zusammenhang zwischen den Partikelströmen und der Partikeldichte $n$ zu:

$$\dot{n}_1 = \dot{n}_2 = \frac{c_1 c_2}{c_1 + c_2} \, n \, A. \tag{2.44}$$

Bei gleichen Temperaturen mit $c_1 = c_2 = c_0$ folgt $\dot{n}_1 = \dot{n}_2 = \frac{1}{2} c_0 \, n \, A$. Mit diesen Beziehungen können die Transportvorgänge abgeschätzt werden.

### 2.3.1 Schubspannung und Viskosität

Die Schubspannung und die Viskosität sind ein Ergebnis des molekularen Impulsaustausches, jedoch nicht wie im Kontinuum über Molekülstöße untereinander, sondern über Wechselwirkungen mit einer Wand. Zur Abschätzung des Impulsaustausches wird angenommen, dass die Temperaturunterschiede zunächst verschwinden, so dass gilt:

$$c_1 = c_2 = c_0 \qquad \text{und} \qquad \dot{n}_1 = \dot{n}_2 = \frac{1}{2} \, c_0 \, n \, A.$$

Die Geschwindigkeiten der oberen und unteren Wand seien unterschiedlich, so z.B.:

$$U_{W_2} > U_{W_1}.$$

Die Erhaltung des Tangentialimpuls $m\,u$ ergibt für ein Kontrollvolumen an einem Oberflächenelement $A$:

$$\dot{n}_2 \, m \, u_2 - \dot{n}_1 \, m \, u_1 = \tau \, A.$$

Mit obigen Beziehungen erhält man für die Schubspannung $\tau$

$$\tau = \frac{k_\tau}{2} \, \varrho \, c_0 \, (u_2 - u_1). \tag{2.45}$$

Der Korrekturfaktor $k_\tau$ ist für diese Näherung gleich Eins, eine detaillierte Betrachtung in Kennard [25] ergibt $k_\tau = \sqrt{2/3\pi}$.

Nimmt man an, dass ein Molekül, welches auf die Wand trifft, die Geschwindigkeit der Wand annimmt (Haftbedingung), d.h. $u_1 = U_{W_1}$ und $u_2 = U_{W_2}$, dann erhält man für die Schubspannung die Beziehung

$$\tau = \frac{k_\tau}{2} \, \varrho \, c_0 \, (U_{W_2} - U_{W_1}). \tag{2.46}$$

Diese Beziehung erlaubt einen Vergleich mit einer Kontinuumsströmung zwischen bewegten Platten (Couette-Strömung). Diese führt auf ein lineares Geschwindigkeitsprofil $u(y) = (U_{W_2} - U_{W_1}) \cdot y/H$ und somit mit (2.27), bzw. (2.22) auf eine Schubspannung von

$$\tau_{Kont} = \eta \cdot \frac{U_{W_2} - U_{W_1}}{H} = \frac{1}{3}\, \varrho\, c_0\, l_f\, \frac{U_{W_2} - U_{W_1}}{H} \quad \text{mit} \quad l_f \sim \frac{1}{\varrho}.$$

Der Vergleich mit (2.46) zeigt, dass die Schubspannung in freier Molekülströmung im Gegensatz zum Kontinuum von der Dichte abhängt und unabhängig von dem Plattenabstand $H$ ist. Das Verhältnis beider Schubspannungen ist dann eine Funktion der Knudsen-Zahl $Kn = l_f/H$:

$$\frac{\tau_{Kont}}{\tau_{fr.M.}} = \frac{\frac{1}{3}\,\varrho\, c_0\, l_f\, (U_{W2} - U_{W1})/H}{\frac{k_\tau}{2}\,\varrho\, c_0\, (U_{W2} - U_{W1})} = const. \cdot \frac{l_f}{H} = const. \cdot Kn.$$

### 2.3.2 Wärmestrom und Wärmeleitfähigkeit

Wärmestrom und Wärmeleitfähigkeit sind ein Ergebnis des molekularen Energieaustausches an der Wand. Zur Bestimmung des Wärmestromes werden die Wandgeschwindigkeiten gleichgesetzt

$$U_{W_2} = U_{W_1} = U_W.$$

Es gilt jedoch

$$T_{W2} > T_{W1}.$$

Daraus folgt

$$c_1 = \sqrt{3\,R\,T_1} \quad \text{und} \quad c_2 = \sqrt{3\,R\,T_2}$$

und somit die Partikelströme nach (2.44).

In Analogie zur Schubspannung ergibt sich aus einer Bilanz der kinetischen Energien der einfallenden und reflektierten Moleküle an der Wand:

$$q\,A = \dot{n}_1\, \frac{m}{2}\, c_2^2 - \dot{n}_2\, \frac{m}{2}\, c_1^2.$$

Der Wärmestrom ist somit:

$$q = \frac{k_q}{2}\, \varrho\, \frac{c_1 c_2}{c_1 + c_2}\, (c_2^2 - c_1^2) = \frac{k_q}{2}\, 3^{3/2}\, \varrho\, R^{3/2}\, \frac{\sqrt{T_1}\sqrt{T_2}}{\sqrt{T_1} + \sqrt{T_2}}\, (T_2 - T_1).$$

Der Korrekturfaktor $k_q$ ist für diese Näherung gleich Eins, eine detailliertere Betrachtung von Kennard [25] ergibt $k_q = 8/3\sqrt{6\pi}$.

Mit der Definition einer gemittelten Temperatur

$$\sqrt{\tilde{T}} \equiv 2\, \frac{\sqrt{T_1}\sqrt{T_2}}{\sqrt{T_1} + \sqrt{T_2}}$$

und der spezifischen Wärme $c_v = \frac{3}{2} R$ kann der Wärmestrom geschrieben werden zu:

$$q = \frac{k_q}{6} \varrho \, \tilde{c}_0 \, c_v \, (T_2 - T_1) \quad \text{mit} \quad \tilde{c}_0 = \sqrt{3\,R\tilde{T}}. \tag{2.47}$$

Nimmt man vollständige Energieanpassung an den Wandzustand an, d.h. $T_1 = T_{W_1}$ und $T_2 = T_{W_2}$, so kann wieder mit der Kontinuumstheorie verglichen werden. Für den Wärmestrom eines Kontinuums zwischen zwei unendlich langen Platten ergibt sich mit (2.32):

$$q_{Kont} = \lambda \, \frac{T_{W_2} - T_{W_1}}{H} = \frac{1}{3} \, \varrho \, c_0 \, l_f \, c_v \, \frac{T_{W_2} - T_{W_1}}{H} \quad \text{mit} \quad l_f \sim \frac{1}{\varrho}.$$

Der Vergleich mit der Kontinuumstheorie zeigt, dass die Wärmeleitfähigkeit in freier Molekülströmung im Gegensatz zum Kontinuum von der Dichte, aber nicht von der makroskopischen Länge $H$ abhängt.

### 2.3.3 Wandrandbedingung und Akkomodationskoeffizient

In den obigen Vergleichen mit der Kontinuumstheorie wurde jeweils angenommen, dass sich die Moleküle bei der Wandberührung an die Zustände der Wand anpassen.

$$u_1 = U_{W_1}, \quad u_2 = U_{W_2} \qquad \text{bzw.} \qquad T_1 = T_{W_1}, \quad T_2 = T_{W_2}.$$

Dies wird als *vollständige Akkomodation* des Impulses und der Energie bezeichnet. Diese Randbedingungen sind für den Kontinuumsbereich üblich und physikalisch sinnvoll.

Im Bereich stark verdünnter Gase gelten diese Bedingungen nicht mehr uneingeschränkt. Auf Grund der statistisch geringeren Anzahl von Wandkollisionen können die makroskopischen Mittelwerte der reflektierten Moleküle von den Bedingungen der vollständigen Akkomodation abweichen. Man spricht von *unvollständiger Akkomodation* (incomplete accomodation). Dieser Effekt wird durch sogenannte Akkomodationskoeffizienten für Impuls $\alpha_I$ und Energie $\alpha_E$ ausgedrückt.

**Unvollständige Impulsakkomodation** macht sich als Gleitströmung an einer Wandoberfläche bemerkbar. Die Moleküle nehmen beim Auftreffen auf eine Wand nur teilweise oder gar nicht die Geschwindigkeit der Wand an. Dies wird durch den Impulsakkomodationskoeffizienten $\alpha_I$ beschrieben:

$$\alpha_I = \frac{u_e - u_r}{u_e - U_W}$$

mit $u_e$ der Tangentialgeschwindigkeit der einfallenden bzw. mit $u_r$ der der reflektierten Moleküle. Die zwei Extremfälle sind:

- $\alpha_I = 1 \Longrightarrow u_r = U_W$ Stokessche Haftbedingung

- $\alpha_I = 0 \Longrightarrow u_r = u_e$ vollständiges Gleiten $(\tau = 0)$.

Für obiges Beispiel der Strömung zwischen zwei Platten kann mittels $\alpha_I$ die Schubspannung (2.45) umformuliert werden zu:

$$\tau = \frac{k_\tau}{2}\, \varrho\, c_0\, \frac{\alpha_I}{2 - \alpha_I}\, (U_{W_2} - U_{W_1}).$$

Hierbei wurde angenommen, dass der Koeffizient an oberer und unterer Platte gleich ist, d.h.

$$\alpha_I = \alpha_{I1} = \alpha_{I2},$$

so dass

$$u_1 = \alpha_I\, U_{W_1} + (1 - \alpha_I)\, u_2$$

und

$$u_2 = \alpha_I\, U_{W_2} + (1 - \alpha_I)\, u_1$$

und damit

$$u_2 - u_1 = \frac{\alpha_I}{2 - \alpha_I}\, (U_{W_2} - U_{W_1}).$$

**Unvollständige Temperaturakkomodation** macht sich als Differenz zwischen Gas- und Wandtemperatur an einer Wandoberfläche bemerkbar. In Analogie zur Impulsakkomodation wird die unvollständige Temperaturakkomodation durch einen Temperatur- oder Energieakkomodationskoeffizienten $\alpha_E$ beschrieben.

$$\alpha_E = \frac{T_e - T_r}{T_e - T_W}.$$

Die Extremwerte sind:

- $\alpha_E = 1 \Longrightarrow T_r = T_W$ vollständige thermische Anpassung,
- $\alpha_E = 0 \Longrightarrow T_r = T_e$ keine Anpassung an Wandzustand ($q = 0$).

Der Wärmestrom,  (2.47), unter Berücksichtigung der Wandrandbedingung lautet:

$$q = \frac{k_q}{6}\, \varrho\, \tilde{c}_0\, c_v\, \frac{\alpha_E}{2 - \alpha_E}\, (T_{W_2} - T_{W_1}). \tag{2.48}$$

Die Akkomodationskoeffizienten $\alpha_I$ und $\alpha_E$ sind abhängig von verschiedenen Parametern, wie Knudsen-Zahl, Gaszustand, Wandmaterial und Oberflächenstruktur. Sie sind deshalb sowohl theoretisch als auch experimentell schwierig zu bestimmen. Dennoch hat die Größenordnung dieser Werte großen Einfluß auf den Strömungswiderstand und Wärmeübergang in der Raumfahrt (Wiedereintrittskörper, Satelliten) und in der Vakuumtechnik.

# 3. Verteilungsfunktion und makroskopische Größen

## 3.1 Geschwindigkeitsverteilungsfunktion

In der elementaren Betrachtung der Kinetik von Gasen des Kapitels 2 wurde stark vereinfachend angenommen, dass die Moleküle gleiche Geschwindigkeiten haben und nur in (kartesische) Vorzugsrichtungen fliegen. Diese Annahme ist natürlich für ein Gas unrealistisch, erlaubt aber qualitativ sinnvolle Abschätzungen makroskopischer Eigenschaften eines Gases. In einem realen Gas ändern sich jedoch infolge von Stößen zwischen den Molekülen die Molekülgeschwindigkeiten in Zeit und Ort in alle Richtungen und Beträge. Diese chaotische Bewegung der Moleküle wird auch als Brownsche Bewegung bezeichnet, siehe Abb.1.1.

Zur Modellierung dieser Bewegung nimmt man einen Raum an, in dem sich sehr viele Gasmoleküle befinden. Jedes Molekül sei ein einfacher materieller Punkt, der sich den größten Teil der Zeit geradlinig mit konstanter Geschwindigkeit bewegt. Nur wenn zwei Moleküle sich sehr nahe kommen, beginnen sie aufeinander zu wirken. Die Moleküle können wie zwei elastische Kugeln voneinander abprallen oder es kann ein beliebig anderes Wechselwirkungsgesetz gegeben sein.

Ist der Anfangszustand, d.h. die Positionen und die Anfangsgeschwindigkeiten der Moleküle, bekannt, könnte die Bewegung der einzelnen Moleküle sofort mit den Gesetzen der klassischen Mechanik beschrieben werden.

Der Zustand eines einzelnen Moleküles ist in einem raumfesten System definiert durch

- den Ort $r = (x, y, z)$,
- die Geschwindigkeit $\boldsymbol{\xi} = (\xi_x, \xi_y, \xi_z)$.

Die Geschwindigkeit $\boldsymbol{\xi}$ ist hier die absolute Geschwindigkeit eines Moleküles bezogen auf ein raumfestes Koordinatensystem. Die Relativgeschwindigkeit $c$ zwischen zwei Molekülen ist definiert als

$$c = \boldsymbol{\xi} - v.$$

Die Geschwindigkeit $v$ ist eine massengemittelte Geschwindigkeit, die die makroskopische Strömungsgeschwindigkeit bildet. Die genaueren Definitionen der Geschwindigkeiten werden nachfolgend gegeben.

Die Moleküle transportieren während ihres Flugs als Eigenschaften mit sich

- die Masse   $m$,

- den Impuls   $m\,\boldsymbol{\xi}$,

- und die kinetische Energie   $\frac{1}{2}\,m\,\boldsymbol{\xi}^2$.

Die Bahn eines Moleküles ist bestimmt durch das Newtonsche Gesetz

$$\boldsymbol{F} = m\,\frac{d\boldsymbol{\xi}}{dt}.$$

Ist die auf die Moleküle wirkende Kraft $\boldsymbol{F}$ gleich Null, fliegen diese bekanntlich geradlinig mit konstanter Geschwindigkeit $\boldsymbol{\xi}$ bis zur nächsten Kollision mit einem anderen Molekül.

Betrachtet man die Moleküle als elastische Kugeln, so erfolgt die Wechselwirkung in Form eines elastischen Stoßes. Dieser ist durch die Erhaltung von Masse, Impuls und Energie vollständig beschrieben und infolge der Energieerhaltung umkehrbar. Daraus folgt zunächst für die mikroskopische Beschreibung eines Gases:

*Die aus den Gesetzen der Stoßmechanik folgenden Zustände eines Moleküles sind prinzipiell umkehrbar, d.h. der Zustand eines Gases als Mittelwert über viele Molekülzustände sollte nach den Gesetzen der Mechanik reversibel sein.*

Eine Berechnung dieser Vorgänge erscheint somit nach den Gesetzmäßigkeiten der Mechanik möglich. Wenn Ort $r$ und Geschwindigkeit $\boldsymbol{\xi}$ aller Moleküle zu einer Zeit $t$ bekannt wären, könnten daraus alle Bahnen der einzelnen Moleküle berechnet und damit die makroskopischen Eigenschaften eines Gases hergeleitet werden. Man stößt dann aber auf das Problem, eine riesige Anzahl von Molekülen berechnen zu müssen, z.B. $10^{19}$ Moleküle pro Kubikzentimeter bei Normalzustand. Diese Berechnung würde jegliche Rechnerkapazität überfordern.

Hinzu kommt, dass selbst bei eindeutig vorgegebenen Anfangszuständen aller Moleküle nach kurzer Zeit sich infolge der großen Anzahl von Stößen ($10^{10}$ pro Sekunde bei Normalzustand) ein nicht mehr voraussehbarer, chaotischer Zustand einstellt, von dem aus der Anfangszustand nicht mehr zurückverfolgt werden kann. Bei einer so großen Anzahl von Teilchen genügt die kleinste Unregelmäßigkeit bei Kollisionen oder Reflexionen an einer Wand, um eine nicht umkehrbare, chaotische Bewegung zu erzeugen. Die Wahrscheinlichkeit, dass bei Umkehrung der Anfangszustand erreicht wird, wird somit extrem gering. Der Zustand wird irreversibel.

Aus der statistischen Betrachtung sehr großer Molekülanzahlen folgt:

*Die auf Grund der großen Anzahl von Molekülen sich einstellende, chaotische Bewegung führt zu einem irreversiblen Prozess der Molekularbewegung.*

Die Irreversibilität der chaotischen Vorgänge bildet die Grundlage der gaskinetischen Interpretation des 2. Hauptsatzes der Thermodynamik, die in dem sogenannten „H-Theorem" von Ludwig Boltzmann (1872), [6], formuliert wurde, siehe dazu auch Abschn. 5.3.2. [1]

Der augenblickliche Zustand eines bestimmten Moleküles ist jedoch für die Berechnung von Gasströmungen völlig uninteressant. Es interessieren vielmehr die makroskopischen Größen eines Gases, wie Dichte, Druck oder Strömungsgeschwindigkeit, die sich als über eine große Anzahl von Molekülen gemittelte Werte ergeben. Die Mittelung hat dabei sowohl über ein vorgegebenes Volumen, als auch über alle auftretenden Molekülgeschwindigkeiten zu erfolgen.

Der Mittelwert selbst hängt nicht vom augenblicklichen Zustand eines bestimmten Moleküles ab, sondern von deren Gesamtheit in einem betrachteten Volumen. Die Moleküle sind nicht unterscheidbar, so dass es gleich ist ob dieses oder jenes Molekül gerade einen bestimmten Zustand einnimmt. Diese Aussagen führen auf eine statistische Betrachtung der Molekülbewegungen, wobei es ausreicht, eine Aussage über die Wahrscheinlichkeit zu machen, ob ein Molekül gerade an einem Ort mit einer bestimmten Geschwindigkeit anzutreffen ist. Wesentlich ist, dass der Mittelwert über die statistischen Zustandswahrscheinlichkeiten genau auf die erwarteten makroskopischen Größen führt.

### 3.1.1 Molekulare Geschwindigkeitsverteilungsfunktion

Die wichtigste, statistische Funktion zur Beschreibung der Molekülzustände von bewegten Molekülen ist die **molekulare Geschwindigkeitsverteilungsfunktion** $f(\boldsymbol{r}, t, \boldsymbol{\xi})$, im folgenden auch Verteilungsfunktion oder Geschwindigkeitsverteilung genannt.

Zu ihrer Definition wird ein abgeschlossenes Volumen $V$ betrachtet, indem sich eine große Anzahl $N$ Moleküle mit $N \gg 1$ befinden, die sich regellos mit unterschiedlichen Geschwindigkeiten $\boldsymbol{\xi}$ bewegen. Zu einer bestimmten Zeit werden alle Moleküle in Gruppen zusammengefasst, die sich gerade

- in einem kleinen Ortsvolumen $dV$ am Ort $\boldsymbol{r}$

- und in einem Geschwindigkeitsbereich zwischen $\boldsymbol{\xi}$ und $\boldsymbol{\xi} + d\boldsymbol{\xi}$ befinden.

Es wird hierbei vorausgesetzt, dass wegen $N \gg 1$ in dem kleinen Ortsvolumen $dV$ und dem kleinen Geschwindigkeitsbereich $d\boldsymbol{\xi}$ noch ausreichend viele Moleküle $dN$ vorhanden sind, so dass eine stetige Dichtefunktion $f(\boldsymbol{r}, \boldsymbol{\xi})$ definiert werden kann.

---

[1] *Der Widerspruch zwischen der reversiblen Formulierung einzelner Moleküle und der Irreversibilität der Vorgänge sehr großer Molekülanzahlen führte im 19. Jahrhundert zu heftigen wissenschaftlichen und philosophischen Debatten über die „ewige Wiederkehr" oder den „Wärmetod" der Welt. Zu erwähnen sind insbesondere die Streitschriften zwischen Ludwig Boltzmann und Ernst Zermelo (1896-1897). Eine interessante Zusammenstellung der historischen Entwicklung der Gaskinetik mit Orginalaufsätzen z.B. von Boltzmann und Zermelo, ist zu finden in: S.G. Brush: Kinetische Theorie, [7].*

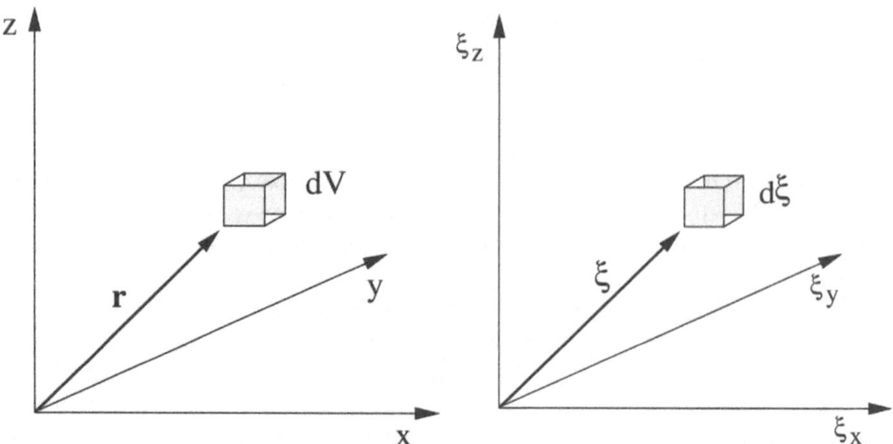


**Abb. 3.1.** Orts- und Geschwindigkeitsraum der molekularen Geschwindigkeitsverteilung

Die Dichtefunktion wird angesetzt in der Form:

$$f(\boldsymbol{r}, \boldsymbol{\xi}) = \frac{dN}{dV\,d\boldsymbol{\xi}}.$$
(3.1)

Diese Funktion ist die gesuchte molekulare Geschwindigkeitsverteilungsfunktion $f(\boldsymbol{r}, \boldsymbol{\xi})$. Sie kann interpretiert werden

- deterministisch als Dichtefunktion, die die Anzahl der Teilchen $dN$ pro Orts- und Geschwindigkeitsvolumen angibt,

- statistisch als Wahrscheinlichkeit, ein Molekül im betreffenden Orts- und Geschwindigkeitsvolumen um $\boldsymbol{r}$ und $\boldsymbol{\xi}$ vorzufinden.

Da sowohl der Ort $\boldsymbol{r} = (x, y, z)$ als auch die Geschwindigkeit $\boldsymbol{\xi} = (\xi_x, \xi_y, \xi_z)$ dreidimensional definiert sind, gilt für die Orts- und Geschwindigkeitsvolumen

$$dV = dx \cdot dy \cdot dz \quad \text{und} \quad d\boldsymbol{\xi} = \xi_x \cdot \xi_y \cdot \xi_z$$

Die Geschwindigkeitsverteilungsfunktion ist somit eine Funktion von sechs unabhängigen Variablen, bzw. von sieben Variablen unter Berücksichtigung der Zeitabhängigkeit. Damit folgt für die Verteilungsfunktion

$$f(x, y, z, \xi_x, \xi_y, \xi_z, t) = \frac{dN}{dx\,dy\,dz\,d\xi_x\,d\xi_y\,d\xi_z}.$$
(3.2)

Der sechsdimensionale Orts- und Geschwindigkeitsraum wird als *Phasenraum* oder μ-*Raum* bezeichnet.

**Teilchenzahl.** Die Definition der Verteilungsfunktion erlaubt unmittelbar die Bestimmung der Anzahl von Molekülen, die sich in einem kleinen Ortsvolumen $dV$ am Ort $\boldsymbol{r}$, Abb. 3.1 links, und in einem Geschwindigkeitsbereich zwischen $\boldsymbol{\xi}$ und $\boldsymbol{\xi} + d\boldsymbol{\xi}$, Abb. 3.1 rechts, befinden. Die Teilchenzahl in diesem Bereich ist

$$dN = f(\boldsymbol{r}, \boldsymbol{\xi}) \cdot dV \, d\boldsymbol{\xi} = f(x, y, z, \xi_x, \xi_y, \xi_z) \, dx \, dy \, dz \, d\xi_x \, d\xi_y \, d\xi_z.$$

Die Gesamtzahl $N$ aller Moleküle in dem Gesamtvolumen $V$ ergibt sich aus der Integration über alle Teilvolumina $dV$ mit

$$V = \int_V dV = \int_{x_1}^{x_2} \int_{y_1}^{y_2} \int_{z_1}^{z_2} dx \, dy \, dz$$

und über alle möglichen Geschwindigkeiten

$$\xi_{x1} \leq \xi_x \leq \xi_{x2} \qquad \xi_{y1} \leq \xi_y \leq \xi_{y2} \qquad \xi_{z1} \leq \xi_z \leq \xi_{z2}.$$

Die Teilchenzahl $N$ im Geschwindigkeitsbereich $\boldsymbol{\xi}_1 \leq \boldsymbol{\xi} \leq \boldsymbol{\xi}_2$ ist somit

$$N(\boldsymbol{r}, t) = \int_{x_1}^{x_2} \int_{y_1}^{y_2} \int_{z_1}^{z_2} \int_{\xi_{x1}}^{\xi_{x2}} \int_{\xi_{y1}}^{\xi_{y2}} \int_{\xi_{z1}}^{\xi_{z2}} f(x, y, z, t, \xi_x, \xi_y, \xi_z) \, dx \, dy \, dz \, d\xi_x \, d\xi_y \, d\xi_z.$$

Zur Erfassung aller möglichen molekularen Geschwindigkeiten sind diese von $-\infty$ bis $+\infty$ zu definieren. Die Gesamtzahl $N$ aller Moleküle im Ortsvolumen $V$ ist somit

$$N(\boldsymbol{r}, t) = \int_{x_1}^{x_2} \int_{y_1}^{y_2} \int_{z_1}^{z_2} \int_{-\infty}^{\infty} \int_{-\infty}^{\infty} \int_{-\infty}^{\infty} f(x, y, z, t, \xi_x, \xi_y, \xi_z) \, dx \, dy \, dz \, d\xi_x \, d\xi_y \, d\xi_z$$

oder in Kurzform

$$N(\boldsymbol{r}, t) = \int_V \int_{\boldsymbol{\xi}} f(\boldsymbol{r}, t, \boldsymbol{\xi}) \cdot dV \, d\boldsymbol{\xi}, \tag{3.3}$$

wobei die Differentiale $dx \, dy \, dz$ zu $dV$ und $d\xi_x \, d\xi_y \, d\xi_z$ zu $d\boldsymbol{\xi}$ zusammengefasst werden.

*Anmerkung 3.1.1.* Wenn nicht anders angegeben, sind die Grenzen für alle möglichen Geschwindigkeitskomponenten von $-\infty$ bis $+\infty$ zu definieren. In diesem Falle werden die Grenzen für $\boldsymbol{\xi}$ am Integral nicht mehr angegeben!

## 3.2 Makroskopische Größen aus der Verteilungsfunktion

Ist die Geschwindigkeitsverteilung $f(\boldsymbol{r}, t, \boldsymbol{\xi})$ bekannt, so können aus dieser durch Multiplikation mit einer Funktion $\Phi(\xi)$ und Integration über den

Geschwindigkeitsraum alle interessierenden, makroskopischen Größen einer Strömung ermittelt werden. Diese Größen werden auch als Momente der Geschwindigkeitsverteilung bezeichnet, siehe auch Abschn.3.2.10. Im Folgenden werden alle wichtigen, physikalischen Momente aufgeführt und diskutiert.

### 3.2.1 Dichte

Die Dichte, ob Teilchendichte $n$ oder Massendichte $\varrho$, ist eine Ortsfunktion, wenn die Teilchen ungleichmäßig im Raum verteilt sind.

**Die Teilchendichte $n$** ist gleich der Anzahl Teilchen $\Delta N$ pro Teilvolumen $\Delta V$ an einem Orte $r = (x, y, z)^T$. Das Teilvolumen $\Delta V$ sei hierbei hinreichend klein gewählt, so dass $f$ lokal als räumlich konstant angesehen werden kann.

$$\Delta N(r, t) = \int_{\Delta V} \int_{\xi} f(r, t, \xi) \cdot dV \, d\xi = \int_{\xi} f(r, t, \xi) \, d\xi \cdot \Delta V$$

Damit folgt für die Teilchendichte

$$n(r, t) = \lim_{\Delta V \to 0} \frac{\Delta N}{\Delta V} = \int f(r, t, \xi) \cdot d\xi. \tag{3.4}$$

**Die Massendichte $\varrho$** ergibt sich aus der Multiplikation mit der Molekülmasse $m$ zu

$$\varrho(r, t) = m \cdot n(r, t) = m \int f(r, t, \xi) \cdot d\xi. \tag{3.5}$$

### 3.2.2 Thermische und Strömungsgeschwindigkeit

Ein Molekülhaufen $\Delta N$ im Volumen $\Delta V$ kann im Mittel eine Schwerpunktsgeschwindigkeit gegenüber einem festen Referenzsystem besitzen. Mit dieser Geschwindigkeit bewegt sich der Molekülhaufen $\Delta N$ gegenüber dem Referenzsystem. Diese Schwerpunktsgeschwindigkeit kann somit als mittlere, makroskopische Strömungsgeschwindigkeit $v$ interpretiert werden.

In Bezug auf das ortsfeste Referenzsystem zerlegt man die Absolutgeschwindigkeit $\xi$ der Moleküle in eine Relativgeschwindigkeit $c$ und eine Schwerpunktsgeschwindigkeit $v$, so dass gilt:

$$\xi = v + c \tag{3.6}$$

mit

- $\xi$ – Absolutgeschwindigkeit des Moleküles,
- $v$ – Schwerpunkts- bzw. Strömungsgeschwindigkeit,
- $c$ – relative bzw. thermische Geschwindigkeit.

### 3.2.3 Strömungsgeschwindigkeit

Die Strömungsgeschwindigkeit $v$ entspricht einer mittleren Geschwindigkeit eines Molekülhaufens. Sie ist definiert als massengemittelte bzw. als Schwerpunktsgeschwindigkeit der bewegten Massepunkte. Diese ergibt sich als arithmetischer Mittelwert über die Molekülgeschwindigkeiten $\boldsymbol{\xi}$.

Die massengemittelte Geschwindigkeit für ein Teilvolumen $\Delta V$ mit der Dichte $\varrho$ nach (3.4) erhält man aus

$$\frac{m \int \boldsymbol{\xi} f(\boldsymbol{r}, t, \boldsymbol{\xi}) \, d\boldsymbol{\xi} \cdot \Delta V}{m \int f(\boldsymbol{r}, t, \boldsymbol{\xi}) \, d\boldsymbol{\xi} \cdot \Delta V} = \frac{\int \boldsymbol{\xi} f(\boldsymbol{r}, t, \boldsymbol{\xi}) \, d\boldsymbol{\xi}}{n} = \boldsymbol{v}(\boldsymbol{r}, t).$$

Die Strömungsgeschwindigkeit ist somit gaskinetisch definiert zu:

$$\boldsymbol{v}(\boldsymbol{r}, t) = \frac{1}{n} \int \boldsymbol{\xi} f(\boldsymbol{r}, \boldsymbol{\xi}) \, d\boldsymbol{\xi}. \tag{3.7}$$

Eine Komponente der Strömungsgeschwindigkeit, z.B. $v_x$, ist dann:

$$v_x(\boldsymbol{r}, t) = \frac{1}{n} \int \xi_x f(\boldsymbol{r}, t, \boldsymbol{\xi}) \, d\boldsymbol{\xi}.$$

Der Teilchenfluss, d.h. die Anzahl der Teilchen pro Fläche und Zeit ist

$$n(\boldsymbol{r}, t) \cdot \boldsymbol{v}(\boldsymbol{r}, t) = \int \boldsymbol{\xi} f(\boldsymbol{r}, t, \boldsymbol{\xi}) \, d\boldsymbol{\xi} \tag{3.8}$$

und der entsprechende Massenfluss ist

$$\varrho(\boldsymbol{r}, t) \cdot \boldsymbol{v}(\boldsymbol{r}, t) = m \int \boldsymbol{\xi} f(\boldsymbol{r}, t, \boldsymbol{\xi}) \, d\boldsymbol{\xi}. \tag{3.9}$$

### 3.2.4 Thermische Eigengeschwindigkeit

Die Geschwindigkeit $c$ relativ zur Strömung ist die fluktuierende Eigengeschwindigkeit der Moleküle. Sie beschreibt somit thermische Bewegung der Moleküle relativ zur mittleren Geschwindigkeit $v$ und bestimmt die thermische (innere) Energie und inneren Impuls (Druck, Schubspannung) eines Gases. Die thermische Eigengeschwindigkeit ist somit definiert zu:

$$\boldsymbol{c} = \boldsymbol{\xi} - \boldsymbol{v}. \tag{3.10}$$

Für die gemittelte Relativgeschwindigkeit $c$ gilt dann

$$\int \boldsymbol{c} f \, dc = \int \boldsymbol{\xi} f \, d\boldsymbol{\xi} - \boldsymbol{v} \int f \, dc = 0. \tag{3.11}$$

Für die Integration gilt

$$d\boldsymbol{c} = d\boldsymbol{\xi},$$

da $v$ als integrierter Mittelwert unabhängig von $\boldsymbol{\xi}$ ist.

*Anmerkung 3.2.1.* Im Folgenden werden der Übersichtlichkeit halber die Ortskoordinaten und die Zeit bei der Definition der makroskopischen Größen und bei der Verteilungsfunktion weggelassen, d.h. es ist z.B. $n(\boldsymbol{r}, t) \to n$ und $f(\boldsymbol{r}, t, \boldsymbol{\xi}) \to f(\boldsymbol{\xi})$. Die Variablen bleiben aber Funktionen von $\boldsymbol{r}$ und $t$.

### 3.2.5 Innere oder thermische Energie

Die innere Energie eines Gases steht im direkten Zusammenhang mit der kinetischen Energie translatorisch bewegter Moleküle, wie bereits im Kapitel 2.1.2 diskutiert. Die thermische oder innere Energie eines Gases wird bestimmt durch die kinetische Energie der thermischen Eigengeschwindigkeit $c$ der Moleküle. Diese ist für ein Molekül gegeben durch

$$E_{kin,th} = \frac{1}{2} \, m \, \boldsymbol{c}^2 = \frac{1}{2} \, m \, (c_x^2 + c_y^2 + c_z^2).$$

Die gesamte Energie in einem Volumen $\Delta V$ ergibt sich aus einer Integration über alle Moleküle

$$\Delta E_{ges.} = \int \frac{m}{2} c^2 \, dN = \int \int \frac{m}{2} \, \boldsymbol{c}^2 \, f(\boldsymbol{c}) \, d\boldsymbol{c} \, dV = \Delta V \cdot \int \frac{m}{2} \, c^2 \, f \, d\boldsymbol{c}.$$

Setzt man diese Größe gleich der gesamten, inneren Energie und teilt durch das Volumen, so erhält man sofort die innere Energie pro Volumen translatorisch bewegter Moleküle.

$$\varrho \, e_{tr} = \lim_{\Delta V \to 0} \frac{\Delta E_{ges.}}{\Delta V} = \frac{m}{2} \int \boldsymbol{c}^2 \, f(\boldsymbol{c}) \, d\boldsymbol{c}.$$

Hierbei ist $e_{tr}$ die innere oder thermische Energie pro Masse eines Gases.

$$e_{tr} \equiv \frac{1}{\varrho} \cdot \frac{m}{2} \int \boldsymbol{c}^2 \, f(\boldsymbol{c}) \, d\boldsymbol{c} = \frac{1}{n} \cdot \frac{1}{2} \int \boldsymbol{c}^2 \, f(\boldsymbol{c}) \, d\boldsymbol{c} \qquad (3.12)$$

mit $\varrho = n \, m$. Die Beziehung (3.12) ist die gaskinetische Definition der inneren Energie eines Gases.

### 3.2.6 Temperatur

Die Temperatur wird über die thermodynamische Definition der inneren Energie mittels (3.12) gaskinetisch definiert und folgt somit aus

$$e = c_v \, T.$$

**Für einatomige Moleküle** ist die Energie $e_{tr}$ der translatorischen Bewegung gleich der gesamten, inneren Energie $e$, so dass gilt:

$$e_{tr} = e = c_v \, T = \frac{3}{2} \, R \, T = \frac{1}{n} \cdot \frac{1}{2} \int \boldsymbol{c}^2 \, f(\boldsymbol{c}) \, d\boldsymbol{c}. \qquad (3.13)$$

Die daraus zu definierende Temperatur ist die Temperatur der translatorischen Energie $T_{tr}$.

$$T_{tr} \equiv \frac{1}{c_v \cdot n} \cdot \frac{1}{2} \int \boldsymbol{c}^2 \, f(\boldsymbol{c}) \, d\boldsymbol{c} = \frac{1}{3 \cdot n \cdot R} \int \boldsymbol{c}^2 \, f(\boldsymbol{c}) \, d\boldsymbol{c}. \qquad (3.14)$$

Für einatomige Moleküle ist dies die in der Thermodynamik übliche Temperatur $T$, deren Definition sich hieraus herleiten lässt.

Für Gase im thermodynamischen Nichtgleichgewicht können jedoch unterschiedliche Energieanteile, wie Rotations- oder Schwingungsenergien der Moleküle zu unterschiedlichen Definitionen der Temperatur führen, wie nachfolgend kurz gezeigt.

**Zwei- und mehratomige Gase** besitzen zusätzliche, innere Energieanteile $e_{in}$ infolge von Rotations- oder Schwingungsfreiheitsgraden, siehe Abschn.2.1.2. Ein Molekül mit insgesamt $FG$ Freiheitsgraden hat damit $FG-3$ innere Freiheitsgrade. Die gesamte, innere Energie ist dann:

$$e_{ges} = e_{tr} + e_{in}$$

Analog zur translatorischen Energie $e_{tr}$ kann jedem inneren Freiheitsgrad ein Energieanteil $e_{in}$ und somit eine eigene Temperatur $T_{in}$ zugeordnet werden, die bei einem Gas im Nichtgleichgewicht von der Translationstemperatur $T_{tr}$ verschieden sein kann. Die Translationsenergie der Moleküle ist faktisch schon bei kleinsten Temperaturen voll angeregt, somit gilt $e_{tr} = \frac{1}{2}RT$ pro Freiheitsgrad, während die Aufteilung der inneren Energien abhängig vom augenblicklichen Zustand ist. Die gesamte Energie des Gases ist somit

$$e_{ges} = \frac{3}{2}RT + e_{in}(T_{in}). \tag{3.15}$$

Befindet sich das Gas *nicht* im Gleichgewicht, d.h. sind die inneren Freiheitsgrade nicht voll angeregt, dann können unterschiedlicher Temperaturen $T_{in} \neq T_{tr} = T$ existieren. Damit gilt auch *nicht* die Gasgleichung (2.4) eines thermisch idealen Gases.

Sind jedoch die inneren Freiheitsgrade voll angeregt, so gilt wieder der Gleichverteilungssatz der Energien in Kapitel 2.1.2 mit (2.7)

$$e_{in} = \frac{1}{2}RT$$

und den inneren Energien kann die thermodynamische Temperatur $T$ zugeordnet werden. Das heißt, es ist

$$T = T_{tr} = T_{in}.$$

Für die Gesamtenergie eines Gases mit voll angeregten, inneren Freiheitsgraden ergibt sich dann:

$$e_{ges} = \frac{3}{2}RT + \frac{FG-3}{2}RT. \tag{3.16}$$

Die Temperatur $T$ ist gaskinetisch die Temperatur nach Definition (3.14)

$$T = \frac{1}{3 \cdot n \cdot R} \int c^2 f(c)\,dc.$$

### 3.2.7 Wärmestrom

Der Wärmestrom ist ein Ergebnis des molekularen Energieaustausches, wie bereits im Kapitel 2.2.3 plausibel hergeleitet. In einem Gas im Nichtgleichgewicht, d.h. wenn Temperaturgradienten auftreten, transportieren Moleküle ihre kinetische Energie in Gebiete unterschiedlicher Temperatur bzw. innerer Energie. Der Ausgleichsprozess führt zu dem Wärmestrom. Daraus folgt, dass im thermodynamischen Gleichgewicht kein Wärmestrom auftritt.

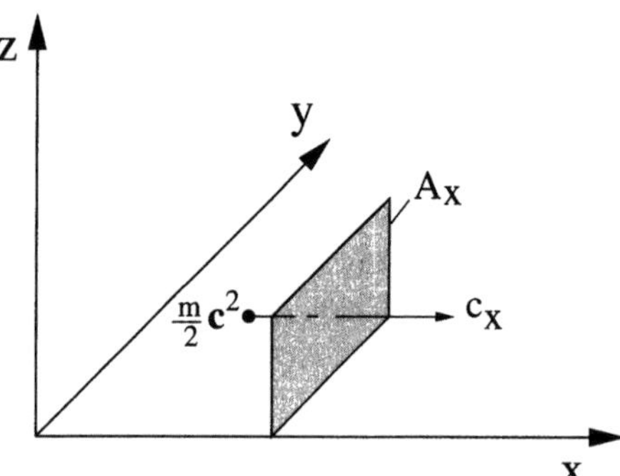


**Abb. 3.2.** Energietransport durch eine Fläche $A_x$

Beispielhaft wird der Wärmetransport in x-Richtung durch eine Fläche $A_x$ betrachtet, Abb. 3.2. Die kinetische Energie der Moleküle $\frac{m}{2}c^2$ wird von links mit $c_x > 0$, wie in Abb. 3.2 und analog von rechts mit $c_x < 0$ durch die Fläche $A_x$ transportiert. Besteht zwischen links und rechts ein Temperatur- bzw. Energieunterschied, dann resultiert daraus ein Energiefluss, der Wärmestrom $q_x$. Der Teilchenstrom von Molekülen mit Geschwindigkeiten zwischen $c_x$ und $c_x + dc_x$ ist

$$d\dot{n}_x = c_x \left( \int\!\!\int f\, dc_j\, dc_k \right) \cdot dc_i\, A_x$$

und der zugehörige Energiestrom

$$\frac{1}{2}\, m\, c^2\, d\dot{n}_x = dq_x\, A_x.$$

Der Wärmestrom $q_x$ als Energie pro Zeit und Fläche ergibt sich nach Integration über alle Geschwindigkeiten $-\infty < c_x < \infty$ zu:

$$q_x = -\frac{m}{2} \int c_x\, c^2\, f\, dc. \tag{3.17}$$

*Anmerkung 3.2.2.* Der Wärmestrom wird hier per Definition als negativer Wert des Integrales über dem Geschwindigkeitsraum angesetzt, so dass z.B. der Fouriersche Ansatz (2.31) positiv in der Form $q_x = \lambda \frac{\partial T}{\partial x}$ angesetzt werden kann. Eine analoge Vorzeichenregel gilt auch für die Reibungsspannungen.

Der vollständige Wärmestromvektor $\boldsymbol{q}$ setzt sich aus den kartesischen Komponenten $q_i$, $i = 1, 2, 3$ zusammen.

$$q_i = -\frac{m}{2} \int c_i \, \boldsymbol{c}^2 \, f \, d\boldsymbol{c} \qquad \text{mit} \quad i = 1, 2, 3. \tag{3.18}$$

Ohne Kenntnis der Verteilungsfunktion $f$ ist jedoch keine quantitative Aussage über den Wärmestrom zu machen. Für kleine Abweichungen vom thermodynamischen Gleichgewicht (Kontinuum) ist dies möglich, wie in der elementaren Gaskinetik, Kapitel 2.2.3 näherungsweise gezeigt und mittels Chapman-Enskog-Entwicklung im Kapitel 7.1.3 hergeleitet wurde. In diesem Bereich gilt für den Wärmestrom der Fouriersche Ansatz $q_i = \lambda \frac{\partial T}{\partial x_i}$.

### 3.2.8 Mittlere, thermische Geschwindigkeit $c_0$

Die mittlere, thermische Geschwindigkeit $c_0$, wie sie in der elementaren Theorie im Kap. 2.1.1 eingeführt wurde, ist über die innere Energie der translatorischen Bewegung in (3.13) definiert. Mit

$$\frac{c_0^2}{2} = \frac{1}{n} \cdot \frac{1}{2} \int \boldsymbol{c}^2 f(\boldsymbol{c}) \, d\boldsymbol{c} \quad \text{und} \quad n = \int f(\boldsymbol{c}) \, d\boldsymbol{c}$$

folgt die mittlere, thermische Geschwindigkeit $c_0$ als Wurzel aus mittleren Geschwindigkeitsquadrat (RMS-Wert), deshalb oft mit $\sqrt{\bar{c}^2}$ bezeichnet.

$$c_0 = \sqrt{\bar{c}^2} = \sqrt{\frac{\int c^2 f(\boldsymbol{c}) \, d\boldsymbol{c}}{\int f(\boldsymbol{c}) \, d\boldsymbol{c}}} = \sqrt{3 \, R \, T} \tag{3.19}$$

Der Wert von $c_0$ stimmt mit dem Ergebnis der elementaren Theorie und mit dem RMS-Wert (4.19) der Gleichgewichtstheorie überein.

### 3.2.9 Druck und Spannungstensor

**Die Formulierung des Druckes** folgt der Vorgehensweise im Abschn. 2.1.2 durchgeführten Herleitung. Die Druckkraft auf eine Wand entspricht der zeitlichen Impulsänderung der auftreffenden und reflektierten Moleküle. Als Beispiel wird die Druckkraft $F_x = p_{xx} A_x$ entsprechend der Abb. 3.3 betrachtet. Die Bezeichnung $p_{xx}$ wird hier im Sinne einer allgemeineren Komponente eines Spannungstensors eingeführt. Diese steht für eine Kraft pro Fläche in x-Richtung auf eine Fläche $A_x$ normal zur x-Richtung,

Die Geschwindigkeit $c_0$ in Abb. 2.3 wird hier durch die Normalenkomponente der thermischen Eigengeschwindigkeit $c_x$ ersetzt. Analog zu (2.2) ergibt eine Impulsbetrachtung für die Moleküle, die mit $c_x > 0$ auf die Wand zu fliegen:

$$d \, \dot{n}_x \, (-m \, c_x) - d \, \dot{n}_x \, (m \, c_x) = -dp_{xx} \, A_x. \tag{3.20}$$

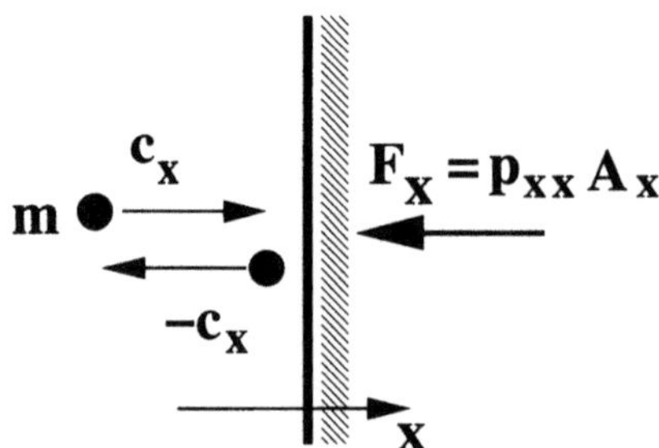


**Abb. 3.3.** Definition der Normalspannung $p_{xx}$

Der Teilchenstrom $d\dot{n}_x$ beschreibt die Anzahl von Molekülen pro Zeiteinheit, die mit Geschwindigkeiten zwischen $c_x$ und $c_x + dc_x$ auf die Fläche $A_x$ zu fliegen. Der Teilchenstrom $d\dot{n}_x$ ist gegeben durch

$$d\dot{n}_x = c_x \left( \int\int f \, dc_y \, dc_z \right) \cdot dc_x \, A_x.$$

In die Impulsbeziehung eingesetzt, ergibt sich für die Druckkomponente

$$p_{xx} = \int dp_{xx} = 2\,m \int\limits_{c_x=0}^{\infty} \left( \int\limits_{-\infty}^{\infty} \int\limits_{-\infty}^{\infty} c_x^2 \, f \, dc_y \, dc_z \right) \cdot dc_x.$$

Die Integration über $c_x$ erfolgt wegen $c_x > 0$ von 0 bis $\infty$. Unter der Annahme, dass die Moleküle elastisch reflektieren und mit $-c_x$ die Wand wieder verlassen, kann das Integral umgeformt werden zu $\int\limits_{0}^{\infty} \cdots dc_x = \frac{1}{2} \int\limits_{-\infty}^{\infty} \cdots dc_x$. Damit ergibt sich für den Druckanteil $p_{xx}$

$$p_{xx} = m \int c_x^2 \, f \, d\mathbf{c}.$$

Allgemein gilt für die Normalspannung in Tensorschreibweise mit $i = 1, 2, 3$

$$p_{ii} = m \int c_i^2 \, f \, d\mathbf{c}. \tag{3.21}$$

Der skalare Druck $p$, wie in der Strömungsmechanik üblicherweise verwendet, ist per Definition isotrop, d.h. unabhängig von der Richtung der Kontrollfläche, auf der er wirkt und wird als Mittelwert aller Normalspannungen $p_{xx}$, $p_{yy}$ und $p_{zz}$ angesetzt:

$$p \equiv \frac{1}{3}(p_{xx} + p_{yy} + p_{zz}) = \frac{m}{3} \int (c_x^2 + c_y^2 + c_z^2) f \, d\mathbf{c}$$

In anderer Schreibweise ist der Druck gleich

$$p \equiv \frac{1}{3} \sum_{I=1}^{3} p_{ii} = \frac{m}{3} \int c^2 \, f \, d\mathbf{c}. \tag{3.22}$$

Für ein Gas im thermodynamischen Gleichgewicht, bei dem die molekulare Geschwindigkeitsverteilung symmetrisch ist (siehe Kapitel 4.3), werden alle drei Komponenten $p_{ii}$ gleich groß, da die Anteile der Reibungsspannungen verschwinden. Im Gleichgewichtsfall gilt sofort:

$$p = p_{xx} = p_{yy} = p_{zz}. \tag{3.23}$$

Ein Vergleich der Beziehung für die innere Energie translatorischer Bewegung in (3.13) mit der Druckbeziehung (3.22) bestätigt wieder die Gültigkeit der Gasgleichung (2.4) eines idealen Gases.

$$p = \frac{m}{3} \int c^2 f \, d\boldsymbol{c} = mn \frac{2}{3} e = \varrho \, RT.$$

Wie bereits im vorangehenden Abschnitt erwähnt, gilt die Gasgleichung eines idealen Gases *nicht* in dem Falle unterschiedlicher Temperaturen $T_{ges} \neq T_{tr}$ nach (3.15).

**Spannungstensor.** Die kinetische Definition einer Normalspannung, z.B. in Form der Gleichung (3.21) wurde bereits in der vorangehenden Formulierung des Druckes hergeleitet. Für ein Gas in Gleichgewicht reduziert sich die Normalspannung nach 3.23 auf den Druck $p$. Existieren jedoch Gradienten makroskopischer Geschwindigkeiten in einem Gas im Nichtgleichgewicht, dann setzt sich eine Normalspannung $p_{ii}$ zusammen aus dem Mittelwert $p$ nach (3.22) und einer Reibungsspannung $\sigma_{ij}$, wie nachfolgend gezeigt.

Neben Normalspannungen treten in einem Gas im thermodynamischen Nichtgleichgewicht auch Tangentialspannungen auf. Diese werden auch als Reibungs- oder Schubspannungen bezeichnet. Die Komponenten der Tangentialspannungen ergeben sich als zeitliche Änderung des Tangentialimpulses. Ein Molekül mit einer Geschwindigkeit $\boldsymbol{c}$ transportiert z.B. in x-Richtung die tangentialen Impulskomponenten $m\,c_y$ und $m\,c_x$ zu einer Kontrollfläche $A_x$. In Analogie zur Herleitung der Normalspannung erhält man für diese Komponenten

$$p_{xy} = m \int c_x \, c_y \, f \, d\boldsymbol{c} \quad \text{und} \quad p_{xz} = m \int c_x \, c_z \, f \, d\boldsymbol{c}.$$

Für die anderen Flächen $A_y$ und $A_z$ können analoge Spannungskomponenten gebildet werden. Allgemein gilt in der Tensorschreibweise mit $i, j = 1, 2, 3$ für die Tangentialspannungen

$$p_{i,j} = m \int c_i \, c_j \, f \, d\boldsymbol{c} \qquad i \neq j. \tag{3.24}$$

Zusammen mit der Normalspannungen $p_{ii}$ bilden die Tangentialspannungen $p_{ij}$ für $i \neq j$ den Spannungstensor $\boldsymbol{P}$ in der Form

$$\boldsymbol{P} = \begin{pmatrix} p_{xx} & p_{xy} & p_{xz} \\ p_{yx} & p_{yy} & p_{yz} \\ p_{zx} & p_{zy} & p_{zz} \end{pmatrix}. \tag{3.25}$$

In der Tensornotation lässt sich die kinetische Formulierung des Spannungstensors als $p_{ij}$ für ein Tensorelement schreiben zu

$$p_{ij} = m \int c_i \, c_j \, f \, d\mathbf{c}. \tag{3.26}$$

Die Indizes $i = 1, 2, 3$ und $j = 1, 2, 3$ entsprechen den kartesischen Richtungen $(x, y, z)$. Hierbei gibt $i$ die Richtung der Flächennormale und $j$ die Richtung der Kraft an.

Als ein wichtiges Ergebnis der kinetischen Formulierung ist sofort zu erkennen, dass der Spannungstensor $p_{ij}$ symmetrisch ist, da i und j vertauschbar sind. Die Symmetrie des Spannungstensors ist eine direkte Folge des gaskinetischen Ansatzes. In der Kontinuumsmechanik wird die Symmetrie angenommen.

Desweiteren folgt unmittelbar aus der Indizierung eine Aufspaltung der Spannungskomponenten in Tangential- und Normalkomponenten, nämlich in

- Tangential- bzw. Schubspannungen, wenn $i \neq j$ ist

$$p_{ij} = m \int c_i \, c_j \, f \, d\mathbf{c} \qquad i \neq j, \tag{3.27}$$

- und in Normalspannungen, wenn $i = j$ ist

$$p_{ii} = m \int c_i^2 \, f \, d\mathbf{c} \qquad j = i. \tag{3.28}$$

**Reibungsspannungen.** In der Strömungsmechanik ist es üblich, den Spannungstensor (3.26) in einen Druckanteil und in Reibungsspannungen aufzuspalten. Der Druck $p$ nach (3.23) ist die einzige Spannungskomponente in einem Gas im Gleichgewicht, während die anderen Anteile eine Folge von Nichtgleichgewichtsvorgängen sind, d.h. wenn Gradienten der makroskopischen Strömungsgeschwindigkeit existieren. Diese als Reibungsspannungen wirkenden Anteile werden im Folgenden mit $\sigma_{ij}$ bezeichnet. Aus der Aufspaltung des Tensors (3.26) in einen Druckanteil und Reibungsspannungen folgt:

$$p_{ij} = p \, \delta_{ij} - \sigma_{ij} \tag{3.29}$$

mit $p$ nach (3.22) und dem Kronecker-Symbol $\delta_{ij}$ mit $\delta_{ij} = 1$, falls $i = j$, ansonsten $\delta_{ij} = 0$. Das Minuszeichen vor $\sigma_{ij}$ folgt aus der im Kapitel 2.2 eingeführten Vorzeichendefinition der Spannungen. Die Reibungsspannungen sind somit definiert zu:

$$\sigma_{ij} = p \, \delta_{ij} - p_{ij} \tag{3.30}$$

mit (3.22) und (3.27). Für tangentiale Anteile der Reibungsspannungen (Schubspannungen) gilt somit

$$\sigma_{ij} = -p_{ij} = -m \int c_i \, c_j \, f \, d\mathbf{c} \quad i \neq j$$

und für Normalspannungen infolge Reibung gilt

$$\sigma_{ii} = -p_{ii} + p = -m \int c_i\, c_i\, f\, dc + \frac{m}{3} \int c^2\, f\, dc.$$

Ohne Kenntnis der Verteilungsfunktion $f$ ist keine quantitative Aussage über die Reibungsspannungen zu machen. Für kleine Abweichungen vom thermodynamischen Gleichgewicht (Kontinuum) ist dies möglich, wie in der elementaren Gaskinetik, Kapitel 2.2 näherungsweise gezeigt und mittels Chapman-Enskog-Entwicklung im Kapitel 7.1.1 hergeleitet. In diesem Bereich gilt als Beispiel für die Reibungsspannungen der Newtonsche Ansatz (siehe Abschn. 7.1.3)

$$\sigma_{ij} = \eta\left(\frac{\partial v_j}{\partial x_i} + \frac{\partial v_i}{\partial x_j} - \frac{1}{3}\frac{\partial v_k}{\partial x_k}\right).$$

### 3.2.10 Momente der Verteilungsfunktion

Das Moment $M(r,t)$ einer zunächst beliebigen Geschwindigkeitsverteilungsfunktion $f(r,t,\boldsymbol{\xi})$ ist eine makroskopische Größe, die sich aus dem Integral über den Geschwindigkeitsraum einer Verteilungsfunktion multipliziert mit einer Funktion $\Phi(\boldsymbol{\xi})$, abhängig von der molekularen Geschwindigkeit $\boldsymbol{\xi} = c + v$, ergibt

$$M(r,t) = \int_\xi \Phi(\boldsymbol{\xi}) \cdot f(r,t,\boldsymbol{\xi})\, d\boldsymbol{\xi}. \tag{3.31}$$

Die Momente repräsentieren die makroskopischen Größen und spielen deshalb als Bindeglied zwischen mikroskopischer und makroskopischer Formulierung eine wichtige Rolle in der gaskinetischen Beschreibung von Gasströmungen.

Für die Funktion $\Phi(\boldsymbol{\xi})$ wird im Allgemeinen eine Summe von Potenzfunktionen angesetzt in der Form

$$\Phi(\boldsymbol{\xi}) = \sum_k \Phi_k(\boldsymbol{\xi}) = \sum_k A_k \cdot \xi_1^{k_1} \cdot \xi_2^{k_2} \cdot \xi_3^{k_3} + B_k$$

mit $k = k_1 + k_2 + k_3$. Für ein Moment gilt dann

$$M(r,t) = \sum_k \int_\xi \Phi_k(\boldsymbol{\xi}) \cdot f(r,t,\boldsymbol{\xi})\, d\boldsymbol{\xi}.$$

Niedrigere Momente, d.h. für kleine Werte der Exponenten, sind im Allgemeinen physikalisch interpretierbar, maximal bis $k_i = 3$ (Wärmestrom), während höhere Momente oft nicht mehr physikalischen Größen zugeordnet werden können. Momente der Verteilungsfunktion für interpretierbare, physikalische Größen sind die Dichte $n$ (Skalar), die Geschwindigkeiten $v_i$ (Vektor) und die innere Energie $e$ (Skalar). Molekulare Transportgrößen sind der Wärmestrom $q_i$ (Vektoren) und der Spannungstensor $p_{i,j}$. Die Gesamtzahl der physikalisch interpretierbaren Momente ist **17** mit

$$n(1), \quad e(1), \quad v_i(3), \quad q_i(3), \quad p_{ij}(9).$$

Davon sind nur **13** Momente unabhängig, wegen der Symmetrie des Spannungstensors, d.h. $p_{ij} = p_{ji}$, sind 3 Momente und wegen der Gasgleichung ist ein Moment linear abhängig.

Weitere abgeleitete Momente können unter Verwendung der molekularen Absolutgeschwindigkeiten $\boldsymbol{\xi} = \boldsymbol{c} + \boldsymbol{v}$ gebildet werden. Als Beispiel wird der Impulsflusstensor angegeben:

$$m \int \xi_i\, \xi_j\, f(\boldsymbol{c})\, d\boldsymbol{\xi} = m \int (v_i + c_i)\,(v_j + c_j)\, f(\boldsymbol{\xi})\, d\boldsymbol{\xi} = \varrho v_i v_j + p\,\delta_{ij} - \sigma_{ij}$$

In der Tabelle 3.1 sind die physikalischen Momente eines ruhenden oder bewegten Gases zusammengefasst.

**Tabelle 3.1.** Momente eines idealen Gases mit $\xi_i = c_i + v_i$

| Funktion $\Phi(\boldsymbol{\xi})$ | Moment $M(\Phi) = \int \Phi(\xi_i)\, f(\boldsymbol{\xi})\, d\boldsymbol{\xi}$ | Makroskopische Größe |
|---|---|---|
| $\Phi = m$ | $m \int f\, d\boldsymbol{\xi} = m \int f\, d\boldsymbol{c} = n\,m = \varrho$ | Dichte |
| $\Phi = m\, c_i$ | $m \int c_i\, f\, d\boldsymbol{c} = \varrho\, \bar{c}_i = 0$ | Mittlere mol. Geschw. |
| $\Phi = m\, \xi_i$ | $m \int (c_i + v_i)\, f\, d\boldsymbol{c} = \varrho\, v_i$ | Impuls pro Volumen |
| $\Phi = \frac{m}{2}\, |c|^2$ | $\frac{m}{2} \int c^2\, f\, d\boldsymbol{c} = \varrho\, e = \varrho\, \frac{3}{2} R T$ | Innere Energie |
| $\Phi = \frac{m}{2}\, |\xi|^2$ | $\frac{m}{2} \int |\boldsymbol{c} + \boldsymbol{v}|^2\, f\, d\boldsymbol{c} = \varrho\,(e + v^2/2)$ | Gesamtenergie |
| $\Phi = m\, c_i\, c_j$ | $m \int c_i\, c_j\, f\, d\boldsymbol{c} = p_{i,j} = p\,\delta_{ij} - \sigma_{ij}$ | Spannungstensor |
| | $\frac{1}{3} \sum_i p_{ii} = \frac{m}{3} \int c^2\, f\, d\boldsymbol{c} = p$ | Druck |
| | $\sigma_{ij} = p_{ij} - p\,\delta_{ij}$ | Reibungsspannungen |
| $\Phi = m\, \xi_i\, \xi_j$ | $m \int (c_i + v_i)\,(c_j + v_j)\, f\, d\boldsymbol{c}$ $= \varrho v_i v_j + p\,\delta_{ij} - \sigma_{ij}$ | Impulsfluss- und Spannungstensor |
| $\Phi = \frac{m}{2}\, |c|^2 \cdot c_i$ | $\frac{m}{2} \int c_i\, c^2\, f\, d\boldsymbol{c} = q_i$ | Wärmestromvektor |
| $\Phi = \frac{m}{2}\, |\xi|^2 \cdot \xi_i$ | $\frac{m}{2} \int (c_i + v_i)\, |\boldsymbol{c} + \boldsymbol{v}|^2\, f\, d\boldsymbol{c}$ $= \varrho v_i(e + v^2/2) + v_j\, p_{ij} - q_i$ | Energieflussvektor |

# 4. Kinetische Theorie für Gleichgewicht

Füllt man ein Gas in ein geschlossenes Volumen, so stellt sich unabhängig vom Anfangszustand nach ausreichend langer Zeit ein Zustand ein, bei dem das Gas sich makroskopisch in Ruhe befindet und Druck, Dichte und Temperatur konstant sind. Es treten somit keine Gradienten makroskopischer Größen und somit keine Vorzugsrichtungen auf. Dieser Zustand wird als thermodynamisches Gleichgewicht bezeichnet.

Im thermodynamischen Gleichgewicht stellt sich eine Geschwindigkeitsverteilung der Moleküle ein, bei der zwar alle möglichen Beträge und Richtungen molekularen Geschwindigkeiten auftreten, aber keine Richtung im Geschwindigkeitsraum wird bevorzugt. Das bedeutet im dreidimensionalen Geschwindigkeitsraum, dass ein Geschwindigkeitsvektor gleichen Betrages eine Kugeloberfläche beschreibt. Die Geschwindigkeitsverteilung der Moleküle im thermodynamischen Gleichgewicht kann somit *kugelsymmetrisch* angenommen werden. Diese Annahme ist ausreichend, eine exakte Geschwindigkeitsverteilung für Gase im thermodynamischen Gleichgewicht ohne Voraussetzung eines Molekülmodelles herzuleiten. Die Kenntnis der Maxwell-Verteilung ermöglicht die korrekte Berechnung makroskopischer und molekularer Größen bei Gleichgewicht. Diese Geschwindigkeitsverteilung wird im Allgemeinen als Maxwellsche Gleichgewichtsverteilung oder Maxwell-Boltzmann-Verteilung[1] bezeichnet.

Im Folgenden wird die Gleichgewichtsverteilung hergeleitet und ihre Aussagen interpretiert. Eine direkte Anwendung ist die Effusion, d.h. die Berechnung der Strömung durch eine feine Blende. Die Kenntnis einer exakten Verteilung erlaubt die genaue Berechnung der Kollisionsparameter im Gleichgewicht, wie sie in Abschnitt 2.1.4 näherungsweise bestimmt worden sind. Damit ist es möglich, die molekularen Stoßvorgänge detailliert zu analysieren. Darauf aufbauend können als Anwendungsbeispiel die Gesetze einfacher, chemischer Reaktionen und das Arrhenius-Gesetz aus der kinetischen Betrachtung hergeleitet werden.

Eine Erweiterung der Gültigkeit der Maxwell-Verteilung wird durch die Annahme lokalen, thermodynamischen Gleichgewichtes im Abschn. 5.4.4 eingeführt. Im Gegensatz zu obiger Annahme thermodynamischen Gleichgewichtes eines Gases in Ruhe können die makroskopischen Größen bei loka-

---

[1] Maxwell 1867 [29] und Boltzmann 1872 [6]

lem Gleichgewicht zeitlich und räumlich variieren, wobei jedoch angenommen wird, dass sich lokal und augenblicklich immer wieder Gleichgewicht einstellt. Dies bedeutet, dass eine typische Strömungszeit sehr viel größer sein muss als die mittlere Kollisionszeit der Moleküle. Als allgemeine Regel gilt, dass eine lokale Maxwellsche Gleichgewichtsverteilung dann angenommen werden kann, wenn die Effekte von Reibungsspannungen, Wärmestrom und Diffusion vernachlässigbar sind. Die Annahme lokalen Gleichgewichtes führt unter anderem zur Herleitung der Erhaltungsgleichungen einer reibungsfreien Strömung, der sogenannten Euler-Gleichungen.

## 4.1 Maxwellsche Gleichgewichtsverteilung

Neben der nachfolgenden Formulierung der Maxwellschen Gleichgewichtsverteilung aus Symmetrieannahmen wird in Abschn. 5.2.2 eine Herleitung dieser Verteilung als Lösung der Boltzmann-Gleichung im Grenzwert für Knudsen-Zahlen gegen Null gezeigt.

### 4.1.1 Formulierung aus Symmetrieannahmen

Die Formulierung der Maxwell-Verteilung basiert auf der Annahme, dass sich für ein Gas im Gleichgewicht eine kugelsymmetrische Verteilung der molekularen Geschwindigkeiten einstellt. Kugelsymmetrie im Geschwindigkeitsraum bedeutet, dass die Beträge der molekularen Geschwindigkeit

$$|\boldsymbol{c}| = \sqrt{(c_x^2 + c_y^2 + c_z^2)}$$

unabhängig von der Richtung sind. Die Anzahl der Moleküle $dN$, die sich auf einer Kugelschale im Geschwindigkeitsraum mit den Beträgen zwischen $|\boldsymbol{c}|$ und $|\boldsymbol{c} + d\boldsymbol{c}|$ befinden, ist dann:

$$dN = F(c_x^2 + c_y^2 + c_z^2)\, dc_x\, dc_y\, dc_z = F(\boldsymbol{c}^2)\, dc_x\, dc_y\, dc_z. \tag{4.1}$$

Die hier eingeführte Bezeichnung $F(\boldsymbol{c}^2)$ steht für die molekulare Geschwindigkeitsverteilung (Maxwell-Verteilung) im thermodynamischen Gleichgewicht und definiert die Anzahl der Moleküle pro Geschwindigkeitsvolumen- und Raumvolumen, entsprechend der allgemeinen Definition einer Geschwindigkeitsverteilungsfunktion in (3.1).

Auf Grund der Symmetrie besteht die gleiche Wahrscheinlichkeit $g(c_i)$, Moleküle jeweils in den Geschwindigkeitsintervallen der einzelnen Richtungen $i = x, y, z$ zu finden. Für die einzelnen Richtungen folgt für die Moleküle

$$\text{zwischen} \quad c_x \quad \text{und} \quad c_x + dc_x \quad \text{die Anzahl} \quad dN_x = g(c_x)\, dc_x,$$
$$\text{zwischen} \quad c_y \quad \text{und} \quad c_y + dc_y \quad \text{die Anzahl} \quad dN_y = g(c_y)\, dc_y,$$
$$\text{zwischen} \quad c_z \quad \text{und} \quad c_z + dc_z \quad \text{die Anzahl} \quad dN_z = g(c_z)\, dc_z.$$

Die gesamte Anzahl von Molekülen, die die Wahrscheinlichkeit haben im Intervall zwischen $|c|$ und $|c + dc|$ zu liegen, ist dann

$$dN = dN_x \cdot dN_y \cdot dN_z = g(c_x)\,dc_x \cdot g(c_y)\,dc_y \cdot g(c_z)\,dc_z. \qquad (4.2)$$

Gleichsetzen mit Ansatz (4.1) ergibt eine Bestimmungsgleichung für die Geschwindigkeitsverteilung $F(c^2)$:

$$g(c_x)\,dc_x \cdot g(c_y)\,dc_y \cdot g(c_z)\,dc_z = F(c_x^2 + c_y^2 + c_z^2)\,dc_x\,dc_y\,dc_z.$$

Diese Gleichung für die Verteilung $F(c^2)$ lässt sich durch eine Exponentialfunktion der folgenden Form ausdrücken:

$$F(c_x^2 + c_y^2 + c_z^2) = A\,e^{-\beta^2\,c_x^2} \cdot e^{-\beta^2\,c_y^2} \cdot e^{-\beta^2\,c_z^2} = A\,e^{-\beta^2\,(c_x^2 + c_y^2 + c_z^2)}. \qquad (4.3)$$

Damit die so gefundene Funktion $F(c^2)$ die Bedeutung einer Geschwindigkeitsverteilungsfunktion bekommt, wie in Kapitel 3.1.1 definiert, muss diese die Momente eines ruhenden Gases erfüllen. Mit den Momenten für die Dichte (3.4) und für die Energie (3.13) werden die Konstanten $A$ und $\beta^2$ festgelegt. Es gilt

$$n = \int\limits_{-\infty}^{\infty}\int\limits_{-\infty}^{\infty}\int\limits_{-\infty}^{\infty} F(c^2)\,dc_x\,dc_y\,dc_z = A \int e^{-\beta^2\,c^2}\,dc \qquad (4.4)$$

$$\varrho e = n\frac{3}{2}kT = \frac{m}{2} \int\limits_{-\infty}^{\infty}\int\limits_{-\infty}^{\infty}\int\limits_{-\infty}^{\infty} c^2 F(c^2)\,dc_x\,dc_y\,dc_z = A\,\frac{m}{2} \int c^2 e^{-\beta^2 c^2}\,dc \qquad (4.5)$$

mit $dc \equiv dc_x\,dc_y\,dc_z$.

Nach vorheriger Vereinbarung bedeutet das Integral $\int \cdots dc$ ohne Angabe der Grenzen die Integration über den gesamten Geschwindigkeitsraum für $-\infty \leq c_i \leq \infty$ mit $i = x, y, z$.

**Transformation in Kugelkoordinaten.** Die Integration über den Geschwindigkeitsraum erfolgt zweckmäßigerweise unter Ausnutzung der Symmetrie in Kugelkoordinaten. Auf Grund der Symmetrie im Geschwindigkeitsraum bietet sich die Darstellung der Maxwell-Verteilung $F(c^2)$ als Funktion der Geschwindigkeitsbeträge an.

$$|c| = \sqrt{c_1^2 + c_2^2 + c_3^2} \qquad 0 \leq |c| \leq \infty.$$

Hierzu wird das kartesische Volumenelement der Geschwindigkeiten $dc_1\,dc_2\,dc_3$ in Kugelkoordinaten übergeführt. Entsprechend der Abb. 4.1 erhält man für das Volumenelement

$$dc = (|c|\,d\phi) \cdot (|c|\,\sin\phi\,d\epsilon) \cdot d|c| = c^2\,d|c|\,\sin\phi\,d\phi\,d\epsilon. \qquad (4.6)$$

Der winkelabhängige Anteil ist der Raumwinkel $d\Omega$.

$$d\Omega = \sin\phi\,d\phi\,d\epsilon. \qquad (4.7)$$

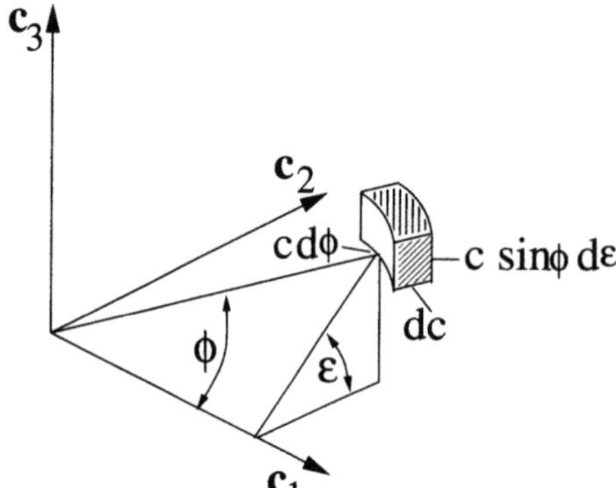


**Abb. 4.1.** Volumenelement im Geschwindigkeitsraum in Kugelkoordinaten

Da die Geschwindigkeit $|c|$ unabhängig von der Richtung ist, kann die Integration über den gesamten Raumwinkel mit $0 \leq \phi \leq \pi$ und $0 \leq \epsilon \leq 2\pi$ getrennt ausgeführt werden. Für den Raumwinkel $\Omega$ ergibt sich

$$\int\limits_0^{4\pi} d\Omega = \int\limits_0^{\pi} \sin\phi \; d\phi \cdot \int\limits_0^{2\pi} d\epsilon = 4\,\pi.$$

Für den Raumwinkel $4\,\pi$ erhält man ein Geschwindigkeitsvolumen in Form einer Kugelschale zu:

$$d\boldsymbol{c} = 4\,\pi c^2 \, d|c|. \tag{4.8}$$

Für den gesamten Raumwinkel einer Kugel kann die Berechnung somit einfacher ausgeführt werden, indem man für das Volumen in einer Kugelschale die Kugeloberfläche $4\pi\,c^2$ mal Dicke $d\,|c|$ ansetzt. Dies führt sofort auf die Gleichung (4.8).

Wenn aber die Geschwindigkeit vom Winkel abhängt und somit Teilwinkel des Raumwinkels auftreten, ist die Auswertung für das Kugelelement nach (4.6) notwendig. Die Anzahl der Moleküle $dn$ pro Volumen in einem Volumenelement ist dann

$$dn = F(c^2)\,dc_1\,dc_2\,dc_3 = F(c^2)\,c^2\,d|c| \; \sin\phi \; d\phi \, d\epsilon. \tag{4.9}$$

Für eine Kugelschale ist Anzahl der Moleküle $dn$ pro Volumen mit (4.8)

$$dn = 4\,\pi c^2 \, F(\boldsymbol{c}^2)\,d|c| \tag{4.10}$$

und die Energie der Moleküle in einer Kugelschale

$$d(\varrho e) = \frac{m}{2}\,4\pi c^4\,F(\boldsymbol{c}^2)\,d|c|. \tag{4.11}$$

Damit können die Integrale (4.4) und (4.5) gelöst werden und die Integrationskonstanten $A$ und $\beta^2$ bestimmt werden. Die so transformierten Integrale für Dichte und Energie ergeben sich zu

$$n = A \int\limits_0^\infty e^{-\beta^2 c^2} \, 4\pi c^2 \, d|c|$$

und

$$n \frac{3}{2} kT = A \frac{m}{2} \int\limits_0^\infty c^2 e^{-\beta^2 c^2} \, 4\pi c^2 \, d|c|.$$

Die Integration erfolgt mittels der im Anhang 10.1 angegebenen Integralbeziehungen. Die Konstanten $A$ und $\beta$ folgen daraus zu:

$$A = \frac{n \, m^{3/2}}{(2\pi \, kT)^{3/2}} = \frac{n}{(2\pi \, RT)^{3/2}} \quad \text{und} \quad \beta^2 = \frac{m}{2 \, kT} = \frac{1}{2 \, RT}.$$

**Die Maxwell-Verteilung bzw. Maxwell-Boltzmann-Verteilung** für ein ruhendes Gas im thermodynamischen Gleichgewicht lautet somit in verschiedenen Schreibweisen:

$$\begin{aligned}
F(\boldsymbol{c}^2) &= \frac{n}{(2\pi \, RT)^{3/2}} \exp\left[-\frac{c_x^2 + c_y^2 + c_z^2}{2 \, RT}\right] \\
&= \frac{n}{(2\pi \, RT)^{3/2}} \exp\left[-\frac{\boldsymbol{c}^2}{2 \, RT}\right] \\
&= \frac{n}{(2\pi \, RT)^{3/2}} \exp\left[-\frac{c_i^2}{2 \, RT}\right] \qquad i = 1, 2, 3.
\end{aligned} \tag{4.12}$$

Die Annahme thermodynamischen Gleichgewichts gilt auch für ein Gas mit in gleichförmiger Bewegung mit einer Strömungsgeschwindigkeit

$$\boldsymbol{v} = (v_x, v_y, v_z)^T.$$

Mit (3.6) ersetzt man die thermische Geschwindigkeit $\boldsymbol{c}$ durch die Absolutgeschwindigkeit $\boldsymbol{\xi}$ und durch die Strömungsgeschwindigkeit $\boldsymbol{v}$ zu:

$$\boldsymbol{c} = \boldsymbol{\xi} - \boldsymbol{v}.$$

**Die Maxwell-Verteilung eines bewegten Gases** ist in den verschiedenen Schreibweisen somit:

$$\begin{aligned}
F(\boldsymbol{c}^2) &= \frac{n}{(2\pi \, RT)^{3/2}} \cdot \exp\left[-\frac{(\xi_x - v_x)^2 + (\xi_y - v_y)^2 + (\xi_z - v_z)^2}{2 \, RT}\right] \\
&= \frac{n}{(2\pi \, RT)^{3/2}} \cdot \exp\left[-\frac{(\boldsymbol{\xi} - \boldsymbol{v})^2}{2 \, RT}\right] \\
&= \frac{n}{(2\pi \, RT)^{3/2}} \cdot \exp\left[-\frac{(\xi_i - v_i)^2}{2 \, RT}\right] \qquad i = 1, 2, 3.
\end{aligned} \tag{4.13}$$

### 4.1.2 Darstellungen der Gleichgewichtsverteilung

Die Darstellung der Maxwell-Verteilung $F(c_x, c_y, c_z)$ über alle drei Koordinaten ist graphisch nicht möglich, in zwei Geschwindigkeitsdimensionen, $F(c_x, c_y)$, ergibt sich eine sogenannte Glockenkurve. Zur Diskussion der Maxwell-Verteilung ist jedoch eine eindimensionale Darstellung zweckmäßig. Mehrdimensionale Darstellungen erübrigen sich, wenn die Verteilungsfunktion $F$ über die Geschwindigkeitsbeträge $|c|$, bzw. über die kinetische (thermische) Energie $e(c^2) = \frac{1}{2}c^2$ aufgetragen wird. Alle drei Darstellungsmöglichkeiten werden im Folgenden angegeben.

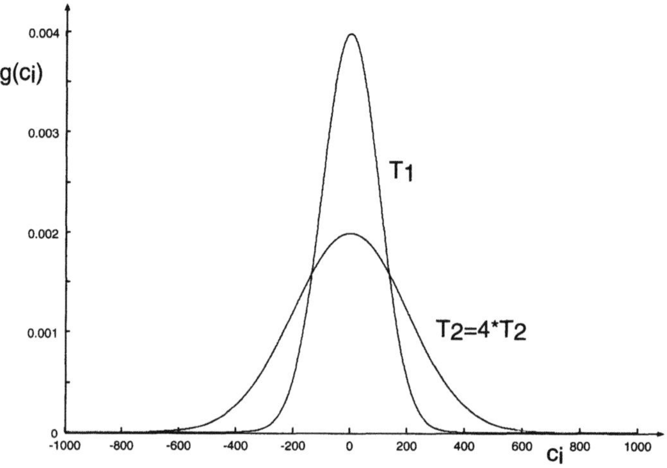


**Abb. 4.2.** Graphische Darstellung einer eindimensionalen Maxwell-Verteilung $g'(c_i)$ für zwei Werte von $RT = 2 \cdot 10^4$ und $8 \cdot 10^4$

**Eindimensionale Gleichgewichtsverteilung.** Zur eindimensionalen Darstellung einer Maxwell-Verteilung zerlegt man die Verteilung, bezogen auf die Dichte $n$, in Produkte $g'(c_i)$ der einzelnen Richtungen $i$ mit $i = 1, 2, 3$.

$$F(c^2)/n = g'(c_1) \cdot g'(c_2) \cdot g'(c_3)$$

$$\text{mit} \qquad g'(c_i) = \frac{1}{(2\pi\,RT)^{1/2}} \cdot \exp\left[-\frac{c_i^2}{2\,RT}\right]. \qquad (4.14)$$

Die Funktion $g'(c_i)$ in (4.14) entspricht einer Gaußschen Fehlerverteilungskurve und ist in Abb. 4.2 für zwei Werte von $RT$ skizziert.

Der Flächeninhalt $\int g'\, dc_i$ für $-\infty < c_i < \infty$ unter den Kurven bleibt konstant und ist bei der Maxwell-Verteilung $F$ (4.12) ein Maß für die Dichte.

Die Breite der Kurven ist ein Maß für die Temperatur des Gases, d.h. die Kurven werden mit steigender Temperatur flacher. Dies bedeutet, dass die Wahrscheinlichkeit, Moleküle bei höheren Geschwindigkeiten anzutreffen, mit steigender Temperatur größer wird.

Mit sinkender Temperatur werden die Kurven schmaler und höher, die Kurve nähert sich im Grenzfalle $T \to 0$ einer Dirac-Funktion. Bei kleinen, absoluten Temperaturen $T \to 0$ haben alle Moleküle verschwindende thermische Geschwindigkeit $c \to 0$. Für ein bewegtes Gas mit $c = \boldsymbol{\xi} - \boldsymbol{v}$ bedeutet dies, dass die Absolutgeschwindigkeit $\boldsymbol{\xi}$ der Moleküle gleich ihrer mittleren Strömungsgeschwindigkeit $\boldsymbol{v}$ ist. Dies ist der Fall eines Molekularstrahles im Vakuum.

Trägt man die gleiche Kurve in Abb. 4.2 über $\xi_i = c_i + v_i$ auf, so verschiebt sich diese nach rechts bei positiver Geschwindigkeit $v_i$.

**Gleichgewichtsverteilung für die Geschwindigkeitsbeträge.** Die Darstellung der Maxwell-Verteilung $F(c^2)$ als Funktion der Geschwindigkeitsbeträge

$$|c| = \sqrt{c_1^2 + c_2^2 + c_3^2} \quad 0 \le |c| \le \infty$$

basiert auf der Transformation in Kugelkoordinaten in Abschn. 4.1.1.

Die Anzahl der Moleküle $dn$ pro Volumen in einer Kugelschale aus Gleichung (4.10) wird durch die Gleichgewichtsverteilung für Geschwindigkeitsbeträge $\chi(c)$ ausgedrückt.

$$dn \equiv \chi(c)\, d\,|c| = \int_0^\pi \sin\phi \, d\phi \cdot \int_0^{2\pi} d\epsilon \, F(c^2)\, d|c| = 4\,\pi\, c^2\, F(c^2)\, d\,|c|.$$

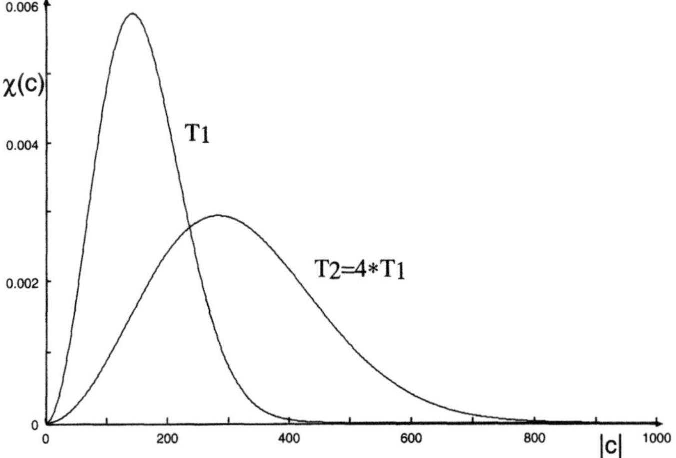


**Abb. 4.3.** Graphische Darstellung der Verteilung $\chi(c)$ als Funktion der Geschwindigkeitsbeträge $|c|$ für zwei Werte von $RT = 2 \cdot 10^4$ und $8 \cdot 10^4$

Die Verteilungsfunktion $\chi(c)$ der Beträge ist somit definiert als Anzahl der Moleküle $dn$ pro Geschwindigkeitsintervall $d|c|$ zwischen $|c|$ und $|c| + d|c|$.

$$\chi(c) = \frac{d\,n}{d|c|} = F(c^2) \cdot 4\pi\, c^2 = \frac{4\pi\, n}{(2\pi\, RT)^{3/2}} \cdot c^2 \cdot \exp\left[-\frac{c^2}{2\,RT}\right]. \quad (4.15)$$

Wie aus der Abb. 4.3 ersichtlich ist steigt die Funktion $\chi(|c|)$ mit einer Nulltangente beginnend zunächst mit $|c|$ an, erreicht bei einer Geschwindigkeit $c_m$ ein Maximum und sinkt dann asymptotisch gegen Null. Eine Interpretation erfolgt in der nachfolgenden Darstellung über die Verteilung der kinetischen Energie der Moleküle.

**Gleichgewichtsverteilung für die Energie.** Die kinetische bzw. thermische Energie pro Masse eines Moleküles ist

$$e(c) = \frac{1}{2}\, c^2.$$

Führt man die Energie $e(c)$ anstelle von $|c|$ in die Verteilung (4.15) ein und drückt $\chi$ als Funktion von $e(c)$ aus, so erhält man

$$\chi(e) = \frac{8\pi\, n}{(2\pi\, RT)^{3/2}} \cdot e(c) \cdot \exp\left[-\frac{e(c)}{RT}\right]. \quad (4.16)$$

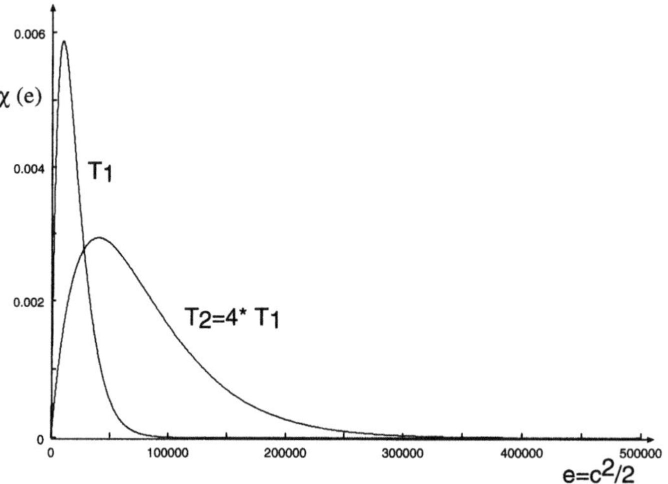


**Abb. 4.4.** Graphische Darstellung des Energiespektrum der Moleküle $\chi(e)$ für zwei Werte von $RT = 2 \cdot 10^4$  und  $8 \cdot 10^4$

Die Darstellung der Verteilungsfunktion $\chi(e)$ in Abb. 4.4 als Funktion der kinetischen bzw. thermischen Energie $e(c) = \frac{1}{2}\, c^2$ der Moleküle wird auch als Energiespektrum der Moleküle bezeichnet. Sie gibt an, wieviel Moleküle sich jeweils in einem bestimmten Energiebereich um $e(c)$ befinden.

Bei kleinen Energien $e$ steigt die Funktion linear mit $e$ an, erreicht ein Maximum und klingt dann exponentiell mit $e^{-e/RT}$ wieder auf Null ab. Das Maximum zeigt, dass es eine Geschwindigkeit $|c|_m$ bzw. Energie $e_m = e(c_m)$ gibt, bei der die Dichte $n$ pro Energieintervall am größten ist. In einem Intervall um diese Geschwindigkeit ist ein Molekül am wahrscheinlichsten zu finden, die Geschwindigkeit am Maximum wird deshalb *wahrscheinlichste Geschwindigkeit* $c_m$ genannt. Neben dieser Definition einer spezischen Molekülgeschwindigkeit werden noch weitere Formulierungen von gemittelten Molekülgeschwindigkeiten benötigt, die anhand der Verteilung $\chi(e)$ hergeleitet werden können.

### 4.1.3 Mittlere molekulare Geschwindigkeiten

Ausgehend von der Gleichgewichtsverteilungsfunktion $\chi(c)$ nach (4.15) oder $\chi(e)$ können folgende mittlere molekulare Geschwindigkeiten definiert werden.

**Wahrscheinlichste Geschwindigkeit** $c_m$ ist, wie bereits oben erwähnt, die Geschwindigkeit, bei der die Funktion $\chi(e)$ ein Maximum hat. Das Maximum ergibt sich aus

$$\frac{d\chi}{de} = \frac{8\,\pi\,n}{(2\pi\,RT)^{3/2}} \cdot \exp\left[-\frac{e}{RT}\right]\left(1 - \frac{e}{RT}\right) = 0.$$

Die maximale kinetische Energie translatorischer Bewegung erhält man damit zu

$$e(c)_{max} = RT$$

bei der gesuchten wahrscheinlichsten Geschwindigkeit $c_m$

$$c_m = \sqrt{2\,RT}. \tag{4.17}$$

Die Geschwindigkeit $c_m$ ist die Geschwindigkeit, bei der sich ein Maximum an Molekülen in einem Geschwindigkeitsintervall um $c_m$ befindet. Bei dieser Geschwindigkeit ist es am wahrscheinlichsten, ein Molekül vorzufinden.

**Der arithmetische Mittelwert** $\bar{c}$ der Geschwindigkeitsbeträge wird häufig in den weiteren Betrachtungen benötigt. Diesen erhält man mit (4.15) aus

$$n\,\bar{c} = \int\limits_0^\infty |c|\,\chi(c)\,d\,|c|$$

und ergibt

$$\bar{c} = \sqrt{\frac{8}{\pi}\,RT}. \tag{4.18}$$

**Der quadratische Mittelwert $c_0$ bzw. $\sqrt{\overline{c^2}}$** der Geschwindigkeiten, auch RMS-Wert (RMS=root mean square) genannt, wird gebildet aus der Wurzel des Mittelwertes der Geschwindigkeitsquadrate

$$n\,c_0^2 = n\,\overline{c^2} = \int\limits_0^\infty c^2\,\chi(c)\,dc$$

und ergibt für den quadratischen Mittelwert $c_0$

$$c_0 = \sqrt{\overline{c^2}} = \sqrt{3\,RT}. \tag{4.19}$$

Da die translatorische, kinetische Energie proportional dem Geschwindigkeitsquadrat ist, $e(c) = \frac{1}{2}c^2$, ist der quadratische Mittelwert $c_0^2$ proportional der mittleren translatorischen, d.h. thermischen Energie, wie im Kap 2 bereits eingeführt.

$$\bar{e} = \frac{1}{2}\overline{c^2} = \frac{1}{2}c_0^2.$$

**Ein Vergleich mit der Schallgeschwindigkeit** $a = \sqrt{\kappa RT}$ zeigt, dass die hier definierten, mittleren Molekülgeschwindigkeiten von der Größenordnung der Schallgeschwindigkeit sind. Nimmt man einatomige Moleküle mit $\kappa = 5/3$ an entsprechend der Berücksichtigung von nur translatorischer Energie, so ergibt sich

$$c_m = \sqrt{2\,RT} = 1{,}095\,a \qquad \text{für} \quad \kappa = 5/3.$$

$$\bar{c} = \sqrt{\frac{8}{\pi}\,RT} = 1{,}236\,a \qquad \text{für} \quad \kappa = 5/3,$$

$$c_0 = \sqrt{3\,RT} = 1{,}34\,a \qquad \text{für} \quad \kappa = 5/3.$$

## 4.2 Einfache Anwendungen der Maxwell-Verteilung

### 4.2.1 Strömung durch eine Blende (Effusion)

Die im vorangehenden Abschnitt 4.1.1 eingeführte Transformation der Verteilungsfunktion in Kugelkoordinaten erlaubt eine genauere Berechnung des Partikelstromes $\dot{n}$ durch eine Fläche $A$, wie näherungsweise mit dem „1/6" Modell in Kap. 2.1.1 bestimmt. Für Moleküle, die sich nach diesem Modell nur in kartesische Richtungen bewegen können, ergab sich für den Partikelstrom in x-Richtung durch eine Fläche $A_x$ nach (2.1)

$$\dot{n}_x = \frac{1}{6}\,n\,c_0\,A_x.$$

Unter der Annahme, dass keine Moleküle in entgegengesetzter Richtung zurückfliegen, entspricht dies einer Strömung eines Gases durch ein Loch der

Fläche $A_x$ ins Vakuum. Die Abschätzung der aus- bzw. eintretenden Gasmenge ist ein wichtiges Problem der Vakuumtechnik, z.B. bei einem Leck in einer Rohrleitung. Die Annahme, dass Moleküle sich nur in kartesischen Richtungen bewegen, ist sicherlich nicht realistisch, da, wie bei der Herleitung der Maxwellgleichung dargestellt, die Moleküle in alle Richtungen fliegen.

Das Problem soll deshalb für ein Gas im Gleichgewicht genauer untersucht werden. Die Situation der Molekülbewegung ist in Abb. 4.5 skizziert. Angenommen wird ein großes Volumen, welches durch eine Wand getrennt ist. Auf der einen Seite befindet sich Gas im Gleichgewicht bei einem Druck $p$ und einer Dichte $n$. Auf der anderen Seite ist Vakuum, d.h. $p \to 0$ und damit $n \to 0$. Damit ist ein Rückstrom von Molekülen ausgeschlossen. In der Trennwand befinde sich eine kleine Öffnung (Blende) der Fläche $A_x$, wobei der Durchmesser von der Größenordnung der mittleren freien Weglänge klein sein sollte. Die einsetzende, mittlere Strömung ist dann vernachlässigbar, so dass Störungen des Gasgleichgewichtes vermieden werden.

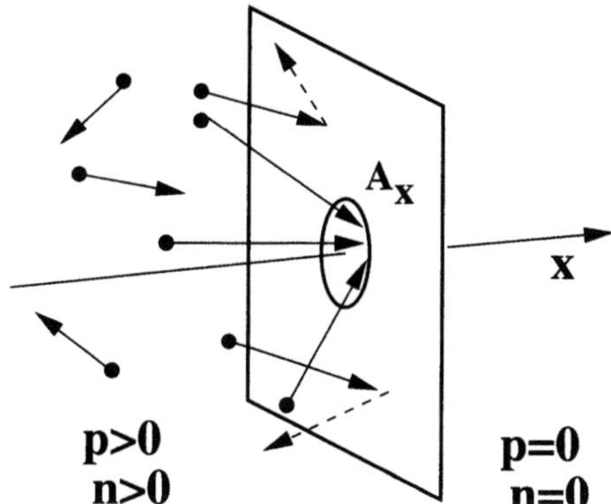


**Abb. 4.5.** Molekülbewegung in Nähe einer Blende

Moleküle, die eine Geschwindigkeitskomponente zur Wand hin haben, werden dort reflektiert oder sie durchfliegen die Blende. Alle Moleküle, die durch die Blende fliegen, kommen aus einen Raumwinkelelement $d\Omega$ des Gasbereiches, wie in Abb. 4.6 dargestellt.

Die Anzahl der Moleküle in einem Kugelelement im Raumwinkel $d\Omega$ ist mit (4.9) gegeben. Auf die Blende treffen nur Moleküle mit einer Geschwindigkeitskomponente in positiver x-Richtung

$$c_x = |c| \cos \phi.$$

Damit erhält man den Teilchenstrom mit (4.9) aus dem Raumwinkel $d\Omega$ zu

$$d\dot{n}_x = |c| \cos \phi \, F(c^2) \, c^2 \, d|c| \, \sin \phi \, d\phi \, d\epsilon \cdot A_x$$

und somit den gesamten Teilchenstrom aus dem linken Halbraum mit der Maxwell-Verteilung (4.12) zu

$$\dot{n}_x = \int\limits_{|c|=0}^{\infty} \int\limits_{0}^{2\pi} \int\limits_{\phi=0}^{\pi/2} c^3 \, F(c^2) \, \cos\phi \, \sin\phi \, d\phi \, d\epsilon \, d|c| \cdot A_x = \frac{1}{4} n \, \bar{c} \, A_x \qquad (4.20)$$

mit dem arithmetische Mittelwert $\bar{c}$ nach (4.18).

Der Massenstrom durch die Blende ergibt sich daraus zu

$$\dot{m} = m \, \dot{n} = \frac{1}{4} \varrho \, \bar{c} \, A_x.$$

Ist der Durchmesser der Blende wesentlich größer als die mittlere freie Weglänge, dann setzt eine mittlere Strömung ein, die die Berechnung sehr kompliziert macht.

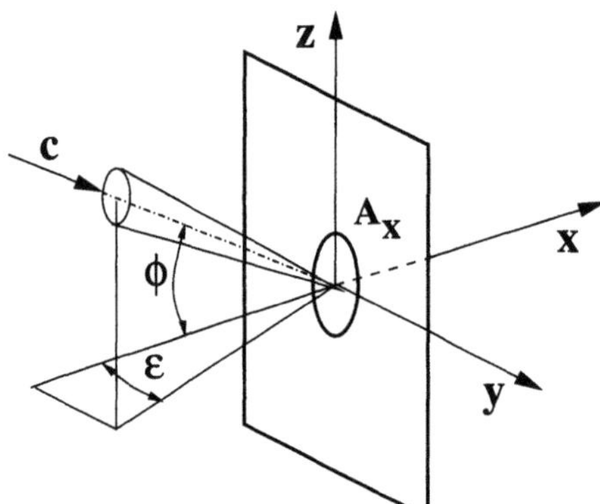


**Abb. 4.6.** Raumwinkel $d\Omega$ der zur Blende fliegenden Moleküle

## 4.2.2 Gasdiffusionsverfahren

Die Gasdiffusion oder molekularer Diffusionseffekt, der auf der Massenabhängigkeit der thermischen Geschwindigkeit beruht, wurde in Abschn. 2.1.3 aufgeführt. Für ein Gemisch aus schweren Molekülen der Masse $m_S$ und leichten Molekülen der Masse $m_L$ ergibt sich nach (2.17) ein Verhältnis der thermischen Geschwindigkeiten zu

$$\frac{c_L}{c_S} = \sqrt{\frac{m_S}{m_L}} > 1. \qquad (4.21)$$

Dieser molekulare Diffusionseffekt wird zur Trennung von Isotopen in Gasgemischen genutzt. Isotope unterscheiden sich im Wesentlichen nur durch ihre unterschiedlichen Massen, eine Trennung durch Ausnutzung chemischer Unterschiede ist nicht möglich. Eine Möglichkeit, die Massenunterschiede zur Trennung zu nutzen, ist die Druckdiffusion, die in Abschn. 6.3.1 erwähnt wird. Die erforderlichen, großen Druckgradienten werden durch die Zentrifugalwirkung in Ultra-Gaszentrifugen erzeugt, wobei sich die leichteren Isotope innen und die schwereren außen sammeln.

Eine Alternative dazu ist das Membrandiffusionsverfahren bzw. Gasdiffusionsverfahren, indem der molekulare Diffusionseffekt genutzt wird. Dieser Effekt wird z.B. zur Anreicherung von leichten Uranisotopen $^{235}U$ aus der natürlichen Zusammensetzung von 0.7 % $^{235}U$ und 99.3 % $^{238}U$ ausgenutzt. In Ländern wie USA, Russland und Frankreich wird das Membrandiffusionsverfahren großindustriell zur Herstellung von Brennstäben für Kernkraftwerke (und Anderes) genutzt. Dabei wird als gasförmige Verbindung Uranhexaflurid (UF$_6$) mit den leichten und schweren Komponenten mit Molekulargewichten 349 und 352 verwendet.

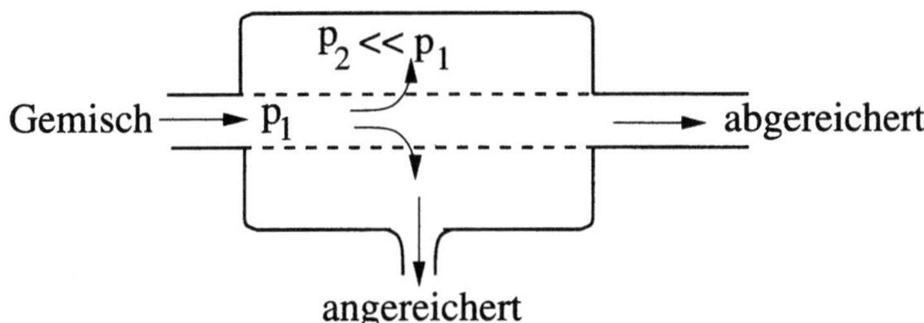


**Abb. 4.7.** Prinzipielle Anordnung eines Gasdiffusionsverfahrens

Die prinzipielle Anordnung eines Gasdiffusionsverfahrens ist in Abb. 4.7 skizziert. In das Trennelement wird das Gemisch aus leichten und schweren Isotopen bei einem Druck $p_1$ eingeführt. Im Inneren befindet sich ein poröses Rohr mit Porendurchmesser $D$ von der Größenordnung der mittleren freien Weglänge. Jede Pore entspricht einer feinen Blende, wie in Abschn. 4.2.1 betrachtet. Der Gegendruck $p_2$ außerhalb dieses Rohres ist sehr gering, zur Abschätzung kann Vakuum angenommen werden. Damit ist die Situation ähnlich wie bei der zuvor betrachteten Effusion, so dass vor den Poren wieder thermisches Gleichgewicht angenommen werden kann.

Unter der Annahme, dass sich die Komponenten vor Eintritt in die Pore nicht gegenseitig beeinflussen, ergibt sich ein unterschiedlicher Teilchenstrom von leichten und schweren Spezies in die Außenkammer II zu:

$$\frac{\dot{n}_L}{\dot{n}_S} = \frac{\frac{1}{4}\, n_{L,I}\, c_L\, A_P}{\frac{1}{4}\, n_{S,I}\, C_S\, A_P} = \frac{n_{L,I}}{n_{S,I}} \cdot \sqrt{\frac{m_S}{m_L}}.$$

Das Verhältnis der Dichten in der Außenkammer II nach einer Zeit $\Delta t$ ist dann

$$\frac{n_{L,II}}{n_{S,II}} = \frac{\dot{n}_L\, \Delta t}{\dot{n}_S\, \Delta t}\frac{n_{L,I}}{n_{S,I}} \cdot \sqrt{\frac{m_S}{m_L}}.$$

Aus dem Verhältnis der Dichten im Innenrohr I zu dem in der Außenkammer II folgt der elementare Anreicherungsfaktor $\alpha_0$

$$\alpha_0 = \frac{(n_L/n_s)_{II}}{(n_L/n_s)_I} = \sqrt{\frac{m_S}{m_L}}.$$

Die leichte Komponente wird somit proportional zur Wurzel aus dem Verhältnis der Molekulargewichte angereichert und wird der Außenkammer II entnommen (angereicherte Fraktion). Das Eingangsgemisch strömt an leichter Komponente abgereichert aus dem Innenrohr (abgereicherte Fraktion). Da der Trenneffekt $\varepsilon_0 = \alpha_0 - 1$ im Allgemeinen klein ist mit $\varepsilon_0 \approx 4 \cdot 10^{-3}$ für $UF_6$-Isotope, erfolgt die Anreicherung stufenweise in Kaskaden.

## 4.3 Momente der Gleichgewichtsverteilung

Die makroskopischen Momente $M(\boldsymbol{r}, t)$ einer Maxwell-Verteilung $F(\boldsymbol{r}, t, \boldsymbol{c})$ beschreiben die makroskopischen Größen eines Gases in Ruhe oder gleichförmiger Bewegung. Ein allgemeiner Ansatz für die Momente, wie in Abschn. 3.2.10 für beliebige Verteilung definiert, ist mit $\boldsymbol{\xi} = \boldsymbol{c} + \boldsymbol{v}$:

$$M(\boldsymbol{r}, t) = \int_{\xi} \Phi(\boldsymbol{\xi}) \cdot F(\boldsymbol{r}, t, \boldsymbol{c}) \, d\boldsymbol{\xi}. \tag{4.22}$$

Wie aus Beziehung (4.12) oder aus der Abb. 4.2 zu ersehen ist, ist die Maxwell-Verteilung eine symmetrische Funktion in Bezug auf die Geschwindigkeitskomponenten $c_i$. Allgemein gilt deshalb für die Integration über den Geschwindigkeitsraum von $-\infty$ bis $\infty$:

**Momente mit geradzahligen Potenzen $c_i^{2n}$** sind endlich

$$M = \int c_i^{2n} \cdot F(c^2) \, dc \neq 0 \qquad n = 0, 1, 2, ..$$

Zur Integration dieser Momente wird auf die Integralbeziehungen im Anhang 10.1 verwiesen.

Die Basismomente für Masse, Impuls und Energie der Stoßinvarianten sind Momente mit geradzahligen Potenzen und werden durch die Maxwell-Verteilung per Definition erfüllt. Diese sind:

- Dichte:

$$\varrho = m \int F(c^2) \, d\boldsymbol{c},$$

- Impuls/Volumen bzw. Massenstrom

$$\varrho \, v_i = m \int \xi_i \, F(c^2) \, d\boldsymbol{c} = m \int (c_i + v_i) \, F(c^2) \, d\boldsymbol{c} = m \, v_i \int F(c^2) \, d\boldsymbol{c},$$

- Energie/Volumen

$$\varrho \cdot e = \varrho \cdot c_v \, T = \varrho \cdot \frac{3}{2} R \, T = \frac{m}{2} \int c^2 \, F(c^2) \, d\boldsymbol{c},$$

- Druck

$$p = \varrho \, R \, T = \frac{m}{3} \int c^2 \, F(c^2) \, d\boldsymbol{c}.$$

**Momente mit ungeradzahligen Potenzen von $c_i^{2n+1}$ sind Null**

$$M = \int c_i^{2n+1} \cdot F(c^2)\, d\mathbf{c} = 0 \qquad n = 0, 1, 2, ..$$

Hierzu gehören die mittlere thermische Geschwindigkeit und alle Nichtgleichgewichtsvorgänge, wie der molekulare Impulstransport, d.h. Reibungsspannungen, und der molekulare Energietransport der Wärmeleitung. Die entsprechenden Momente haben ungeradzahlige Potenzen und sind deshalb Null, wie

- mittlere thermische Geschwindigkeit

$$n\,\bar{c}_i = \int c_i\, F(c^2)\, d\mathbf{c} = 0,$$

- Schubspannungen $\sigma_{ij}$

$$\sigma_{ij} = -m \int c_i\, c_j\, F(c^2)\, d\mathbf{c} = 0 \qquad i \neq j,$$

- Wärmestrom $q_i = 0$

$$q_i = -m \int c_i\, c^2\, F(c^2)\, d\mathbf{c} = 0.$$

## 4.4 Molekulare Stoßbeziehungen

Mit der Kenntnis einer exakten Geschwindigkeitsverteilung der Moleküle, hier der Maxwellschen Gleichgewichtsverteilung, können die molekularen Kollisionsparameter, wie z.B. die Stoßfrequenz $\nu_s$, (2.20), oder die mittlere freie Weglänge $l_f$, (2.22), in Abschn. 2.1.4, genauer formuliert werden. Folgende Annahmen werden zur Herleitung der Stoßbeziehungen getroffen:

- Die Moleküle werden als starre Kugeln der Masse $m$ betrachtet. Formulierungen unter Berücksichtigung von Fernwirkungen intermolekularer Wechselwirkungspotentiale überschreiten den Rahmen dieses Buches. Für Details wird z.B. auf Vincenti und Kruger [39] oder Hirschfelder et al. [24] verwiesen.
- Die Stöße werden, wenn nicht anders angegeben, als elastische Stöße betrachtet.
- Es werden nur Zweierstöße (binäre Kollisionen) betrachtet, die Wahrscheinlichkeit, dass drei und mehr Moleküle kollidieren ist i.A. sehr gering.
- Im Gegensatz zu der vereinfachten Betrachtung mittels elementarer „1/6"-Verteilung in Abschn. 2.1.4, wird zur genaueren Berechnung die Relativgeschwindigkeit zweier kollidierender Moleküle mit berücksichtigt.

Die molekularen Beziehungen für elastische Stöße bilden die Basis für die Formulierung der Boltzmann-Gleichung im Kap. 5. Als Erweiterung der Formulierungen und Anwendung molekularer Stoßbeziehungen werden in Abschn. 4.5 die Beziehungen für unelastische Stöße hergeleitet, die die gaskinetischen Grundlagen zum Verständnis reaktiver Vorgänge bilden.

### 4.4.1 Stoßbeziehungen elastischer Zweierstöße

Zwei Moleküle „0" und „1" mit Geschwindigkeiten $c_0$ und $c_1$ fliegen aufeinander zu, stoßen elastisch zusammen und fliegen mit geänderten Geschwindigkeiten $c_0{}'$ und $c_1{}'$ nach dem Stoß weiter. Die Moleküle werden als elastische Kugeln mit Durchmesser $\sigma_0$ und $\sigma_1$ und den Molekülmassen $m_0$ und $m_1$ angenommen.

Betrachtet wird hier nur der zentrale Stoß der Moleküle, d.h. die Bahn der Moleküle läuft durch ihre Massenschwerpunkte. Zur Herleitung der Stoßbeziehungen können somit die Moleküle als Punktmassen betrachtet werden können.

Die Bahnen zweier Moleküle und die Geschwindigkeitsvektoren für die Schwerpunktgeschwindigkeit $G$ und die Relativgeschwindigkeit $g$ sind in Abb. 4.8 skizziert.

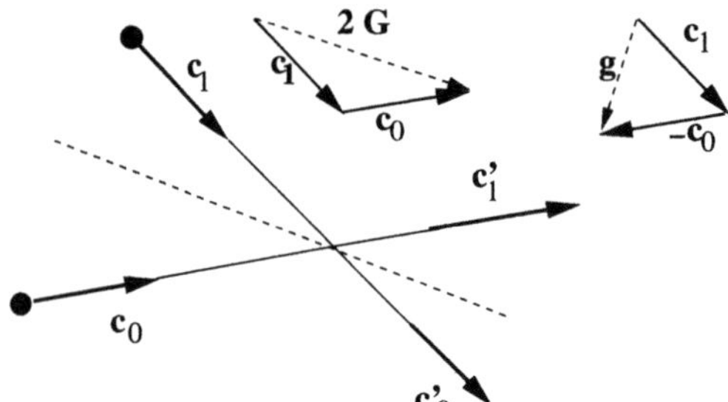


**Abb. 4.8.** Zweierstoß von Punktmassen

Der Zusammenhang zwischen den Geschwindigkeiten vor und nach dem Stoß ergibt sich aus der Erhaltung von Masse, Impuls und Energie der Moleküle „0" und „1".

- Erhaltung der Masse vor und nach dem Stoß mit $m' = m$

$$m_0 + m_1 = m_0' + m_1',$$

- Erhaltung des Impulses vor und nach dem Stoß:

$$m_0 c_0 + m_1 c_1 = m_0' c_0' + m_1' c_1',$$

- Erhaltung der Energie vor und nach elastischem Stoß:

$$\frac{m_0}{2} c_0^2 + \frac{m_1}{2} c_1^2 = \frac{m_0'}{2} c_0'{}^2 + \frac{m_1'}{2} c_1'{}^2.$$

**Die Schwerpunktgeschwindigkeit** $G$ folgt aus Massen- und Impulserhaltung zu:

$$G \equiv \frac{m_0 c_0 + m_1 c_1}{m_0 + m_1} = \frac{m_0 c_0{}' + m_1 c_1{}'}{m_0 + m_1} = G'. \tag{4.23}$$

Die Schwerpunktgeschwindigkeit $G$ des Systems bleibt bei einem Stoß erhalten. Dies gilt für elastische und unelastische Stöße.

**Die Relativgeschwindigkeiten** $g$ und $g'$ von Molekül „1" gegenüber Molekül „0" vor und nach dem Stoß sind

$$g \equiv c_1 - c_0 \quad \text{bzw.} \quad g' \equiv c_1{}' - c_0{}'. \tag{4.24}$$

Mit (4.23) und (4.24) können die Absolutgeschwindigkeiten $c_0$ und $c_1$ der Moleküle durch $G$ und $g$ vor und nach dem Stoß ausgedrückt werden:

$$c_0 = G - \frac{m_1}{m_0 + m_1}\, g \quad \text{und} \quad c_1 = G + \frac{m_0}{m_0 + m_1}\, g. \tag{4.25}$$

Für den Energiesatz ergibt sich dann:

$$\frac{m_0 + m_1}{2}\, G^2 + \frac{m_{01}^*}{2}\, g^2 = \frac{m_0 + m_1}{2}\, G'^2 + \frac{m_{01}^*}{2}\, g'^2$$

mit der Abkürzung

$$m_{01}^* = m_0 \cdot m_1/(m_0 + m_1). \tag{4.26}$$

Mit $G = G'$ folgt als nichttriviale Lösung aus dem Energiesatz:

$$g = -g'. \tag{4.27}$$

Die Relativgeschwindigkeiten ändern über einen elastischem Stoß ihre Richtung, der Betrag bleibt jedoch erhalten.

**Die Jacobi-Determinante** $|J|$ wird zur Umrechnung der Volumina der Absolutgeschwindigkeiten $dc_0\, dc_1$ in Volumina der Schwerpunkts- und Relativgeschwindigkeiten $dg\, dG$ benötigt. Die Transformation der Geschwindigkeitsvolumina lautet:

$$dc_0\, dc_1 = \left| \frac{\partial(c_0, c_1)}{\partial(g, G)} \right| \cdot dg\, dG = |J| \cdot dg\, dG.$$

Die Jacobi-Determinante $|J|$ ergibt sich mit (4.25) zu

$$|J| = \left| \frac{\partial(c_0, c_1)}{\partial(g, G)} \right| = 1. \tag{4.28}$$

z.B. mit $J_{12} = \frac{\partial c_0}{\partial G} = 1$ usw. Das Geschwindigkeitsvolumen $dc_0\, dc_1$ wird dabei lediglich in $dg\, dG$ durch Drehung der Geschwindigkeitsvektoren transformiert ohne die Größe des Volumens zu ändern. Dies folgt aus dem linearen Zusammenhang (4.25) zwischen Absolutgeschwindigkeiten und Schwerpunkts- und Relativgeschwindigkeiten.

### 4.4.2 Stoß- oder Wirkungsquerschnitt

Ein Molekül „1" nähert sich Molekül „0" und kommt in dessen Einflussbereich. Dieser Einflussbereich kann endlich sein (Durchmesser $\sigma$ bei starren Kugeln), aber auch unendlich ausgedehnt sein bei Vorgabe eines Wechselwirkungspotentiales $\Phi(r)$. Abbildung 4.9 zeigt drei typische Annahmen eines Wechselwirkungspotentiales in Abhängigkeit vom Abstand $r$ vom Molekül.

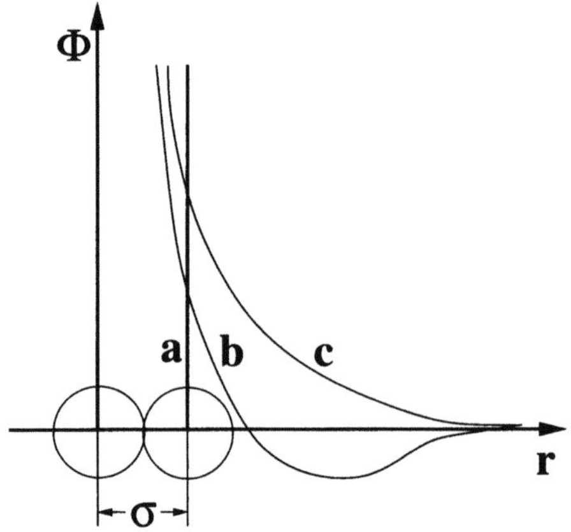

**Abb. 4.9.** Wechselwirkungspotentiale $\Phi(r)$ eines Moleküles:
a) starre Kugel
b) abstoßendes Potential mit anziehender Delle, z.B. Lennard-Jones-Potential
c) abstoßendes Potential, z.B. Maxwell-Potential $\Phi \sim r^{-4}$

Die Kraft, die ein Molekül auf ein sich näherndes Molekül ausübt, ist gegeben durch den Gradienten des Potentiales $F = -\frac{d\Phi}{dr}$ und ist im Allgemeinen, bis auf die Potentialdelle beim Lennard-Jones-Potential, abstoßend.

Die Auswirkung eines stetigen Potentialverlaufes ist eine stetige, gekrümmte Bahn des annähernden Moleküles, während die Bahn bei starren Kugeln geradlinig analog zum Stoß eines Massenpunktes verläuft. Der Bahnverlauf eines mit der Relativgeschwindigkeit $g$ sich annähernden Moleküles ist in Abb. 4.10 skizziert.

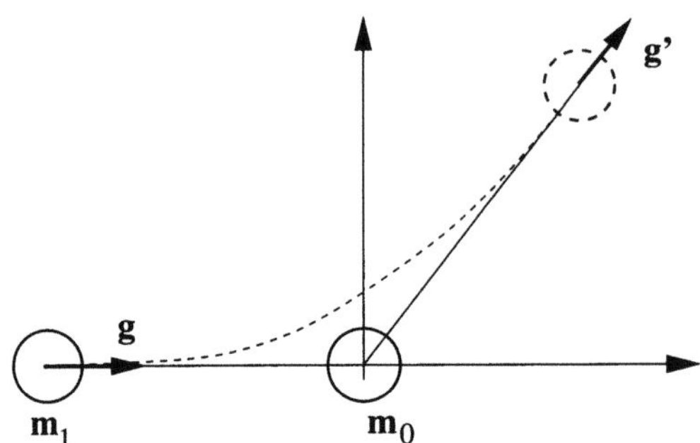

**Abb. 4.10.** Bahnverlauf eines mit der Relativgeschwindigkeit $g$ sich annähernden Moleküles

**Differentieller Stoßquerschnitt.** Zur Beschreibung der lokalen Wechselwirkung zwischen beiden Molekülen wird eine differentielle Durchdringungsfläche $dA_c$, auch als differentieller Stoßquerschnitt bezeichnet, eingeführt, die für beliebige Molekülmodelle formuliert werden kann. Die Formulierung für andere Modelle als für starre Kugeln ist aufwendig, für Details wird auf Vincenti, Krüger [39] verwiesen. Im Folgenden wird der einfachere Fall unter Annahme eines zentralen Stoßes von starren Kugeln mit Durchmesser $\sigma$ formuliert.

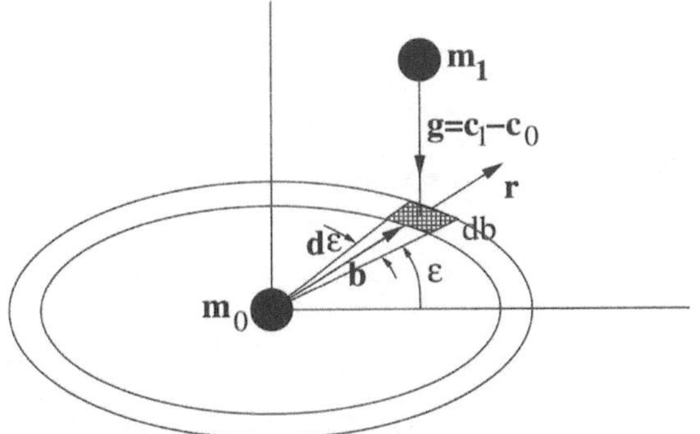

**Abb. 4.11.** Herleitung des differentiellen Wirkungsquerschnittes

Betrachtet wird eine Ebene um ein Molekül „0", die senkrecht zur Relativgeschwindigkeit $g$ steht, Abb. 4.11. Das Molekül „1" durchfliegt diese Fläche mit $g$ im Abstand $b$ vom Zentrum des Moleküles „0" in einem Winkelelement $d\varepsilon$ $(0 \leq \varepsilon \leq 2\pi)$ der betrachteten Ebene. Die differentielle Durchdringungsfläche ist entsprechend der Abb. 4.11 gegeben durch:

$$dA_c = db\,b\,d\varepsilon. \tag{4.29}$$

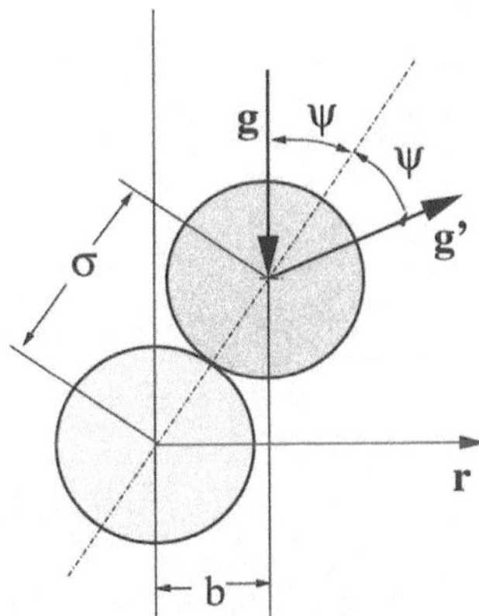

**Abb. 4.12.** Herleitung des Wirkungsquerschnittes

Die Formulierung des räumlichen Stoßvorganges für Kugeln erfolgt nach Abb. 4.12 an einem festen Winkel $\psi$, der in der Ebene zwischen den Vektoren der Relativgeschwindigkeiten $g$ und $g'$ der einfallenden und reflektierten Moleküle „1" aufgespannt ist. Aus Abb. 4.12 ergeben sich folgende Beziehungen:

$$b = \sigma \sin\psi \qquad b\,db = \sigma^2 \sin\psi\,d(\sin\psi).$$

Die Integration von (4.29) über $\varepsilon$ mit $0 \leq \varepsilon \leq 2\pi$ und über $\psi$ mit $0 \leq \psi \leq \pi/2$ ergibt den gesuchten Stoßquerschnitt für Kugeln gleichen Durchmessers $\sigma$.

$$A_c = \int\limits_0^{2\pi} d\varepsilon \int\limits_0^{\pi/2} \sigma^2 \sin\psi \, d(\sin\psi) = \pi \cdot \sigma^2. \tag{4.30}$$

Für Kugeln unterschiedlicher Durchmesser gilt analog:

$$A_c = \pi \left(\frac{\sigma_0 + \sigma_1}{2}\right)^2 = \pi \, \sigma_{01}^2. \tag{4.31}$$

### 4.4.3 Kollisionsparameter

Mit der Definition des Wirkungsquerschnittes und der Annahme der Maxwellschen Gleichgewichtsfunktion können jetzt die bereits in Abschn. 2.1.4 abgeschätzten Kollisionsparameter, wie Stoßzahl, Stoßfrequenz oder mittlere freie Weglänge exakt berechnet werden.

**Stoßzahl $Z_s$.** Die Stoßzahl $Z_s$ gibt die Anzahl der Molekülstöße pro Zeit und Volumen an. Sie ist eine wichtige Größe der Formulierung reaktiver Strömung und ist proportional der Reaktionsgeschwindigkeit.

Die Anzahl der Stöße $dZ_s$ pro Zeit und Volumen einer Molekülsorte „1" in einem Geschwindigkeitsintervall um $c_1$ mit einer Sorte „0" um $c_0$ ist:

$$dZ_s = d\dot{n}_1 \, dn_0 = g \, F(c_1) \, dc_1 \, dA_c \cdot F(c_0) \, dc_0.$$

Hierbei ist $d\dot{n}_1$ die Anzahl der Moleküle „1" pro Zeiteinheit im Geschwindigkeitsbereich zwischen $c_1$ und $c_1 + dc_1$, die mit Relativgeschwindigkeit $g$ durch Fläche $dA_c$ fliegen, d.h.

$$d\dot{n}_1 = g \cdot F(c_1) \, dc_1 \cdot dA_c$$

und $dn_0$ ist die Anzahl der Moleküle „0" mit Geschwindigkeiten zwischen $c_0$ und $c_0 + dc$, auf die die Moleküle der Sorte 1 „1" treffen, d.h.

$$dn = F(c_0) \, dc_0.$$

$F(c_0)$ und $F(c_1)$ sind Maxwell-Verteilungen nach (4.12), formuliert mit den Geschwindigkeiten $c_0$, bzw. $c_1$.

Die Stoßzahl $Z_s$ folgt aus der Integration über alle Geschwindigkeiten von 0 bis $\infty$ und über die Stoßfläche $A_c$

$$Z_s = \iiint\limits_{A_c \; c_0 \; c_1} g \, F(c_0) \, F(c_1) \, dc_1 \, dc_0 \, dA_c. \tag{4.32}$$

Unter der Voraussetzung starrer Kugeln kann über die Stoßfläche direkt integriert werden, da diese nicht von den Geschwindigkeiten abhängt. Der Wirkungsquerschnitt ergibt sich mit (4.31) sofort zu

$$\int dA_c = \pi \, \sigma_{01}^2.$$

Die Geschwindigkeitsräume $c_0$ und $c_1$ sind über die Stoßmechanik gekoppelt, so dass es zweckmäßig ist, diese durch die Schwerpunktsgeschwindigkeit $G$ und die Relativgeschwindigkeiten $g$ über die Beziehungen (4.25) und (4.28) auszudrücken. Damit erhält man für das Produkt der zwei Maxwell-Verteilungen $F(c_0)\,F(c_1)$:

$$F(c_0)\,F(c_1) = \frac{n_0}{(2\pi\,k\,T/m_0)^{3/2}}\,\exp[-\frac{m_0\,c_0^2}{2\,k\,T}]\cdot\frac{n_1}{(2\pi\,k\,T/m_1)^{3/2}}\,\exp[-\frac{m_1\,c_1^2}{2\,k\,T}]$$

$$= \frac{n_0\,n_1\,(m_0\,m_1)^{3/2}}{(2\pi\,k\,T)^3}\,\exp[-\frac{m_0\,c_0^2 + m_1\,c_1^2}{2\,k\,T}]$$

$$= \frac{n_0\,n_1\,(m_0\,m_1)^{3/2}}{(2\pi\,k\,T)^3}\,\exp[-\frac{\frac{m_0+m_1}{2}\,G^2 + \frac{m_{01}^*}{2}\,g^2}{2\,k\,T}].$$

Die Geschwindigkeitsvolumina werden mittels Jacobi-Determinante (4.28) umgeformt zu

$$d c_0\,d c_1 = d g\,d G.$$

Für die Stoßzahl ergibt sich jetzt folgendes Integral

$$Z_s = \pi\sigma_{01}^2\,\frac{n_0\,n_1\,(m_0 m_1)^{3/2}}{(2\pi\,k\,T)^3}\int\limits_{G}\exp[-\frac{m_0+m_1}{2\,k\,T}\,G^2]\,dG$$

$$\cdot\int\limits_{g} g\,\exp[-\frac{m_{01}^*}{2\,k\,T}\,g^2]\,dg$$

mit $-\infty \le G_i \le \infty$ und $-\infty \le g_i \le \infty$. Das Integral kann unter Ausnutzung der Kugelsymmetrie, analog zu Abschn. 4.1.1, umgeformt werden:

$$d g \cdot d G = 4\pi\,g^2\,d\,|g| \cdot 4\pi\,G^2\,d\,|G|$$

mit $0 \le |g| \le \infty$ und $0 \le |G| \le \infty$ und ergibt

$$Z_s = \pi\sigma_{01}^2\,(4\pi)^2\,\frac{n_0\,n_1\,(m_0\,m_1)^{3/2}}{(2\pi\,k\,T)^3}\int\limits_{0}^{\infty} G^2\,\exp[-\frac{m_0+m_1}{2\,k\,T}\,G^2]\,d|G|$$

$$\cdot\int\limits_{0}^{\infty} g^3\,\exp[-\frac{m_{01}^*}{2\,k\,T}\,g^2]\,d|g|. \tag{4.33}$$

Die Lösung der Integrale erfolgt mittels der Integralbeziehungen im Anhang 10.1. Die Stoßzahl erhält man daraus zu

$$Z_s = \pi\sigma_{01}^2\,n_0\,n_1 \cdot \sqrt{\frac{4kT}{\pi\,m_{01}^*}} \qquad \text{mit} \quad m_{01}^* = \frac{m_0 m_1}{m_0 + m_1}. \tag{4.34}$$

Für Moleküle gleicher Masse $m$ und Durchmesser $\sigma$ (homogenes Gas) ergibt sich mit $R = k/m$:

$$Z_s = \sqrt{2}\,\pi\,\sigma^2\,n\,n \cdot \sqrt{\frac{8RT}{\pi}} = \sqrt{2}\,\pi\,n^2\,\sigma^2 \cdot \bar{c} \qquad (4.35)$$

mit $\bar{c}$, dem arithmetische Mittelwert nach (4.18).

**Die Stoßfrequenz $\nu_s$** ist gleich Zahl der Stöße pro Zeit und Molekül „1"
und ergibt sich zu

$$\nu_s = \frac{Z_s}{n_1} = \sqrt{2}\,\pi\,\sigma^2\,n_0 \cdot \sqrt{\frac{4kT}{\pi\,m_{01}^*}}. \qquad (4.36)$$

Für ein homogenes Gas gilt mit $m_{01}^* = m$

$$\nu_s = \frac{Z_s}{n_1} = \sqrt{2}\,\pi\,\sigma^2\,n \cdot \sqrt{\frac{8RT}{\pi}} = \sqrt{2}\,\pi\,\sigma^2\,n \cdot \bar{c}. \qquad (4.37)$$

Die Näherungslösung, (2.20) ergab $\nu_s = \pi\,\sigma^2\,n \cdot \sqrt{3RT}$.

**Die mittlere freie Weglänge $l$** folgt aus $\nu_s \cdot l = \bar{c}$ zu

$$l = \frac{\bar{c}}{\nu_s} = \frac{1}{\sqrt{2}} \cdot \frac{1}{\pi\,\sigma^2\,n}. \qquad (4.38)$$

Die Näherungslösung, (2.22), ergab $l = 1/\pi\,\sigma^2\,n$.

**Die mittlere Relativgeschwindigkeit $\bar{g}$** der Moleküle ist definiert zu

$$\bar{g} = \frac{1}{n} \int_c (c_1 - c_0)\,F(c)\,dc$$

und kann analog zur Stoßzahl $Z_s$ beschrieben werden durch:

$$\bar{g} = \frac{1}{n_0\,n_1} \int_{c_0}\int_{c_1} g\,F(c_0)\,F(c_1)\,dc_1\,dc_0 = \frac{Z_s}{\pi\,\sigma^2\,n_0\,n_1}.$$

Die mittlere Relativgeschwindigkeit eines homogenen Gases ist dann:

$$\bar{g} = \sqrt{2}\,\bar{c}. \qquad (4.39)$$

## 4.5 Reaktive Strömungsvorgänge

Unter reaktiven Vorgängen werden solche Vorgänge verstanden, bei denen
durch Kollision eines Moleküles mit einem anderen dieses verändert wird.
Hierbei spielt die vorher abgeleitete Stoßzahl eine wesentliche Rolle, da sie
unter bestimmten Voraussetzungen die Zahl der neu entstandenen Moleküle
angibt. Sie ist damit proportional zu der sogenannten Reaktionsgeschwindigkeit.

Im Allgemeinen setzt ein reaktiver Vorgang erst dann ein, wenn eine
bestimmte Energieschwelle $E_{min}$, die sogenannte Aktivierungsenergie, überschritten wird. Das bedeutet, dass nur solche Stöße eine Reaktion in Gang

setzen, bei der die kinetische Energie der Relativgeschwindigkeiten zwischen beiden Stoßpartnern diese Schwelle überschreitet. Der Austausch von kinetischer Energie zu Aktivierungsenergie erfolgt über einen unelastischen Stoß. Unterhalb dieser Schwelle sind die Stöße elastisch, d.h. die kinetische Energie bleibt erhalten.

### 4.5.1 Unelastischer Zweierstoß

Für einen unelastischen Stoß bleiben Impuls- und Massenerhaltung unverändert im Vergleich zum elastischen Stoß, Abschn. 4.4.1. Die Schwerpunktgeschwindigkeiten vor und nach dem Stoß bleiben gleich.

$$\boldsymbol{G} = \boldsymbol{G}' \quad \text{mit} \quad \boldsymbol{G} = \frac{m_0 \boldsymbol{c}_0 + m_1 \boldsymbol{c}_1}{m_0 + m_1}.$$

Nach einem unelastischen Stoß wird angenommen, dass beide Moleküle mit der Schwerpunktgeschwindigkeit $\boldsymbol{G}$ weiterfliegen. Die Relativgeschwindigkeit $\boldsymbol{g}'$ nach dem Stoß ist somit Null

$$\boldsymbol{g}' = 0.$$

Die kinetische Energie der einfallenden Moleküle wird dadurch umgesetzt in die kinetische Energie der Schwerpunktsgeschwindigkeit beider Moleküle und in einen Anteil der inneren Freiheitsgrade $E_{int}$. Mit der kinetischen Energie vor dem Stoß

$$E_{kin} = \frac{m_0}{2} c_0^2 + \frac{m_1}{2} c_1^2 = \frac{m_0 + m_1}{2} G^2 + \frac{m_{01}^*}{2} g^2$$

ergibt sich als Energiebilanz:

$$\underbrace{\frac{m_0 + m_1}{2} G^2 + \frac{m_{01}^*}{2} g^2}_{vor\,Sto\beta} = \underbrace{\frac{m_0' + m_1'}{2} \cdot G'^2 + E_{int}}_{nach\,Sto\beta}. \tag{4.40}$$

Der unelastische Stoß, d.h. die Reaktion setzt dann ein, wenn der Wert der Energie $E_{int}$ der Relativgeschwindigkeiten gerade den Wert der Aktivierungsenergie $E_{min}$ überschreitet.

Aus der Energiebilanz (4.40) mit $E_{int} = E_{min}$

$$E_{int} = E_{min} = \frac{m_{01}^*}{2} (c_1 - c_0)^2 = \frac{m_{01}^*}{2} g_{min}^2$$

erhält man die Relativgeschwindigkeit $g_{min} = g(E_{min})$ eines Stoßes zweier Moleküle, oberhalb derer gerade die Energieschwelle $E_{min}$ überschritten wird und unelastische Stöße einsetzen. Die kritische Relativgeschwindigkeit $g_{min}$ folgt daraus zu

$$g_{min} = \sqrt{2E_{min}/m_{01}^*} \quad \text{mit} \quad m_{01}^* = \frac{m_0 m_1}{m_0 + m_1}. \tag{4.41}$$

### 4.5.2 Stoßzahl „reagierender" Moleküle

Unter der Stoßzahl „reagierender" Moleküle wird die Anzahl der Stöße pro Volumen und Zeit verstanden, bei denen die kinetischen Energien $E_{int}$ der Relativgeschwindigkeiten $\boldsymbol{g}$ die Energieschwelle $E_{min}$ überschreiten. Diese führen zu unelastischen Stößen und zu einer chemischen Reaktion im Sinne dieser vereinfachten Betrachtung.

Zur Bestimmung der Stoßzahl kann die vorher abgeleitete Beziehung für $Z_s$ in (4.33) genutzt werden. Während bei der vorhergehenden Ableitung der Stoßzahl elastischer Stöße in (4.33) die Beträge der Relativgeschwindigkeiten $|g|$ von 0 bis $\infty$ angenommen wurden, interessieren für unelastische Stöße nur die Beträge für $g_{min} \leq g \leq \infty$. Die Integration über die Schwerpunktgeschwindigkeit $G$ erfolgt wieder über alle möglichen Beträge von 0 bis $\infty$. Für die Relativgeschwindigkeit ist die untere Grenze jetzt $g_{min}$, die obere Grenze bleibt $\infty$. Die Beziehung (4.33) lautet jetzt

$$Z_s = \pi\sigma_{01}^2 (4\pi)^2 \frac{n_0\, n_1\, (m_0\, m_1)^{3/2}}{(2\pi\, k\, T)^3} \int\limits_0^\infty G^2 \exp[-\frac{m_0 + m_1}{2\,k\,T}\, G^2]\, d|G|$$

$$\cdot \int\limits_{g_{min}}^\infty g^3 \exp[-\frac{m_{01}^*}{2\,k\,T}\, g^2]\, d|g|. \tag{4.42}$$

Das Integral über $|g|$ wird mittels partieller Integration gelöst in der Form

$$\int\limits_{x_0}^\infty x^2\, x e^{-x^2}\, dx = \frac{1}{2}(x_0^2 - 1) \cdot e^{-x_0^2}.$$

Die Integration über die Integralbeziehungen im Anhang 10.1 liefert die Stoßzahl $Z_s(E_{min})$, d.h. die Zahl der Stöße pro Zeit und Volumen, bei der die kinetische Energie der Relativbewegung den Wert $E_{min}$ überschreitet

$$Z_s(E_{min}) = \pi\sigma_{01}^2\, n_0\, n_1 \cdot \sqrt{\frac{8kT}{\pi\, m_{01}^*}} \cdot (\frac{E_{min}}{kT} - 1) \cdot \exp\left[-\frac{E_{min}}{kT}\right]. \tag{4.43}$$

### 4.5.3 Reaktionsgeschwindigkeit

Nimmt man an, dass bei einem reaktiven Vorgang jeder Stoß mit Energie größer als $E_{min}$ zu einem Produkt führt, so entspricht die Stoßzahl der zeitlichen Änderung der Produktkonzentration bzw. Partialdichte des Produktes $n_P$. Diese wird als *Reaktionsgeschwindigkeit* des Produktes bezeichnet. Mit der Annahme, dass im Allgemeinen die Aktivierungsenergie $E_{min}$ sehr viel größer als $kT$ ist, d.h. $E_{min} \gg kT$, ergibt sich aus (4.43) die Reaktionsgeschwindigkeit des Produktes zu

$$\frac{d\,n_P}{d\,t} = Z_s(E_{min}) = \pi\sigma_{01}^2\, n_0\, n_1 \cdot \sqrt{\frac{8kT}{\pi\, m_{01}^*}} \cdot \frac{E_{min}}{kT} \cdot \exp\left[-\frac{E_{min}}{kT}\right]. \quad (4.44)$$

Wie man aus (4.44) sieht, hängt die Reaktionsgeschwindigkeit von mehreren Parametern ab, so vom Stoßquerschnitt, vom Produkt der Dichten der beteiligten Spezies, der Aktivierungsenergie und von der Temperatur.

In der Reaktionskinetik wird die Reaktionsgeschwindigkeit meist ausgedrückt durch das Produkt der Dichten und der Reaktionskonstanten $K(T)$:

$$\frac{d\,n_P}{d\,t} = n_0\, n_1\, K(T). \quad (4.45)$$

Ein Vergleich mit (4.44) ergibt für die Reaktionskonstante $K(T)$:

$$K(T) = \pi\sigma_{01}^2 \cdot \sqrt{\frac{8kT}{\pi\, m_{01}^*}} \cdot \frac{E_{min}}{kT} \cdot e^{-E_{min}/kT}. \quad (4.46)$$

Üblicherweise wird die Reaktionskonstante geschrieben als:

$$K(T) = C(T)^\eta \cdot e^{-E/kT} \quad (4.47)$$

wobei $C(T)^\eta$ den nicht-exponentiellen Anteil der Temperaturabhängigkeit der Reaktionskonstante darstellt. Das exponentielle Verhalten $\sim e^{-E/kT}$ der Reaktionskonstanten führt zu dem bekannten Arrhenius-Gesetz.

### 4.5.4 Arrhenius-Gesetz

Schon im 19. Jahrhundert wurde experimentell festgestellt, dass der Logarithmus der Reaktionsgeschwindigkeit nahezu linear von dem Wert $1/kT$ abhängt. Diese Beziehung wurde dann 1889 von dem schwedischen Physiker Arrhenius theoretisch interpretiert und ist als Arrhenius-Gesetz in der Chemie bekannt:

$$\ln K(T) = -\frac{E_{min}}{kT} + const. \qquad \text{bzw.} \qquad K(T) = C'\, e^{-E_{min}/kT}.$$

Diese Beziehung lässt sich aus der gaskinetischen Herleitung der Reaktionskonstanten $K(T)$ in (4.47) sofort herleiten. Logarithmiert man die hier gefundene Reaktionskonstante $K(T)$

$$\ln K(T) = \ln C' + \eta \ln kT - E_{min}/kT$$

und vernachlässigt den Term $\eta \ln kT$ wegen $E_{min} \gg kT$, so erhält man die Arrhenius-Gerade, wie in Abb. 4.13 dargestellt.

$$\ln K(T) = -\frac{E_{min}}{kT} + const. \quad (4.48)$$

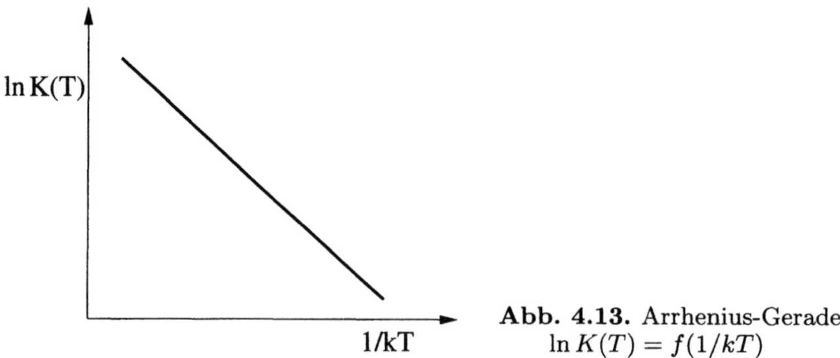


**Abb. 4.13.** Arrhenius-Gerade
$\ln K(T) = f(1/kT)$

### 4.5.5 Beispielreaktion

Als Beispiel eines reaktiven Vorganges wird eine einfache Hin- und Rückreaktion von drei verschiedenen Molekülsorten $A_2$, $B_2$ und $AB$ betrachtet. Die Reaktion sei:

$$A_2 + B_2 \rightleftharpoons 2\,AB.$$

In der Reaktionskinetik werden meist statt der Teilchendichten $n_A$ die molaren Dichten $[A]$ verwendet. Die molare Dichte ist gleich der Anzahl der Mole A pro Volumen und ergibt sich aus der Teilchendichte dividiert durch die Avogadro-Zahl $N_L$, die in Tabelle 1.2 angegeben ist

$$[A] = n_A/N_L.$$

Die Erhaltung der Atomanzahlen für die Atome $A$ bzw. $B$ erfordert, dass:

$$n_{AB} + 2\,n_{A_2} = n_A \qquad \text{und} \qquad n_{AB} + 2\,n_{B_2} = n_B$$

bzw.

$$[AB] + 2\,[A_2] = n_A/N_L \qquad \text{und} \qquad [AB] + 2\,[B_2] = n_B/N_L.$$

Für die Atome $A$ bedeutet dies zum Beispiel, dass 1 Mol $A$ in $[AB]$ und 2 Mole $A$ in $[A_2]$ enthalten sind.

Die Reaktion $A_2 + B_2 \rightleftharpoons 2\,AB$ läuft über binäre Kollisionen ab, sowohl bei der Vorwärtsreaktion von $A_2$ und $B_2$ zu $AB$ als auch rückwärts von $AB$ und $AB$ zu $A_2$ und $B_2$. Im Folgenden werden beide Reaktionsrichtungen kurz betrachtet.

**Vorwärtsreaktion.**

$$A_2 + B_2 \rightarrow 2\,AB$$

Hierbei entstehen durch den Zusammenstoß der Moleküle $A_2$ und $B_2$ zwei Moleküle der Sorte $AB$. Der Faktor 2 ist dabei der stöchiometrische Koeffizient der Sorte $AB$. Die notwendige Mindestenergie für diese Reaktion sei $E_{min} = E_v$ und die Reaktionskonstante sei $K_v(T)$. Mit der vorn definierten Reaktionsgeschwindigkeit (4.47) ergibt sich

$$\frac{d\,n_{AB}}{dt} = 2\,n_{A_2}\,n_{B_2}\,K_v(T).$$

Die Änderung der molaren Konzentration von $AB$ nach Division durch $N_L$ ist somit

$$\frac{d\,[AB]}{dt}\Big|_v = 2\,[A_2]\,[B_2] \cdot \tilde{K}_v(T).$$

Der stöchiometrische Koeffizient 2 tritt auf, da dabei 2 Mole $[AB]$ entstehen, d.h. die Reaktionsgeschwindigkeit verdoppelt sich für $[AB]$.

Die Reaktionskonstante $\tilde{K}_v(T) = N_L \cdot K_v(T)$ ist dann mit (4.46)

$$\tilde{K}_v(T) = N_L\,\pi\sigma^2_{A_2B_2} \cdot \sqrt{\frac{8kT}{\pi\,m^*_{A_2B_2}}} \cdot \frac{E_v}{kT} \cdot e^{-E_v/kT} = C_v\,T^{\eta_v} \cdot e^{-E_v/kT}.$$

Hierbei ist $\sigma_{A_2B_2}$ der Stoßquerschnitt der Moleküle $A_2$ mit $B_2$.

**Rückwärtsreaktion.**

$$A_2 + B_2 \leftarrow 2\,AB$$

Hierbei entstehen durch den Zusammenstoß der Moleküle $AB$ und $AB$ wieder die Moleküle der Sorten $A_2$ und $B_2$. Die notwendige Mindestenergie für die Rückwärtsreaktion sei $E_{min} = E_r$ mit der Reaktionskonstanten $K_v(T)$. Die zeitliche Rate (Reaktionsgeschwindigkeit) der Sorten $A_2$ und $B_2$ ist:

$$\frac{d\,[A_2]}{dt}\Big|_r = \frac{d\,[B_2]}{dt}\Big|_r = -\frac{1}{2}\frac{d\,[AB]}{dt}\Big|_r = [AB]^2 \cdot K_r(T)$$

mit

$$K_r(T) = \pi\sigma^2_{AB} \cdot \sqrt{\frac{8kT}{\pi\,m^*_{AB}}} \cdot \frac{E_r}{kT} \cdot e^{-E_r/kT} = C_r\,T^{\eta_r} \cdot e^{-E_r/kT}.$$

Der Faktor $\frac{1}{2}$ tritt auf, da zur Erzeugung von $[A_2]$ und $[B_2]$ zwei Mole $[AB]$ notwendig sind.

**Chemisches Gleichgewicht.** Chemisches Gleichgewicht bedeutet, dass sich die Vorwärts- und Rückwärtsreaktionen die Balance halten, bzw. dass von einer Sorte genauso viele entstehen, wie wiederum zerfallen. Die Summe der zeitlichen Änderungen der Moleküle, z.B. von $AB$, aus der Vorwärts- und Rückwärtsreaktion ist dann Null:

$$\frac{d\,[AB]}{dt}\Big|_v + \frac{d\,[AB]}{dt}\Big|_r = 2\,[A_2]\,[B_2] \cdot K_v(T) - 2\,[AB]^2 \cdot K_r(T) = 0.$$

Hieraus ergibt sich das bekannte *Massenwirkungsgesetz* in der Form

$$\frac{[AB]^2}{[A_2]\,[B_2]} = \frac{K_v(T)}{K_r(T)} = K_C(T).$$

Hierbei ist $K_C(T)$ die Gleichgewichtskonstante, die eine ähnliche Abhängigkeit aufweist, wie die Koeffizienten $K_v$ und $K_r$

$$K_C(T) = \frac{K_v(T)}{K_r(T)} = \frac{C_v}{C_r} \cdot T^{(\eta_v + \eta_r)} \cdot e^{-(E_v - E_r)/kT} = C_C \cdot T^{\eta_C} \cdot e^{-E_C/kT}.$$

**Chemisches Ungleichgewicht.** Chemisches Ungleichgewicht herrscht dann, wenn eine Reaktionsrichtung bevorzugt ist. Die Bilanzgleichung kann mit den zurückliegenden Definitionen allgemein aufgestellt werden. Die Gesamtrate der Produktion von [AB] ergibt sich dann zu:

$$\frac{d\,[AB]}{dt} = \frac{d\,[AB]}{dt}\Big|_v + \frac{d\,[AB]}{dt}\Big|_r = 2\,[A_2]\,[B_2] \cdot K_v(T) - 2\,[AB]^2 \cdot K_r(T).$$

Die Verhältnisse bei chemischem Ungleichgewicht sind dabei wesentlich komplizierter als die für Gleichgewicht. Ihre detaillierte Diskussion überschreitet den Rahmen dieses Buches. Es wird deshalb auf entsprechende Lehrbücher zur chemischen Kinetik verwiesen, wie z.B. auf Warnatz et al. [40].

*Anmerkung 4.5.1.* Die hier durchgeführte gaskinetische Betrachtung von Gasphasenreaktionen liefert trotz ihrer vereinfachenden Annahmen qualitativ die wesentlichen Einflußgrößen auf reaktive Vorgänge. Mittels der Stoßzahl für binäre Stöße können somit dominante Einflüsse auf die Vorgänge bei chemischen Reaktionen geklärt werden. Dies sind z.B. die Ansätze für die Reaktionsgeschwindigkeit, das Massenwirkungsgesetz und das Arrhenius-Gesetz. Vertiefende Literatur zur Reaktionskinetik ist z.B. Warnatz et al. [40].

# 5. Boltzmann-Gleichung

Die Kenntnis der molekularen Geschwindigkeitsverteilungsfunktion $f(\boldsymbol{\xi}, \boldsymbol{r}, t)$ erlaubt die Bestimmung aller makroskopischen Größen. Bisher wurde die Verteilungsfunktion unter bestimmten Annahmen, wie z.B. einer elementaren „1/6" Verteilung oder durch Annahme thermodynamischen Gleichgewichts direkt festgelegt. Diese Annahmen gelten jedoch nicht für eine allgemeine Nichtgleichgewichtssituation.

Unter Berücksichtigung der Grundannahmen der Gaskinetik, d.h. der Erhaltung der Partikelanzahl und der statistischen Beschreibung der Partikelbewegung und -kollisionen kann für die molekulare Geschwindigkeitsverteilungsfunktion $f(\boldsymbol{\xi}, \boldsymbol{r}, t)$ eine allgemeingültige Bestimmungsgleichung hergeleitet werden, die diese für molekulare Geschwindigkeiten $\boldsymbol{\xi}$ in Ort und Zeit beschreibt. Diese Gleichung wird nach Ludwig Boltzmann (1844–1906) als Boltzmann-Gleichung bezeichnet.

**Eigenschaften der Boltzmann-Gleichung.**

- Die Boltzmann-Gleichung ist eine Bestimmungsgleichung der molekularen Geschwindigkeitsverteilungsfunktion $f(\boldsymbol{\xi}, \boldsymbol{r}, t)$ in Raum und Zeit für allgemeine Nichtgleichgewichtsvorgänge.
- Die Boltzmann-Gleichung ist die allgemeinste Bestimmungsgleichung für gasdynamische Strömungsvorgänge, da bei bekannter Verteilungsfunktion $f$ alle makroskopischen Größen und Transportkoeffizienten hergeleitet und somit die Erhaltungsgleichungen geschlossen werden können.
- Die Boltzmann-Gleichung gilt vom Bereich des Kontinuums mit Knudsen-Zahlen $Kn \ll 1$ bis hin zur freien Molekülströmung mit $Kn \gg 1$.
- Die Boltzmann-Gleichung schließt thermodynamisches Gleichgewicht mit ein. Eine Lösung der Boltzmann-Gleichung ist die Maxwell-Verteilung. Die Momente der Boltzmann-Gleichung für die Maxwell-Verteilung führen auf die Euler-Gleichungen, d.h. auf die Erhaltungsgleichungen für Masse, Impuls und Energie einer reibungs- und wärmeleitungsfreien Strömung.
- Für kleine Abweichungen vom thermodynamischem Gleichgewicht erhält man mittels Chapman-Enskog-Entwicklungen aus den Momenten der Boltzmann-Gleichung die Erhaltungsgleichungen der Kontinuumsströmung einschließlich der Formulierung der molekularen Transportvorgänge. Das bekannteste System dieser Erhaltungsgleichungen sind die Navier-Stokes-Gleichungen, höhere Näherungen sind die Burnett-Gleichungen.

- Lösungsverfahren der Boltzmann-Gleichung, wie die Momentenmethode oder die numerischen Monte-Carlo-Methoden, erlauben Strömungslösungen, die über den Gültigkeitsbereich der Kontinuumsmechanik hinausgehen.
- Die Boltzmann-Gleichung ist eine mathematisch sehr komplexe Integro-Differentialgleichung. Aus diesem Grunde sind analytisch nur Näherungsansätze für einfache Problemstellungen möglich. Allgemeine Lösungen können durch numerische Lösungsverfahren erhalten werden, zwei dieser Verfahren, die Monte-Carlo-Direktsimulationsmethode und die Lattice-Boltzmann-Methoden werden in späteren Kapiteln beschrieben.

**Einschränkungen der Boltzmann-Gleichungen.** Obwohl die Gültigkeit der Boltzmann-Gleichung weit über die der Kontinuumsgleichungen, hier insbesondere den Navier-Stokes-Gleichungen, hinausgeht, werden doch bei der Herleitung der Boltzmann-Gleichung einige einschränkende Annahmen getroffen.

- Die Herleitung setzt im Wesentlichen ausreichend verdünntes Gas voraus, d.h. dass die mittlere freie Weglänge $l_f$ sehr viel größer als die Molekülabmessung ist.
- Es wird vorausgesetzt, dass die Reichweite intermolekularer Kräfte klein ist im Vergleich zu dem molekularen Abstand in Gleichung (1.1) und dieser klein ist gegenüber der mittleren freien Weglänge $l_f$, siehe dazu auch die Abschätzungen im Abschn.1.3.2. Dies bedeutet, dass die Moleküle nahezu geradlinig durch den Raum fliegen und nur kurzzeitig während der Kollision ihre Bahn ändern. Gekrümmte Bahnen können durch die Wirkung äußerer Kräfte entstehen, der Kollisionsvorgang wird dadurch nicht beeinflusst.
- Die Kollisionszeit wird als so kurz angenommen, dass während einer Kollision sich die Verteilungsfunktion nicht ändert.
- Es werden nur binäre Kollision berücksichtigt, die Wahrscheinlichkeit, dass bei ausreichend verdünnten Gasen mehr als zwei Moleküle zusammenstoßen, ist äußerst gering.
- In der vorliegenden Herleitung werden, um den mathematischen Aufwand zu reduzieren, außerdem nur elastische, harte Kugeln als Molekülmodell betrachtet.

## 5.1 Herleitung der Boltzmann-Gleichung

Die Boltzmann-Gleichung ist eine Bilanzgleichung für die Partikelerhaltung in einem Phasenvolumen, welches den dreidimensionalen, molekularen Geschwindigkeitsraum und den dreidimensionalen Ortsraum umfasst. Die Bilanzgleichung setzt sich zusammen aus einem Transportterm und einem Kollisionsterm.

$$\frac{Df}{Dt}\Big|_{Transport} = \frac{Df}{Dt}\Big|_{Kollision}.$$

Der Transportterm setzt sich zusammen aus einer zeitlichen Änderung der Molekülanzahl in einem Phasenvolumen, aus einem Anteil infolge Transport der Moleküle durch ihre Geschwindigkeiten und durch externe Kräfte. Der Kollisionsterm beschreibt den Verlust bzw. den Gewinn von Teilchen in dem Phasenvolumen infolge Kollisionen der Moleküle. Zur Beschreibung der Kollisionsvorgänge werden reversible, elastische Stöße von starren Kugeln angenommen.

### 5.1.1 Bilanz am Phasenvolumen

Die Herleitung der Boltzmann-Gleichung erfolgt an einem kleinen, aber endlichen Kontrollvolumen $\Delta V \cdot \Delta \boldsymbol{\xi}$ im Phasenraum um einen Ortsvektor $\boldsymbol{r}$ und einem Geschwindigkeitsvektor $\boldsymbol{\xi}$, wie in Abb. 5.1 skizziert.

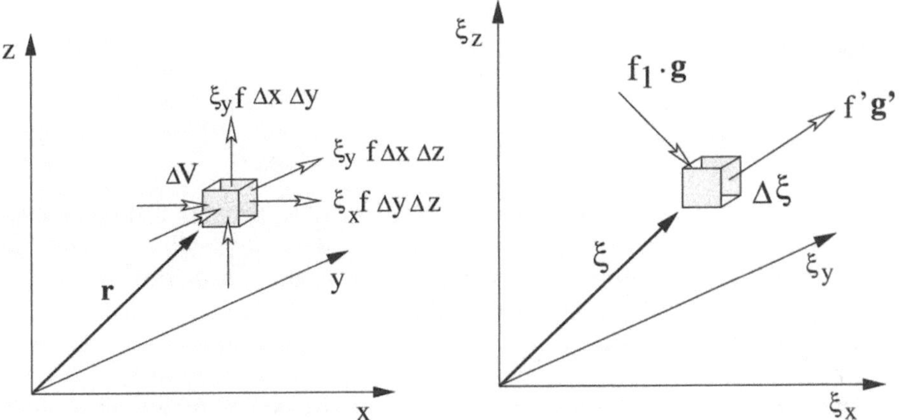


**Abb. 5.1.** Zur Bilanz im Orts- und Geschwindigkeitsvolumen des Phasenraumes

Das Kontrollvolumen umfasst im Ortsraum, Abb. 5.1 links, ein Volumenelement $\Delta V$ mit

$$\Delta V = \Delta x \cdot \Delta y \cdot \Delta z \qquad \text{um} \quad \boldsymbol{r} = (x, y, z)^T$$

und ein Geschwindigkeitsvolumen, Abb. 5.1 rechts, mit

$$\Delta \boldsymbol{\xi} = \Delta \xi_x \cdot \Delta \xi_y \cdot \Delta \xi_z \qquad \text{um} \quad \boldsymbol{\xi} = (\xi_x, \xi_y, \xi_z)^T.$$

Die Anzahl der Moleküle $\Delta N$ im Phasenvolumen $\Delta V \cdot \Delta \boldsymbol{\xi}$ ist gegeben durch

$$\Delta N(\boldsymbol{\xi}, \boldsymbol{r}, t) = f(\boldsymbol{\xi}, \boldsymbol{r}, t) \cdot \Delta V \cdot \Delta \boldsymbol{\xi}$$

wobei $f(\boldsymbol{\xi}, \boldsymbol{r}, t)$ eine beliebige Nichtgleichgewichtsverteilung ist, die durch die Boltzmann-Gleichung ermittelt werden soll.

Die Bilanzgleichung für $\Delta N$ Moleküle im Phasenvolumen $\Delta V \cdot \Delta \boldsymbol{\xi}$ wird, wie oben aufgeführt, aufgespalten in einen Transportterm, der die Änderungen von $\Delta N$ nach den unabhängigen Variablen $(\boldsymbol{\xi}, \boldsymbol{r}, t)$ beschreibt und in einen Term infolge Kollisionen mit Gewinn- und Verlustanteilen im Phasenraum

$$(\Delta N_t + \Delta N_r + \Delta N_\xi)_{Transport} = (\Delta N_G - \Delta N_V)_{Kollision}. \qquad (5.1)$$

Die einzelnen Anteile der Bilanzgleichung werden im Folgenden hergeleitet.

**Die zeitliche Änderung $\boldsymbol{\Delta N_t}$** von $\Delta N$ Molekülen in dem Volumen $\Delta V$ folgt aus

$$\begin{aligned}
\Delta N_t &= \Delta N(\boldsymbol{\xi}, \boldsymbol{r}, t + \Delta t) - \Delta N(\boldsymbol{\xi}, \boldsymbol{r}, t) \\
&= (f(\boldsymbol{\xi}, \boldsymbol{r}, t + \Delta t) - f(\boldsymbol{\xi}, \boldsymbol{r}, t)) \cdot \Delta V \, \Delta \boldsymbol{\xi}.
\end{aligned}$$

Eine Taylorreihenentwicklung für kleine $\Delta t$

$$f(\boldsymbol{\xi}, \boldsymbol{r}, t + \Delta t) = f(\boldsymbol{\xi}, \boldsymbol{r}, t) + \frac{\partial f(\boldsymbol{\xi}, \boldsymbol{r}, t)}{\partial t} \Delta t + \cdots$$

ergibt für diesen Term

$$\Delta N_t = \frac{\partial f}{\partial t} \cdot \Delta V \cdot \Delta \boldsymbol{\xi} \cdot \Delta t. \qquad (5.2)$$

**Die räumliche Änderung $\boldsymbol{\Delta N_r}$** von $\Delta N$ Molekülen im Raumvolumen $\Delta V = \Delta x \, \Delta y \, \Delta z$ wird durch Unterschiede in den Partikelflüssen über die Oberflächen des Kontrollvolumens verursacht. Dieser Term wird in die einzelnen Koordinatenrichtungen aufgespalten:

$$\Delta N_r = \Delta N_x + \Delta N_y + \Delta N_z.$$

Als Beispiel wird die Flussbilanz $\Delta N_x$ in x-Richtung betrachtet, siehe auch Abb. 5.1. Die Flussbilanz ist definiert durch die Differenz zwischen austretenden minus eintretenden Partikelfluss in x-Richtung über die Oberfläche $\Delta y \cdot \Delta z$:

$$\begin{aligned}
\Delta N_x &= \xi_x \, f(\boldsymbol{\xi}, x + \Delta x, y, z, t) \cdot \Delta y \, \Delta z \cdot \Delta t \, \Delta \xi \\
&\quad - \xi_x \, f(\boldsymbol{\xi}, x, y, z, t) \cdot \Delta y \, \Delta z \cdot \Delta t \, \Delta \xi \\
&= \xi_x \, (f(\boldsymbol{\xi}, x + \Delta x, y, z, t) - f(\boldsymbol{\xi}, x, y, z, t)) \cdot \Delta y \, \Delta z \, \Delta \xi \cdot \Delta t.
\end{aligned}$$

Mit einer Taylorreihenentwicklung nach $x$ für kleine $\Delta x$

$$f(\boldsymbol{\xi}, x + \Delta x, y, z, t) = f(\boldsymbol{\xi}, \boldsymbol{r}, t) + \frac{\partial f(\boldsymbol{\xi}, \boldsymbol{r}, t)}{\partial x} \Delta x + \cdots$$

folgt

$$\Delta N_x = \xi_x \cdot \frac{\partial f}{\partial x} \cdot \Delta V \cdot \Delta \xi \cdot \Delta t. \qquad (5.3)$$

Für alle Richtungen gilt dann analog:

$$\Delta N_r = \Delta N_x + \Delta N_y + \Delta N_z$$
$$= \left( \xi_x \cdot \frac{\partial f}{\partial x} + \xi_y \cdot \frac{\partial f}{\partial y} + \xi_z \cdot \frac{\partial f}{\partial z} \right) \cdot \Delta V \cdot \Delta \boldsymbol{\xi} \cdot \Delta t. \tag{5.4}$$

**Die Änderung $\Delta N_{\boldsymbol{\xi}}$** beschreibt die Änderung der Molekülanzahl $\Delta N$ im molekularen Geschwindigkeitsvolumen $\Delta \boldsymbol{\xi}$ infolge Änderung der Geschwindigkeit $\boldsymbol{\xi}$ durch eine Beschleunigung $\frac{d\boldsymbol{\xi}}{dt}$ der Moleküle. Die Beschleunigung wird durch äußere Kräfte $\boldsymbol{F}$ verursacht und ist über das Newtonsche Gesetz

$$\boldsymbol{F} = m \cdot \frac{d\boldsymbol{\xi}}{dt}$$

gegeben. Durch die Änderung der Geschwindigkeit $\frac{d\boldsymbol{\xi}}{dt}$ fliegen Moleküle aus dem betrachteten Geschwindigkeitsraum $\Delta \boldsymbol{\xi}$ um $\boldsymbol{\xi}$ heraus, bzw. es kommen neue Moleküle von außen hinzu. Der Term $\Delta N_{\boldsymbol{\xi}}$ wird in die einzelnen Geschwindigkeitsrichtungen aufgespalten:

$$\Delta N_{\boldsymbol{\xi}} = \Delta N_{\xi_x} + \Delta N_{\xi_y} + \Delta N_{\xi_z}.$$

Als Beispiel wird die Bilanz $\Delta N_{\xi_x}$ in Richtung von $\xi_x$ betrachtet:

$$\Delta N_{\xi_x} = \Delta N(\xi_x + \Delta \xi_x, \xi_y, \xi_z, \boldsymbol{r}, t) - \Delta N(\xi_x, \xi_y, \xi_z, \boldsymbol{r}, t)$$
$$= (f(\xi_x + \Delta \xi_x, \xi_y, \xi_z, \boldsymbol{r}, t) - f(\xi_x, \xi_y, \xi_z, \boldsymbol{r}, t)) \cdot \Delta V \cdot \Delta \boldsymbol{\xi}.$$

Mit einer Entwicklung in Taylorreihen nach $\xi_x$ für kleine $\Delta \xi_x$

$$f(\xi_x + \Delta \xi_x, \cdots) = f(\xi_x, \cdots) + \frac{\partial f(\xi_x, \cdots)}{\partial \xi_x} \cdot \Delta \xi_x + \cdots$$

und mit der Änderung der Geschwindigkeit $\Delta \xi_x$ infolge äußerer Kräfte

$$\Delta \xi_x = \frac{d\xi_x}{dt} \Delta t = \frac{F_x}{m} \Delta t$$

folgt

$$\Delta N_{\xi_x} = \frac{F_x}{m} \cdot \frac{\partial f}{\partial \xi_x} \cdot \Delta V \cdot \Delta \boldsymbol{\xi} \cdot \Delta t.$$

Für alle Richtungen gilt entsprechend:

$$\Delta N_{\boldsymbol{\xi}} = \left( \frac{\partial f}{\partial \xi_x} \cdot \frac{F_x}{m} + \frac{\partial f}{\partial \xi_y} \cdot \frac{F_y}{m} + \frac{\partial f}{\partial \xi_z} \cdot \frac{F_z}{m} \right) \cdot \Delta V \cdot \Delta \boldsymbol{\xi} \cdot \Delta t. \tag{5.5}$$

**Kollisionsterme.** Kollisionen innerhalb und außerhalb des betrachteten Phasenvolumens ändern die molekularen Geschwindigkeiten. Die Anzahl der Moleküle innerhalb des Phasenvolumens $\Delta V \, \Delta \boldsymbol{\xi}$ kann deshalb zunehmen oder abnehmen. Dies wird durch den Gewinnterm $\Delta N_G$ bzw. den Verlustterm $\Delta N_V$ infolge Kollisionen beschrieben.

**Der Verlustanteil $\Delta N_V$** entsteht durch Stöße von Molekülen mit Geschwindigkeiten zwischen $\xi$ und $\xi + \Delta\xi$ innerhalb des betrachteten Phasenvolumens mit Molekülen aus einem anderen Phasenvolumen $\Delta\xi_1$ um die Geschwindigkeit $\xi_1$. Entsprechend den Stoßbeziehungen in Abschn. 4.4 haben die Moleküle nach dem Stoß die Geschwindigkeiten $\xi'$ und $\xi_1'$ und gehören somit nicht mehr zu ihren ursprünglichen Geschwindigkeitsräumen. Für den betrachteten Phasenraum $\Delta V \cdot \Delta\xi$ entsteht ein Verlust an Molekülen.

Die Gesamtzahl der aus dem Phasenraum herausfliegenden Moleküle $\Delta N_V$ ist proportional der Anzahl der Stöße $Z_s$ bei einer Relativgeschwindigkeit

$$g = \xi_1 - \xi,$$

wie in Abschn. 4.4.3 gezeigt. Analog zur Herleitung der Stoßzahl $Z_s$ aus der Gleichgewichtsverteilung in (4.32) erhält man mit Integration über den differentiellen Wirkungsquerschnitt $dA_c$ und Integration über alle mit $\xi_1$ fliegenden Moleküle den Kollisionsterm

$$\Delta N_V = \int\limits_{\xi_1} \int\limits_{A_C} f(\xi,r,t)\,\Delta\xi\,\Delta V \cdot g \cdot f(\xi_1,r,t)\,d\xi_1\,dA_c \cdot \Delta t$$

$$= \int\limits_{\xi_1} \int\limits_{A_C} f\,f_1\,g\,dA_c\,d\xi_1 \cdot \Delta\xi \cdot \Delta V \cdot \Delta t. \tag{5.6}$$

Hierbei steht $f$ für $f(\xi,r,t)$ und $f_1$ für $f(\xi_1,r,t)$.

**Einen Gewinn $\Delta N_G$** an Molekülen im Phasenraum $\Delta V \cdot \Delta\xi$ erhält man durch Stöße in anderen Phasenräumen, wobei durch Stöße von Molekülen mit Geschwindigkeiten $\xi'$ und $\xi_1'$ Moleküle in die Phasenräume um $\xi$ und $\xi_1$ fliegen können. Man kann dies als Umkehrung der vorher betrachteten Stoße mit $\xi$ und $\xi_1$ zu $\xi'$ und $\xi_1'$ betrachten (inverser Stoß), da elastische Stöße umkehrbar (reversibel) sind.

Zur weiteren Formulierung von $\Delta N_G$ können die Geschwindigkeiten vor und nach dem Stoß in (5.6) einfach ausgetauscht werden, d.h. $\xi$ wird zu $\xi'$, $\xi_1$ wird zu $\xi_1'$ und $g$ wird zu $g'$. Für den Geschwindigkeitsbereich $\xi$ bis $\xi + \Delta\xi$ ergibt sich somit aus den inversen Stößen folgender Gewinnterm:

$$\Delta N_G = \int\limits_{\xi_1'} \int\limits_{A_C} f(\xi',r,t)\,\Delta\xi'\,\Delta V \cdot g' \cdot f(\xi_1',r,t)\,d\xi_1'\,dA_c \cdot \Delta t$$

$$= \int\limits_{\xi_1'} \int\limits_{A_C} f'\,f_1'\,g'\,dA_c\,d\xi_1' \cdot \Delta\xi' \cdot \Delta V \cdot \Delta t. \tag{5.7}$$

Hierbei steht $f'$ für $f(\xi',r,t)$ und $f_1'$ für $f(\xi_1',r,t)$.

Um die Stoßterme $\Delta N_G$ und $\Delta N_V$ unter ein gemeinsames Integral schreiben zu können, wird mit Hilfe der Stoßmechanik in Abschn. 4.4.1 weiter umgeformt. Es gilt

$$g' \, d\boldsymbol{\xi}_1' \cdot \Delta\boldsymbol{\xi}' = g \, d\boldsymbol{\xi}_1 \cdot \Delta\boldsymbol{\xi}$$

und mit den Beziehungen aus Abschn. 4.4.1:

$$d\boldsymbol{\xi}' \, d\boldsymbol{\xi}_1' = |J| \, d\boldsymbol{g}' \, d\boldsymbol{G}' \quad \text{mit} \quad |J| = 1 \quad \text{und} \quad \boldsymbol{G} = \boldsymbol{G}' \quad \text{und} \quad \boldsymbol{g}' = -\boldsymbol{g}.$$

Damit ergibt sich der Stoßterm $\Delta N_G$ zu

$$\Delta N_G = \int\limits_{\xi_1} \int\limits_{A_C} f' \, f_1' \, \boldsymbol{g} \, dA_c \, d\boldsymbol{\xi}_1 \cdot \Delta\boldsymbol{\xi} \, \Delta V \, \Delta t. \tag{5.8}$$

Der gesamte Kollisionsterm lautet dann

$$(\Delta N_G - \Delta N_V)_{Kollision} = \int\limits_{\xi_1} \int\limits_{A_C} (f' \, f_1' - f \, f_1) \, \boldsymbol{g} \, dA_c \, d\boldsymbol{\xi}_1 \cdot \Delta\boldsymbol{\xi} \, \Delta V \, \Delta t. \tag{5.9}$$

### 5.1.2 Formen der Boltzmann-Gleichung

Die Boltzmann-Gleichung ergibt sich aus der Gesamtbilanz (5.1) der einzelnen Anteile (5.2), (5.4), (5.5) und (5.9). Dividiert man durch das Phasenvolumen $\Delta\boldsymbol{\xi} \cdot \Delta V$ und durch die Zeit $\Delta t$, so erhält man die gesuchte **Boltzmann-Gleichung** zu

$$\frac{\partial f}{\partial t} + \sum_{i=1}^{3} \xi_i \frac{\partial f}{\partial x_i} + \sum_{i=1}^{3} \frac{F_i}{m} \frac{\partial f}{\partial \xi_i} = \int\limits_{\xi_1} \int\limits_{A_C} (f' \, f_1' - f \, f_1) \, \boldsymbol{g} \, dA_c \, d\boldsymbol{\xi}_1 \tag{5.10}$$

mit den Indizes $i = 1, 2, 3$ für die Komponenten in $x-$, $y-$ und $z-$Richtung. Andere in der Literatur gebrauchte Schreibweisen sind:

- Tensornotation (Doppelindex führt zu Summation)

$$\frac{\partial f}{\partial t} + \xi_i \frac{\partial f}{\partial x_i} + \frac{F_i}{m} \frac{\partial f}{\partial \xi_i} = \int\limits_{\xi_1} \int\limits_{A_C} (f' \, f_1' - f \, f_1) \, \boldsymbol{g} \, dA_c \, d\boldsymbol{\xi}_1, \tag{5.11}$$

- Vektornotation

$$\frac{\partial f}{\partial t} + \boldsymbol{\xi} \cdot \nabla_r f + \frac{F_i}{m} \cdot \nabla_\xi f = \int\limits_{\xi_1} \int\limits_{A_C} (f' \, f_1' - f \, f_1) \, \boldsymbol{g} \, dA_c \, d\boldsymbol{\xi}_1, \tag{5.12}$$

- mit substantieller Ableitung $\frac{Df}{Dt} = \frac{\partial f}{\partial t} + \xi_i \frac{\partial f}{\partial x_i} + \frac{F_i}{m} \frac{\partial f}{\partial \xi_i}$

$$\frac{Df}{Dt} = \int\limits_{\xi_1} \int\limits_{A_C} (f' \, f_1' - f \, f_1) \, \boldsymbol{g} \, dA_c \, d\boldsymbol{\xi}_1, \tag{5.13}$$

- Kurzform mit Transportterm und Kollisionsterm

$$\frac{Df}{Dt}\Big|_{Transport} = \frac{Df}{Dt}\Big|_{Kollision}. \tag{5.14}$$

## 5.2 Grenzbereiche der Boltzmann-Gleichung

Analytische Lösungen der Boltzmann-Gleichung sind äußerst komplex. Aus diesem Grunde werden zunächst nur die asymptotischen Lösungen für die Grenzfälle einer freien Molekülströmung und einer Kontinuumsströmung betrachtet. Beide Fälle können durch die Knudsen-Zahl $Kn$ charakterisiert werden. Die Knudsen-Zahl war bereits im Abschn. 1.4.1 definiert worden zu

$$Kn = \frac{l_f}{L}.$$

Sie wird gebildet mit einer typischen Körperlänge $L$ und der mittlerer freien Weglänge $l_f$ zwischen einem Molekülstoß, definiert z.B. in (4.38). Für die Grenzbereiche der Boltzmann-Gleichung gilt:

$$Kn \to 0 \qquad \text{Kontinuum}$$

$$Kn \to \infty \qquad \text{freie Molekülströmung.}$$

Ähnlich dem Vorgehen in der Ähnlichkeitstheorie werden dimensionslose Variable in die Boltzmann-Gleichung eingeführt, so dass die einzelnen Terme von Größenordnung Eins werden und die Knudsen-Zahl als Ähnlichkeitsparameter auftritt, der die Größenabschätzung ermöglicht. Anschließend wird der Grenzübergang für die Grenzwerte der Knudsen-Zahl durchgeführt.

Als Referenzgrößen zur Bildung dimensionsloser Variablen werden charakteristische Größen des Problems gewählt. Diese sind die Körperlänge $L$, die mittlere freie Weglänge $l_f$, eine Teilchendichte $n$ und eine typische Molekülgeschwindigkeit $c_0$. Die Variablen werden durch die dimensionslosen Größen, mit Querstrich bezeichnet, ersetzt:

$$x_i = \bar{x}_i \cdot L \qquad t = \bar{t} \cdot c_0/L \qquad \xi = \bar{\xi} \cdot c_0 \qquad g = \bar{g} \cdot c_0$$

$$f = \bar{f} \cdot n/c_0^3 \qquad dA_c = d\bar{A}_C \cdot 1/(n\,l_f).$$

Die dimensionslose Boltzmann-Gleichung mit der vorn definierten substantiellen Ableitung hat dann folgende Form:

$$\frac{D\bar{f}}{D\bar{t}} = \frac{1}{Kn} \int\limits_{\bar{\xi}_1} \int\limits_{\bar{A}_C} (\bar{f}'\,\bar{f}'_1 - \bar{f}\,\bar{f}_1)\,\bar{g}\,d\bar{A}_c\,d\bar{\xi}_1. \tag{5.15}$$

### 5.2.1 Grenzfall freier Molekülströmung $Kn \to \infty$

Für den Grenzwert $Kn \to \infty$ verschwindet die rechte Seite von (5.15), übrig bleibt der Transportterm

$$\frac{D\bar{f}}{D\bar{t}} = 0.$$

Dimensionsbehaftet ausgeschrieben, lautet der Transportterm:

$$\frac{Df}{Dt} = \frac{\partial f}{\partial t} + \xi_i \frac{\partial f}{\partial x_i} + \frac{F_i}{m} \frac{\partial f}{\partial \xi_i} = 0.$$

Diese Gleichung ist eine Transportgleichung für $f$ vom Typ einer hyperbolischen partiellen Differentialgleichung. Die charakteristische Lösung dieser Gleichung ohne den Kraftterm repräsentiert den Transport der Verteilungsfunktion $f$ längs der Partikeltrajektorie als charakteristische Grundkurve

$$\boldsymbol{r} - \boldsymbol{\xi} \cdot t = const.$$

wobei die Verteilungsfunktion über einen Zeitschritt $\Delta t$ bestimmt wird durch

$$f(\boldsymbol{r}, \boldsymbol{\xi}, t + \Delta t) = f(\boldsymbol{r} - \boldsymbol{\xi}\,\Delta t, \boldsymbol{\xi}, t).$$

In freier Molekülströmung bleibt somit die Verteilungsfunktion $f$ auf einer Partikeltrajektorie erhalten, da kein Austausch durch Stöße zwischen den Molekülen erfolgt. Die Verteilungsfunktion ändert ihren Wert nur bei Reflexionen an einer Wand.

Die Bahn eines Moleküles ist gekrümmt beim Vorhandensein einer externen Kraft $\boldsymbol{F}$, wobei der Krümmungsradius von der Masse abhängt. Letzteres wird z.B. im Massenspektrometer ausgenutzt, wobei ein Molekularstrahl mit Molekülen unterschiedlicher Masse durch elektro-magnetische Kräfte abgelenkt wird.

### 5.2.2 Grenzfall einer Gleichgewichtsströmung $Kn \to 0$

Multipliziert man die Gleichung (5.15) mit der Knudsen-Zahl $Kn$ und führt den Grenzwert $Kn \to 0$ durch, so verschwindet jetzt die linke Seite der Gleichung. Dadurch wird der Kollisionsterm gleich Null, d.h.

$$0 = \int\limits_{\xi_1} \int\limits_{A_C} (f' f_1' - f f_1)\, \boldsymbol{g}\, dA_c\, d\xi_1.$$

Hinreichend für verschwindenden Kollisionsterm ist, dass der Integrand verschwindet. Daraus folgt

$$f' f_1' - f f_1 = 0 \quad \text{bzw.} \quad f' f_1' = f f_1. \tag{5.16}$$

Diese Bedingung besagt, dass infolge molekularer Kollisionen die Anzahl der aus dem Phasenvolumen austretenden Moleküle gleich der der eintretenden ist oder anders ausgedrückt, dass zu jedem Stoß $\sim f f_1$ innerhalb des betrachteten Phasenvolumens ein inverser Stoß $\sim f' f_1'$ außerhalb erfolgt, so dass das Gleichgewicht sich wieder einstellt. Dies ist gerade die Bedingung des **thermodynamischen Gleichgewichtes** im Grenzfall eines Kontinuums.

**Die Maxwell-Verteilung** sollte für diesen Fall die korrekte Lösung der Boltzmann-Gleichung (5.16) im Grenzfall $Kn \to 0$ sein. Zur Überprüfung wird (5.16) logarithmiert. Dies ergibt:

$$\ln f + \ln f_1 = \ln f' + \ln f_1'. \tag{5.17}$$

Diese Gleichung entspricht einer Erhaltungsgleichung der Zustände zweier Sorten von Molekülen vor und nach dem Stoß. Ausgehend von der Herleitung des Kollisionstermes in (5.9), bei der elastische, umkehrbare Stöße angenommen wurden, wird diese Gleichung durch die Stoßinvarianten Masse, Impuls und Energie erfüllt. Aus den Beziehungen eines elastischen Stoßes in (4.4.1), folgt

$$m + m_1 = m' + m_1'$$
$$m\boldsymbol{c} + m_1\boldsymbol{c}_1 = m_0'\boldsymbol{c}_0' + m_1'\boldsymbol{c}_1'$$
$$\frac{m}{2}\,c^2 + \frac{m_1}{2}\,c_1^2 = \frac{m'}{2}\,c'^{\,2} + \frac{m_1'}{2}\,c_1'^{\,2}. \tag{5.18}$$

Ein Vergleich der Stoßinvarianten (5.18) mit (5.17) zeigt, dass eine Linearkombination der Stoßinvarianten die Erhaltungsbeziehung für die logarithmierte Verteilungsfunktion $\ln f$ erfüllen muss. Für $\ln f$ wird deshalb angenommen

$$ln f = A\,m + B\,m\boldsymbol{c} + C\,\frac{m}{2}\,c^2.$$

Damit ergibt sich eine Verteilungsfunktion der Form

$$f = \exp\,(A\,m) \cdot \exp\,(B\,m\boldsymbol{c}) \cdot \exp\,(C\,\frac{m}{2}\,c^2).$$

Die Konstanten $A, B$ und $C$ werden mit den Momenten für die Dichte (3.4) und für die Energie (3.13) wie in Abschn. (4.1.1) festgelegt. Damit erhält man die Maxwell-Verteilung z.B. in der Form (4.12)

$$F(c^2) = \frac{n}{(2\pi\,RT)^{3/2}} \exp\left[-\frac{c^2}{2\,RT}\right] = \frac{n}{(2\pi\,RT)^{3/2}} \cdot \exp\left[-\frac{(\boldsymbol{\xi} - \boldsymbol{v})^2}{2\,RT}\right].$$

Aussagen dieser Herleitung sind:

- Die Herleitung der Maxwell-Verteilung benötigt keine Annahmen über intermolekulare Kräfte.

- Die Bedingung $f'\,f_1' = f\,f_1$ ist hinreichend und notwendig für thermodynamisches Gleichgewicht.

- Die Bedingung $f'\,f_1' = f\,f_1$ heißt, dass im Mittel für jedes Teilchen, das durch einen Stoß aus dem Phasenvolumen fliegt, ein anderes Teilchen aus einem Stoß in einem anderen Phasenvolumen wieder hinzu kommt.

- $Kn \to 0$ bedeutet, dass die mittlere freie Weglänge verschwindend klein gegenüber der makroskopischen Länge $L$ ist, die Stöße sind dann so häufig, dass sich immer Gleichgewicht einstellt.

- Die Maxwell-Verteilung ist die Verteilung mit der höchsten Wahrscheinlichkeit, d.h. alle Verteilungen von Nichtgleichgewichtszuständen tendieren nach genügend langer Zeit zur Maxwell-Verteilung, was im nächsten Abschnitt gezeigt werden soll.

- Interpretiert man die Knudsen-Zahl als Verhältnis von einer mittleren Kollisionszeit $\tau \sim l/\bar{c}$ der Moleküle und einer typischen Strömungszeit $T \sim L/\bar{c}$, d.h.

$$Kn = \frac{l}{L} \sim \frac{\tau}{T} \to 0$$

folgt daraus, dass die Kollisionszeit sehr viel kleiner ist als die Strömungszeit. Damit stellt sich mehr oder minder sofort lokales Gleichgewicht ein in Relation zu der „langsamen" makroskopischen Strömung. Die lokale Maxwell-Verteilung wird damit zu einer in Ort und Zeit variablen Größe $F(\boldsymbol{r}, t, \boldsymbol{\xi})$ infolge der makroskopischer Variablen $n(\boldsymbol{r}, t)$, $v_i(\boldsymbol{r}, t)$ und $T(\boldsymbol{r}, t)$, die von Ort und Zeit abhängen.

## 5.3 Boltzmann-Gleichung und Entropie

Die Entropie ist eine wesentliche Zustandsgröße zur Beschreibung thermodynamischer Vorgänge, die durch den zweiten Hauptsatz der Thermodynamik beschrieben wird. Wenn die Boltzmann-Gleichung die Physik richtig wiedergibt, muss die statistische Theorie auch den zweiten Hauptsatz einschließen. Boltzmann konnte Ende des neunzehnten Jahrhunderts (1872) mit seinem H-Theorem die statistische Natur des zweiten Hauptsatzes und damit die Richtigkeit der Annahmen der Boltzmann-Gleichung nachweisen. In seinem Beweis führte Boltzmann zunächst eine Entropiegröße, den sogenannten H-Wert, in Abhängigkeit von der molekularen Geschwindigkeitsverteilung ein. Der H-Wert $H$ ist definiert als ein Moment einer beliebigen Nichtgleichgewichtsverteilung $f$ in der Form:

$$H \equiv \int_{\xi} f \ln f \, d\boldsymbol{\xi}. \tag{5.19}$$

Boltzmann zeigte, dass die so definierte Entropie unter gewissen Voraussetzungen infolge der (vielen) Molekülstöße Null bleibt oder zunehmen wird. Gleichzeitig zeigte er, dass in einem geschlossenen System sich nach ausreichend langer Zeit Gleichgewicht und damit die Maxwell-Verteilung als wahrscheinlichste Verteilung einstellen wird.

Der Nachweis der Nichtumkehrbarkeit (Irreversibilität) der zugrunde liegenden kinetischen Theorie war zur damaligen Zeit nicht unumstritten, eine interessante Zusammenstellung von Streitgesprächen und Diskussionen sind in [7] zusammengefasst. Der Nachweis ist auch nur von der Seite der Wahrscheinlichkeitsannahmen dieser Theorie aus zu verstehen, denn die Herleitung des Stoßtermes (5.9) der Boltzmann-Gleichung setzt umkehrbare, elastische Stoßmechanik voraus. Nach klassischer Mechanik sollte auch nach vielen Stößen das System umkehrbar sein und damit die Entropie konstant bleiben. Hier repräsentiert die Verteilungsfunktion jedoch nicht die Anzahl von Molekülen in einem Phasenraum, sondern nur die Wahrscheinlichkeit, diese in diesem Raum aufzufinden. Für die Stöße und die Annahme inverser Stöße gilt ebenfalls nur die Wahrscheinlichkeitsannahme. Es ist also als sehr unwahrscheinlich anzunehmen, dass man nach z.B. $10^{10}$ Stößen pro Sekunde das System umkehren kann und dass sich wieder durch inverse Stöße der Ausgangszustand einstellt. Weitergehende Diskussionen dieses Paradoxons sind z.B. in Vincenti und Kruger [39], S. 340 ff, zu finden.

Eine detaillierte Herleitung des H-Wertes mittels statistischer Mechanik und des Nachweises der Nichtumkehrbarkeit ist ebenfalls in Vincenti und Kruger [39] zu finden. Da die Beweisführung sehr aufwendig ist, wird hier nur eine vereinfachte Darstellung des Beweises des zweiten Hauptsatzes, aufbauend auf dem von Boltzmann postulierten H-Wert gegeben.

### 5.3.1 Entropie und H-Wert

Betrachtet wird ein stofflich und energetisch abgeschlossenes System von $N$ Molekülen in einem Volumen $V$. Vorgänge in einem solchen System laufen freiwillig nur in einer bestimmten Richtung ab, z.B. Wärme nur in Richtung des kälteren Medium. Oder zwei Gase vermischen sich freiwillig, aber entmischen sich nicht von allein. Solche Vorgänge sind nichtumkehrbare (irreversible) Prozesse, und werden durch die Entropie $S$ beschrieben. Nach dem zweiten Hauptsatz gilt:

*In einem abgeschlossenen System können nur solche Vorgänge ablaufen, bei denen die Entropie konstant bleibt oder zunimmt.*

Thermodynamisch ist die Entropie ein Maß für die (Nicht-) Umkehrbarkeit eines thermischen Prozesses und kann jeweils durch zwei andere Zustandsgrößen ausgedrückt werden, z.B. durch

$$T \cdot dS = dE + p\,dV \geq 0.$$

Die Darstellung der Entropie für N Moleküle in Volumen V mit $p \cdot V = N\,k\,T$ und $E = N \cdot m\,e = N \cdot m\,c_v T = N\,k \cdot \frac{3}{2}\,T$ führt auf

$$dS = k\,N \cdot \left(\frac{3}{2}\frac{dT}{T} - \frac{dn}{n}\right)$$

und nach einer Integration von einem Ausgangszustand $S = S_0$ ausgehend auf

$$\Delta S = S - S_0 = k\,N \cdot \left(\frac{3}{2}\ln T - \ln n\right). \tag{5.20}$$

Die spezifische Entropie pro Masse $s = S/(mN)$ ist dann

$$s - s_0 = R \cdot \left(\frac{3}{2} \ln T - \ln n\right).$$

Um zu zeigen, dass der H-Wert mit der Entropie im Zusammenhang steht, wird dieses Moment für die Gleichgewichtverteilung $F(\boldsymbol{c})$ (4.12) ausgewertet. Der H-Wert $H$ lautet mit $f = F$:

$$H = \int\limits_{\xi} F(\boldsymbol{c}) \ln F(\boldsymbol{c}) \, d\boldsymbol{c} = \int\limits_{\xi} F(\boldsymbol{c}) \cdot \left(\ln n - \frac{3}{2} \ln\left(2\pi\,RT\right) - \frac{\boldsymbol{c}^2}{2\,RT}\right) d\boldsymbol{c}.$$

Mit den Momenten für die Dichte (3.4) und der Energie (3.13) folgt:

$$H = -n \cdot \left(\frac{3}{2} \ln T - \ln n - \frac{3}{2} \ln\left(2\pi\,R\right)\right)$$

$$= -\frac{N}{V} \cdot \left(\frac{3}{2} \ln T - \ln n + \text{const.}\right).$$

Ein Vergleich mit der Formulierung der Entropie in (5.20) zeigt, dass der H-Wert direkt mit der Entropie korreliert, jedoch mit anderem Vorzeichen.

$$H = \int\limits_{\xi} f \ln f \, d\boldsymbol{\xi} = -\frac{1}{k\,V} \cdot \Delta S. \tag{5.21}$$

Die zeitlichen Änderungen der Entropie und des H-Wertes sind dann

$$\frac{\partial \Delta S}{\partial t} = -k\,V\,\frac{\partial H}{\partial t}.$$

### 5.3.2 H-Theorem

Der zweite Hauptsatz der Thermodynamik ist ein fundamentales Gesetz. Wenn die Boltzmann-Gleichung realistische Strömungen beschreibt, muss sie dieses Gesetz erfüllen. Gaskinetisch muss nach dem zweiten Hauptsatz für ein abgeschlossenes System mit $H$ proportional zu $-\Delta S$ gelten:

$$H \leq 0 \quad \text{und} \quad \frac{\partial H}{\partial t} \leq 0.$$

Für ein abgeschlossenes, homogenes System, für das alle räumlichen Änderungen Null sind und keine äußeren Kräfte wirken, lautet die Boltzmann-Gleichung (5.10):

$$\frac{\partial f}{\partial t} = \int\limits_{\xi_1} \int\limits_{A_C} \left(f'\,f_1' - f\,f_1\right) \boldsymbol{g}\,dA_c\,d\boldsymbol{\xi}_1. \tag{5.22}$$

Die zeitliche Änderung von $H$ ergibt sich zu

$$\frac{\partial H}{\partial t} = \int\limits_{\xi} \frac{\partial f \ln f}{\partial t} d\boldsymbol{\xi} = \int\limits_{\xi} \frac{\partial f}{\partial t} (1 + \ln f) d\boldsymbol{\xi}.$$

Für die zeitliche Ableitung $\frac{\partial f}{\partial t}$ wird die Boltzmann-Gleichung (5.22) eingesetzt, so dass folgt

$$\frac{\partial H}{\partial t} = \int\limits_{\xi} \int\limits_{\xi_1} \int\limits_{A_C} (f' f_1' - f f_1)\,(1 + \ln f)\,g\,dA_c\,d\boldsymbol{\xi}_1 d\boldsymbol{\xi}. \qquad (5.23)$$

Um eine Aussage über das Vorzeichen von $\frac{\partial H}{\partial t}$ zu bekommen, wird (5.23) umgeformt. Wegen Nichtunterscheidbarkeit von primären und inversen Stößen können die Stoßpartner und die Zustände vor und nach dem Stoß ausgetauscht werden, ohne dass sich der integrale Wert ändert:

- Austausch von $\quad f \leftrightarrow f_1$ und $f' \leftrightarrow f_1'$

$$\frac{\partial H}{\partial t} = \int\limits_{\xi_1} \int\limits_{\xi} \int\limits_{A_C} (f_1' f' - f_1 f)\,(1 + \ln f_1)\,g\,dA_c\,d\boldsymbol{\xi}d\boldsymbol{\xi}_1, \qquad (5.24)$$

- Austausch von $\quad f \leftrightarrow f'$ und $f_1 \leftrightarrow f_1'$

$$\frac{\partial H}{\partial t} = \int\limits_{\xi_1'} \int\limits_{\xi'} \int\limits_{A_C} (f_1 f - f_1' f')\,(1 + \ln f_1')\,g\,dA_c\,d\boldsymbol{\xi}'d\boldsymbol{\xi}_1', \qquad (5.25)$$

- Austausch von $\quad f_1' \leftrightarrow f'$ und $f_1 \leftrightarrow f$

$$\frac{\partial H}{\partial t} = \int\limits_{\xi'} \int\limits_{\xi_1'} \int\limits_{A_C} (f f_1 - f' f_1')\,(1 + \ln f')\,g\,dA_c\,d\boldsymbol{\xi}_1'd\boldsymbol{\xi}'. \qquad (5.26)$$

Die Addition der Gleichungen (5.23) bis (5.26) und Zusammenfassung unter gemeinsamen Integralen, analog zur Herleitung von (5.8), führt auf eine Formulierung der zeitlichen Änderung von $H$, aus der die Richtung der Änderung bestimmt werden kann.

$$\frac{\partial H}{\partial t} = \frac{1}{4} \int\limits_{\xi} \int\limits_{\xi_1} \int\limits_{A_C} (f' f_1' - f f_1) \ln\left(\frac{f f_1}{f' f_1'}\right) g\,dA_c\,d\boldsymbol{\xi}_1 d\boldsymbol{\xi} \qquad (5.27)$$

Das Vorzeichen von $\frac{\partial H}{\partial t}$ wird bestimmt durch das Vorzeichen des Integranden

$$(f' f_1' - f f_1) \ln\left(\frac{f f_1}{f' f_1'}\right) \leq 0.$$

Der Integrand ist immer kleiner gleich Null, da für $f' f_1' - f f_1 < 0$ der Term $\ln(f f_1 / f' f_1') > 0$ wird und umgekehrt. Daraus folgt:

$$\frac{\partial H}{\partial t} \leq 0 \quad \text{bzw.} \quad \frac{\partial S}{\partial t} \geq 0. \qquad (5.28)$$

Der zweite Hauptsatz wird somit erfüllt, was zu beweisen war.

Einige Konsequenzen aus diesem Ergebnis sind:

- Die Boltzmann-Gleichung beschreibt die Zustandsänderungen in Übereinstimmung mit dem zweitem Hauptsatz!
- In einem homogenen System kann $H$ mit der Zeit $t$ nur abnehmen ($\Delta S$ nur zunehmen) oder konstant bleiben. Hat $H$ ein Minimum erreicht ($\Delta S$ ein Maximum), ändert es sich nicht mehr in Übereinstimmung mit dem zweiten Hauptsatz.

- Ist das Minimum von $H$ erreicht, verschwindet die Änderung der Entropie

$$\frac{\partial \Delta S}{\partial t} = -k\,V\,\frac{\partial H}{\partial t} = 0.$$

  Der Gleichgewichtszustand stellt sich dann und nur dann ein, wenn für (5.27) gilt:

$$f'\,f_1' - f\,f_1 = 0.$$

  Dies ist die exakte Bestimmungsgleichung (5.23) für die Maxwell-Verteilung $F$ im thermodynamischen Gleichgewichtszustand, siehe Abschn. 5.2.2.

- Ausgehend von einer beliebigen Nichtgleichgewichtsfunktion $f$, bedeutet dies, dass sich in einem abgeschlossenen System nach genügend langer Zeit ein thermodynamisches Gleichgewicht einstellt, welches durch die Maxwell-Verteilung $F$ beschrieben wird.

*Jede Verteilungsfunktion $f$ beliebiger Nichtgleichgewichtszustände in einem homogenen, abgeschlossenen System strebt nach genügend langer Zeit $t \to \infty$ immer gegen die Maxwell-Verteilung $F$. Die Maxwell-Verteilung ist somit notwendig und hinreichend zur Beschreibung thermodynamischen Gleichgewichtes.*

## 5.4 Makroskopische Gleichungssysteme der Boltzmann-Gleichung

Die Boltzmann-Gleichung ist, wie bereits vorn aufgeführt, eine allgemeine Bestimmungsgleichung für gasdynamische Strömungsvorgänge, da bei bekanntem $f$ alle makroskopischen Größen und Transportkoeffizienten hergeleitet werden können. Sie ist gültig für alle Strömungbereiche von freier Molekülströmung bis zur Kontinuumsströmung. Die Momente der Boltzmann-Gleichung liefern die makroskopischen Erhaltungsgleichungen für Masse, Impuls und Energie, deren Kontinuumsnäherungen bekannt sind als Euler- und Navier-Stokes-Gleichungen. Die Formulierungen der Momente der Boltzmann-Gleichung und die Herleitung der Erhaltungsgleichungen werden im Folgenden gezeigt.

### 5.4.1 Momente der Boltzmann-Gleichung

Im Abschn. 3.2 wurden bereits die Momente einer Verteilungsfunktion und ihr Zusammenhang mit den makroskopischen, physikalisch relevanten Größen diskutiert. Unter einem Moment $M(\boldsymbol{r}, t)$ versteht man eine makroskopische Größe, die sich aus dem Integral über den Geschwindigkeitsraum $d\boldsymbol{\xi}$ der Verteilungsfunktion $f(\boldsymbol{r}, \boldsymbol{\xi}, t)$, multipliziert mit einer geschwindigkeitsabhängigen Funktion $\Phi(\xi)$, ergibt.

$$M(\boldsymbol{r}, t) = \int_{\xi} \Phi(\xi) \cdot f(\boldsymbol{r}, \boldsymbol{\xi}, t)\, d\boldsymbol{\xi}.$$

Alle physikalisch relevanten Momente einer gasdynamischen Strömung sind in Tabelle 3.1 zusammengefasst worden.

Um die Momente der Boltzmann-Gleichung zu erhalten, multipliziert man diese in analoger Weise mit einer Funktion $\Phi(\xi)$ und integriert die Gleichung über den Geschwindigkeitsraum $d\boldsymbol{\xi}$. Ausgehend von der Boltzmann-Gleichung (5.11 multipliziert man diese mit $\Phi(\xi)$

$$\Phi \cdot \frac{\partial f}{\partial t} + \xi_i\, \Phi \cdot \frac{\partial f}{\partial x_i} + \frac{F_i}{m}\, \Phi \cdot \frac{\partial f}{\partial \xi_i} = \Phi \cdot \int_{\xi_1} \int_{A_C} (f'\, f_1' - f\, f_1)\, g\, dA_c\, d\boldsymbol{\xi}_1$$

und erhält nach Integration über $\boldsymbol{\xi}$, wobei die Ableitungen nach $t$ und $x_i$ vor die Integrale gezogen werden können, das System der Momentengleichungen der Boltzmann-Gleichung zu

$$\frac{\partial}{\partial t} \int \Phi f\, d\boldsymbol{\xi} + \frac{\partial}{\partial x_i} \int \Phi \xi_i\, f\, d\boldsymbol{\xi} + \frac{F_i}{m} \int \Phi \frac{\partial f}{\partial \xi_i}\, d\boldsymbol{\xi}$$
$$= \int_{\xi} \int_{\xi_1} \int_{A_C} \Phi\, (f'\, f_1' - f f_1)\, g\, dA_c\, d\boldsymbol{\xi}_1\, d\boldsymbol{\xi}. \qquad (5.29)$$

Der zweite Term $\sim \Phi \xi_i$ führt hierbei im Vergleich zum ersten Term zu einem nächst höheren Moment, welches wieder durch eine Momentengleichung für dieses Moment bestimmt werden muss usw. Das System der Momentengleichungen ist somit ein unendlich großes System, welches in sich nicht geschlossen ist.

### 5.4.2 Maxwellsche Transportgleichungen

In einer umgewandelten Form werden die Momentengleichungen (5.29) als Maxwellsche Transportgleichungen bezeichnet. Die vorher formulierten Momente der Boltzmann-Gleichung können dabei in eine Form gebracht werden, die sofort Aussagen über die Grundmomente Masse, Impuls und Energie, die sogenannten Stoßinvarianten, liefert. Gleichzeitig ist diese Form Ausgangspunkt von verschiedenen Näherungslösungen. Diese Transportgleichungen wurden von Maxwell 1866 angeben, noch vor der Formulierung der Boltzmann-Gleichung im Jahre 1872.

Ausgehend von den Momentengleichungen (5.29) wird zunächst wieder der Kollisionsterm umgeformt analog zur Vorgehensweise in Abschn. 5.3.2. Der Kollisionsterm $\mathcal{C}$ der Momentengleichung (5.29) ist:

$$\mathcal{C} = \int\limits_{\xi} \int\limits_{\xi_1} \int\limits_{A_C} \Phi \, (f'f_1' - ff_1) \, \boldsymbol{g} \, dA_c \, d\boldsymbol{\xi}_1 \, d\boldsymbol{\xi}. \tag{5.30}$$

Die Stoßpartner und die Zustände vor und nach dem Stoß werden wieder wegen Nichtunterscheidbarkeit ausgetauscht und addiert:

- Austausch von $\quad f \leftrightarrow f_1$ und $f' \leftrightarrow f_1'$

$$\mathcal{C} = \int\limits_{\xi_1} \int\limits_{\xi} \int\limits_{A_C} \Phi_1 \, (f_1'f' - f_1f) \, \boldsymbol{g} \, dA_c \, d\boldsymbol{\xi} \, d\boldsymbol{\xi}_1,$$

- Austausch von $\quad f' \leftrightarrow f$ und $f_1 \leftrightarrow f_1'$

$$\mathcal{C} = \int\limits_{\xi'} \int\limits_{\xi_1'} \int\limits_{A_C} \Phi' \, (ff_1 - f'f_1') \, \boldsymbol{g} \, dA_c \, d\boldsymbol{\xi}_1' \, d\boldsymbol{\xi},$$

- Austausch von $\quad f' \leftrightarrow f_1$ und $f \leftrightarrow f_1'$

$$\mathcal{C} = \int\limits_{\xi_1'} \int\limits_{\xi'} \int\limits_{A_C} \Phi_1' \, (f_1f - f_1'f') \, \boldsymbol{g} \, dA_c \, d\boldsymbol{\xi}' \, d\boldsymbol{\xi}_1'.$$

Die Addition dieser Varianten von $\mathcal{C}$ mit Austausch der Phasenräume entsprechend der Herleitung der Jacobi-Determinante in (4.28)

$$d\boldsymbol{\xi}' \, d\boldsymbol{\xi}_1' = d\boldsymbol{\xi} \, d\boldsymbol{\xi}_1$$

führt auf folgende Form des Kollisionstermes:

$$\mathcal{C} = \frac{1}{4} \int\limits_{\xi} \int\limits_{\xi_1} \int\limits_{A_C} (\Phi + \Phi_1 - \Phi' - \Phi_1') \, (f'f_1' - ff_1) \, \boldsymbol{g} \, dA_c \, d\boldsymbol{\xi}_1 \, d\boldsymbol{\xi}. \tag{5.31}$$

Der Kollisionsterm kann jedoch durch weiteres Vertauschen von $f$ und $f_1$ mit $f'$ und $f_1'$ weiter umgeformt werden

$$\int\limits_{\xi} \int\limits_{\xi_1} \int\limits_{A_C} (\Phi + \Phi_1 - \Phi' - \Phi_1') \, f'f_1' \, \boldsymbol{g} \, dA_c \, d\boldsymbol{\xi}_1 \, d\boldsymbol{\xi}$$

$$= \int\limits_{\xi} \int\limits_{\xi_1} \int\limits_{A_C} (\Phi' + \Phi_1' - \Phi - \Phi_1) \, ff_1 \, \boldsymbol{g} \, dA_c \, d\boldsymbol{\xi}_1 \, d\boldsymbol{\xi}.$$

Führt man diese Umformung in (5.31) ein, so erhält man die *Maxwellschen Transportgleichung* in der Form:

$$\frac{\partial}{\partial t} \int \Phi f \, d\boldsymbol{\xi} + \frac{\partial}{\partial x_i} \int \Phi \xi_i f \, d\boldsymbol{\xi}$$

$$= \frac{1}{2} \int\limits_{\xi} \int\limits_{\xi_1} \int\limits_{A_C} (\Phi' + \Phi_1' - \Phi - \Phi_1) \, f f_1 \, g \, dA_c \, d\boldsymbol{\xi}_1 \, d\boldsymbol{\xi}. \qquad (5.32)$$

Mittels der Definition der gemittelten Momente

$$\overline{\Phi} \equiv \int \Phi f \, d\boldsymbol{\xi} \qquad \overline{\Phi \xi_i} \equiv \int \Phi \xi_i f \, d\boldsymbol{\xi} \qquad\qquad (5.33)$$

kann die Maxwellsche Transportgleichung auch wie folgt geschrieben werden:

$$\frac{\partial \overline{\Phi}}{\partial t} + \frac{\partial \overline{\Phi \xi_i}}{\partial x_i} = \frac{1}{2} \int\limits_{\xi} \int\limits_{\xi_1} \int\limits_{A_C} (\Phi' + \Phi_1' - \Phi - \Phi_1) \, f f_1 \, g \, dA_c \, d\boldsymbol{\xi}_1 \, d\boldsymbol{\xi}. \qquad (5.34)$$

Einige Schlussfolgerungen zu den Momentengleichungen bzw. den Maxwellschen Transportgleichungen werden im Folgenden gegeben.

- Die Maxwellschen Transportgleichungen sind eine allgemeine Form der Boltzmann-Gleichung, sie beinhalten im Prinzip alle Nichtgleichgewichtsinformationen. Die Transportgleichungen können ohne weitere Kenntnis der molekularen Kollisionen und der Verteilungsfunktion nicht weiter vereinfacht werden.

- Für jede Funktion $\Phi(\xi)$ erhält man eine Transportgleichung des entsprechenden Momentes. Da $\Phi(\xi)$ beliebig gewählt werden kann, gibt es unendlich viele Transportgleichungen. Das System der Transportgleichungen kann jedoch nicht geschlossen werden, da in jeder Transportgleichung eines Momentes ein nächst höheres Moment auftritt, dessen Bestimmung wieder eine Transportgleichung benötigt.

- Um das System schließen zu können, müssen geeignete Annahmen höherer Momente getroffen werden. Hierfür gibt es in der Literatur einige Ansätze, wie z.B. die „Gradsche 13-Momentenmethode" von Grad [21]. Die berücksichtigten 13 Momente sind gerade die physikalisch interpretierbaren Momente der Verteilungsfunktion, siehe Abschn. 3.2.10.
  Ein weiterer Ansatz ist der Momentenansatz von Mott-Smith [31], der in Abschn. 7.3.5 näher erläutert wird.
  Eine systematische Analyse des Schließungsproblemes führt auf die sogenannte „erweiterte Thermodynamik", z.B. in [32], die auf neue Erkenntnisse zum Schließungsproblem führt.
  Eine andere Möglichkeit, das Problem zu schließen, erlaubt die Chapman-Enskog-Entwicklung im Abschn. 7.1 unter der Annahme kleiner Abweichungen vom thermodynamischen Gleichgewicht.

- Physikalisch interpretierbare Momentengleichungen sind zunächst nur die Momente der Stoßinvarianten, d.h. für die Masse $\Phi_1 = m$, Impuls $\Phi_2 = m\xi_i$ und der Energie $\Phi_3 = m/2\,\xi^2$, für die der Kollisionsterm verschwindet. Die

Invarianten führen auf die vollständigen Erhaltungsgleichungen für Masse, Impuls und Energie eines kompressiblen Fluides. Diese gelten für jeden Bereich von Knudsen-Zahlen, jedoch noch *ohne* Aussagen über die molekularen Transportvorgänge von Reibung, Wärmeleitung oder Diffusion.

### 5.4.3 Erhaltungsgleichungen eines Fluides

Die Erhaltungsgleichungen für Masse, Impuls und Energie eines kompressiblen Fluides folgen direkt aus der Maxwellschen Transportgleichung für die Grundmomente der Stoßinvarianten $\Phi_s$ eines elastischen Stoßes. Diese sind mit $s = 1, 2, 3$:

- Masse:       $\Phi_1 = m,$
- Impuls:      $\Phi_2 = m\,\boldsymbol{\xi},$
- Masse:       $\Phi_3 = \frac{m}{2}\,\boldsymbol{\xi}^2.$

Bei einem elastischen Molekülstoß bleiben diesen Größen vor und nach dem Stoß erhalten, so dass gilt:

$$\Phi'_s + \Phi'_{s1} - \Phi_s - \Phi_{s1} = 0 \qquad s = 1, 2, 3.$$

Aus der Maxwellschen Transportgleichung (5.32) folgt sofort, dass für die Stoßinvarianten das Kollisionsintegral verschwindet. Die Maxwellsche Transportgleichung reduziert sich damit zu

$$\frac{\partial}{\partial t} \int \Phi_s\, f\, d\boldsymbol{\xi} + \frac{\partial}{\partial x_i} \int \Phi_s \xi_i\, f\, d\boldsymbol{\xi} = 0. \tag{5.35}$$

Im Folgenden werden die Erhaltungsgleichungen mittels der in Tabelle 3.1 angegebenen Momente einer Verteilungsfunktion hergeleitet. Hierbei wird, wie vorher, die Tensornotation mit $i = 1, 2, 3$ entsprechend $x, y, z$ genutzt. Dabei führen doppelt auftretende Indizes zur Summenbildung.

**Massenerhaltung.** Die Transportgleichung für $\Phi_1 = m$

$$\frac{\partial}{\partial t} \int m\, f\, d\boldsymbol{\xi} + \frac{\partial}{\partial x_i} \int m\,\xi_i\, f\, d\boldsymbol{\xi} = 0$$

führt auf die Massenerhaltungs- oder Kontinuitätsgleichung

$$\frac{\partial \varrho}{\partial t} + \frac{\partial}{\partial x_i}\left(\varrho\, v_i\right) = 0. \tag{5.36}$$

**Impulserhaltung.** Die Transportgleichung für $\Phi_2 = m\xi_j$

$$\frac{\partial}{\partial t} \int m\xi_j\, f\, d\boldsymbol{\xi} + \frac{\partial}{\partial x_i} \int m\xi_j\xi_i\, f\, d\boldsymbol{\xi} = 0$$

führt auf die Impulserhaltungsgleichungen

$$\frac{\partial}{\partial t}\left(\varrho\, v_j\right) + \frac{\partial}{\partial x_i}\left(\varrho\, v_i\, v_j + p_{ij}\right) = 0.$$

Im Allgemeinen wird der Spannungstensor $p_{ij}$ aufgespalten in einen Druck- und Reibungsspannungstensor $p_{ij} = p\,\delta_{ij} - \sigma_{ij}$. Die Impulserhaltungsgleichungen lauten dann

$$\frac{\partial}{\partial t}\left(\varrho\, v_j\right) + \frac{\partial}{\partial x_i}\left(\varrho\, v_i\, v_j + p\,\delta_{ij} - \sigma_{ij}\right) = 0 \tag{5.37}$$

Beispielhaft sei die Impulsgleichung in „1" (x-)Richtung angegeben:

$$\frac{\partial}{\partial t}\left(\varrho\, v_1\right) + \frac{\partial}{\partial x_1}\left(\varrho\, v_1\, v_1 + p - \sigma_{11}\right) + \frac{\partial}{\partial x_2}\left(\varrho\, v_2\, v_1 - \sigma_{21}\right)$$
$$+ \frac{\partial}{\partial x_3}\left(\varrho\, v_3\, v_1 - \sigma_{31}\right) = 0.$$

**Energieerhaltung.** Die Transportgleichung für $\Phi_3 = \frac{m}{2}|\xi|^2$

$$\frac{\partial}{\partial t}\int \frac{m}{2}|\xi|^2 f\, d\boldsymbol{\xi} + \frac{\partial}{\partial x_i}\int \frac{m}{2}|\xi|^2 \xi_i\, f\, d\boldsymbol{\xi} = 0$$

führt auf die Energieerhaltungsgleichung

$$\frac{\partial}{\partial t}\left(\varrho(e + v^2/2)\right) + \frac{\partial}{\partial x_i}\left(\varrho\, v_i\,(e + v^2/2) + v_i\, p - v_j\,\sigma_{ij} - q_i\right) = 0. \tag{5.38}$$

Ausgeschrieben mit $E = e + v^2/2$ lautet die Energieerhaltungsgleichung

$$\frac{\partial}{\partial t}\left(\varrho\, E\right) + \frac{\partial}{\partial x_1}\left(\varrho v_1\, E + v_1\, p - v_1\,\sigma_{11} - v_2\,\sigma_{12} - v_3\,\sigma_{13}\right)$$
$$+ \frac{\partial}{\partial x_2}\left(\varrho v_2\, E + v_2\, p - v_1\sigma_{21} - v_2\sigma_{22} - v_3\sigma_{23}\right)$$
$$+ \frac{\partial}{\partial x_3}\left(\varrho v_3\, E + v_3\, p - v_1\sigma_{31} - v_2\sigma_{32} - v_3\sigma_{33}\right) = 0.$$

Die makroskopischen Erhaltungsgleichungen für Masse, Impuls und Energie lauten somit zusammengefasst:

$$\frac{\partial\varrho}{\partial t} + \frac{\partial}{\partial x_i}\left(\varrho\, v_i\right) = 0$$

$$\frac{\partial}{\partial t}\left(\varrho\, v_j\right) + \frac{\partial}{\partial x_i}\left(\varrho\, v_i\, v_j + p\delta_{ij}\right) = \frac{\partial}{\partial x_i}\sigma_{ij}$$

$$\frac{\partial}{\partial t}\left(\varrho\, E\right) + \frac{\partial}{\partial x_i}\left(\varrho\, v_i\, E + v_i\, p\right) = \frac{\partial}{\partial x_i}\left(v_j\,\sigma_{ij} + q_i\right). \tag{5.39}$$

Die Erhaltungsgleichungen für Masse, Impuls und Energie können somit für die Grundmomente der Stoßinvarianten hergeleitet werden, da hierbei die Stoßintegrale verschwinden.

*Diese Erhaltungsgleichungen in Form von (5.39) gelten für beliebige Strömungszustände, also auch für verdünnte Gasströmungen, da bei der Herleitung keine einschränkenden Annahmen getroffen wurden.*

Die Lösung des Systems erfordert jedoch noch Aussagen über die Transportgrößen $\sigma_{ij}$ und $q_i$, die aus diesen Momenten nicht erhalten werden können. Im Kontinuumsbereich der klassischen Strömungsmechanik erfolgt die Schließung für die Transportgrößen durch empirische Ansätze, die experimentell bestätigt sind. Dazu gehören der Newtonsche Schubspannungsansatz und der Fouriersche Wärmeleitungsansatz. Die Boltzmann-Gleichung schließt diese zusätzlichen Informationen mit ein. Für den Kontinuumsbereich werden diese Ansätze mittels Chapman-Enskog-Entwicklungen aus der Boltzmann-Gleichung und dem BGK-Modell in Kap 7.2 und Kap 7.1 hergeleitet.

### 5.4.4 Euler-Gleichungen

Unter Euler-Gleichungen wird das System aus Erhaltungsgleichungen für Masse, Impuls und Energie einer reibungsfreien und wärmeleitungsfreien Strömung verstanden. Eine solche Strömung führt auf ein *geschlossenes* System von Erhaltungsgleichungen unter der *Annahme lokalen, thermodynamischen Gleichgewichts*. Die Annahme ist zulässig, wenn die makroskopischen Änderungen von Ort zu Ort so schwach sind, so dass in jedem Punkt nahezu Gleichgewicht herrscht. Die mittlere freie Weglänge $l_f$ muss sehr viel kleiner sein als die Länge $L$ über der sich die Strömung ändert, d.h. die Knudsen-Zahl geht gegen Null entsprechend den Ausführungen im Abschn. 5.2.2. Diese Annahme ist im Allgemeinen erfüllt in stetigen, reibungsfreien Strömungen eines Kontinuums, aber z.B nicht in dem Übergangsbereich (Stoßstruktur) eines Verdichtungsstoßes wie in Abschn. 7.3 gezeigt.

Die Annahme lokalen Gleichgewichts fordert, dass lokal an jedem Ort $r$ und zu jeder Zeit $t$ eine Maxwell-Verteilung $F(\boldsymbol{\xi}, r, t)$ gilt:

$$F(\boldsymbol{\xi}, r, t) = \frac{n(r,t)}{(2\pi RT(r,t))^{3/2}} \exp\left(-\frac{(\xi_i - v_i)^2}{2RT(r,t)}\right). \tag{5.40}$$

Die Verteilung kann sich infolge der räumlichen und zeitlichen Abhängigkeit makroskopischer Größen $n(r,t)$, $v(r,t)$ und $T(r,t)$ ändern.

Das System der Euler-Gleichungen wird aus den Maxwellschen Transportgleichungen (5.32) hergeleitet. Für die Stoßinvarianten für Masse, Impuls und Energie verschwindet wieder der Kollisionsterm wie in (5.35). Die allgemeine Verteilungsfunktion $f$ wird jetzt durch die lokale Maxwell-Verteilung (5.40) ersetzt.

$$\frac{\partial}{\partial t} \int \Phi F \, d\boldsymbol{\xi} + \frac{\partial}{\partial x_i} \int \Phi \xi_i F \, d\boldsymbol{\xi} + \frac{F_i}{m} \int \Phi \frac{\partial F}{\partial \xi_i} \, d\boldsymbol{\xi} = 0.$$

Die Herleitung aus den Maxwellschen Transportgleichungen erfolgt analog zu der Herleitung allgemeiner Erhaltungsgleichungen in Abschn. 5.4.3. Für eine Maxwell-Verteilung werden die Reibungsspannungen $\sigma_{ij}$ und der Wärmestrom $q_i$ exakt Null, wie in (4.3) gezeigt, so dass hierfür keine weiteren Schließungsannahmen notwendig sind.

In dem folgenden System von Euler-Gleichungen sind auch die Anteile aus äußeren Kräften $F_i$ mit angegeben. Diese Anteile können explizit angegeben werden, da bei bekannter Verteilungsfunktion die Ableitungen $\frac{\partial F}{\partial \xi_i}$ berechnet werden können. Für den Kraftanteil in den Transportgleichungen ergibt sich:

$$\frac{F_i}{m} \int \Phi \frac{\partial F}{\partial \xi_i} \, d\boldsymbol{\xi} = -\frac{F_i}{m} \int \Phi \frac{\xi_i}{RT} \cdot F \, d\boldsymbol{\xi}.$$

Das System der Euler-Gleichungen, welches die Erhaltung von Masse, Impuls und Energie in einer reibungsfreien und wärmeleitungsfreien Strömung beschreibt, lautet zusammengefasst mit der Definition der Gesamtenergie $E = e + v^2/2$

$$\frac{\partial \varrho}{\partial t} + \frac{\partial}{\partial x_i} \left( \varrho \, v_i \right) = 0,$$

$$\frac{\partial}{\partial t} \left( \varrho \, v_j \right) + \frac{\partial}{\partial x_i} \left( \varrho \, v_i \, v_j + p \, \delta_{ij} \right) - \varrho \, \frac{F_j}{m} = 0,$$

$$\frac{\partial \varrho E}{\partial t} + \frac{\partial}{\partial x_i} \left( \varrho \, v_i \, E + v_i \, p \right) - \varrho \, \frac{F_i}{m} \, v_i = 0. \tag{5.41}$$

Das System ist geschlossen lösbar, wenn zusätzlich die thermischen und kalorischen Zustandsgleichungen gegeben sind, d.h.

$$p = \varrho \, R \, T \quad \text{und} \quad e = c_v \, T.$$

**Konservative oder Divergenzform der Euler-Gleichungen.** Die Form der Euler-Gleichungen (5.41), als auch die der allgemeinen Erhaltungsgleichungen (5.39), wird als *konservative oder Divergenzform* bezeichnet, da die abhängigen Variablen die Erhaltungsgrößen $\varrho$, $\varrho v_i$ und $\varrho E$ pro Volumen sind. Für die Euler-Gleichungen kann die konservative Form zusammengefasst werden zu:

$$\frac{\partial}{\partial t} \begin{pmatrix} \varrho \\ \varrho v_j \\ \varrho E \end{pmatrix} + \frac{\partial}{\partial x_i} \begin{pmatrix} \varrho v_i \\ \varrho v_i v_j + p \, \delta_{ij} \\ \varrho v_i E + v_i p \end{pmatrix} = \begin{pmatrix} 0 \\ \varrho \dfrac{F_j}{m} \\ \varrho v_i \dfrac{F_i}{m} \end{pmatrix}$$

$$\frac{\partial \boldsymbol{U}}{\partial t} \qquad + \qquad \frac{\partial \boldsymbol{H}}{\partial x_i} \qquad = \boldsymbol{Q} \tag{5.42}$$

mit

$$\boldsymbol{U} = \begin{pmatrix} \varrho \\ \varrho v_i \\ \varrho E \end{pmatrix} \qquad \boldsymbol{H} = \begin{pmatrix} \varrho v_i \\ \varrho v_i v_j + p \, \delta_{ij} \\ \varrho v_i E + v_i p \end{pmatrix} \qquad \boldsymbol{Q} = \begin{pmatrix} 0 \\ \varrho \dfrac{F_j}{m} \\ \varrho v_i \dfrac{F_i}{m} \end{pmatrix}.$$

**Nichtkonservative Formen der Euler-Gleichungen.** Sogenannte *nicht-konservative Formen* erhält man, wenn an Stelle der Erhaltungsgrößen $\varrho$, $\varrho v_i$ und $\varrho E$ andere, abgeleitete Variablen einführt. Eine übliche Schreibweise nichtkonservativer Gleichungen nutzt die *substantielle Ableitung* $\frac{d}{dt}$

$$\frac{d}{dt} = \frac{\partial}{\partial t} + v_i \frac{\partial}{\partial x_i}. \tag{5.43}$$

Mit der substantiellen Ableitung $\frac{d}{dt}$ und Kombinationen der einzelnen Gleichungen können die Euler-Gleichungen (5.41) wie folgt geschrieben werden:

$$\frac{d\varrho}{dt} + \varrho \frac{\partial v_i}{\partial x_i} = 0,$$

$$\varrho \frac{dv_j}{dt} + \frac{\partial p}{\partial x_j} = \varrho \frac{F_j}{m},$$

$$\varrho \frac{de}{dt} + p \frac{\partial v_j}{\partial x_j} = 0. \tag{5.44}$$

Die Energiegleichung kann mittels Enthalpie $dh = de + d(p/\varrho)$ weiter umgeformt werden in

$$\varrho \frac{dh}{dt} - \frac{dp}{dt} = 0. \tag{5.45}$$

Mit Einführung der spezifischen Entropie $s$ und der Definition

$$T\,ds = dh - \frac{1}{\varrho}\,dp$$

ergibt sich aus der Energiegleichung (5.45) die Transportgleichung für die Entropie in einer reibungsfreien und wärmeleitungsfreien Strömung:

$$\frac{ds}{dt} = 0. \tag{5.46}$$

Daraus folgt, dass die Entropie längs der Bahn eines Fluidteilchens konstant bleibt. Diese Beziehung gilt jedoch nicht für eine Strömung mit eingeschlossener Diskontinuität, wie z.B. bei einer Strömung durch einen Verdichtungsstoß. Zur Berechnung der Strömung mit eingebetteter Diskontinuität *muss* die konservative Form verwendet werden. Aus dieser erhält man bei einem Verdichtungsstoß, wie erwartet, einen Entropieanstieg, siehe auch Abschn. 7.3.

## 5.5 BGK-Modell der Boltzmann-Gleichung

Unter dem BGK-Modell, auch Krook-Modell genannt, versteht man die Boltzmann-Gleichung (5.10) mit einem modifizierten Kollisionsterm nach **Bhatnagar**, **Gross** und **Krook**, [2]. In diesem Modellansatz wird das komplexe Kollisionsintegral durch einen mathematisch wesentlich einfacheren Ansatz ersetzt, der die Relaxation einer Verteilungsfunktion zur Maxwell-Verteilung hin beschreibt.

Dieses Modell erfüllt trotz der Vereinfachungen wesentliche Eigenschaften der Boltzmann-Gleichung. Es erfüllt die Entropiebedingung des zweiten Hauptsatzes (H-Theorem) und die Momente des BGK-Modelles führen auf die allgemeinen Erhaltungsgleichungen (5.39).

Die Chapman-Enskog-Entwicklung des BGK-Modelles in Abschn. 7.1 führt, wie die der Boltzmann-Gleichung selbst, zu den Schließungsansätzen der Kontinuumstheorie mit der bekannten Hierarchie von resultierenden Strömungsgleichungen aus Euler-Gleichungen, Navier-Stokes-Gleichungen und Burnett-Gleichungen.

Desweiteren ist das BGK-Modell Ausgangsform für ein effizientes, numerisches Simulationsverfahren für Fluidströmungen, die so genannte Lattice-Boltzmann-Methode. Diese wird in Kap. 9 beschrieben.

### 5.5.1 Eigenschaften des BGK-Modells

Die Boltzmann-Gleichung mit dem BGK-Kollisionsansatz lautet:

$$\frac{\partial f}{\partial t} + \xi_i \frac{\partial f}{\partial x_i} + \frac{F_i}{m} \frac{\partial f}{\partial \xi_i} = \omega\,(F - f) \tag{5.47}$$

oder mit der substantiellen Ableitung für den Transportterm:

$$\frac{D f}{D t} = \omega\,(F - f).$$

Hierbei ist $f$ eine beliebige Nichtgleichgewichtsverteilung, $F = F(\varrho, \boldsymbol{v}, T)$ ist eine lokale Maxwell-Verteilung und $\omega$ ist die molekulare Kollisionsfrequenz, abhängig von der Dichte und der Temperatur.

Motivation für die Wahl des Stoßtermes ist die Aussage des H-Theorems (Entropie), die besagt, dass in einem homogenen System jede Verteilungsfunktion nach genügend langer Zeit gegen die Maxwell-Verteilung strebt. Der Kollisionsterm $\omega\,(F-f)$ des BGK-Modelles beschreibt somit Relaxation einer beliebigen Nichtgleichgewichtsverteilung gegen eine Maxwell-Verteilung. Dies wird deutlich an einer homogenen Form des BGK-Modelles ohne räumliche Ableitungen:

$$\frac{\partial f}{\partial t} = \omega\,(F - f). \tag{5.48}$$

Für einen einmal erreichten stationären Zustand mit $\frac{\partial f}{\partial t} = 0$ folgt sofort, dass die Nichtgleichgewichtsfunktion $f$ in die Maxwell-Verteilung $F$ übergeht.

Für zeitabhängige Lösungen mit einer Anfangsbedingung $f(t = 0) = f_0$ folgt aus der Integration des homogenen BGK-Modelles (5.48), dass die Nichtgleichgewichtsfunktion $f$ exponentiell zur Maxwell-Verteilung $F$ relaxiert, da

$$f - F = (f_0 - F)\,\exp\,(-\omega \cdot t) = (f_0 - F)\,\exp\,(-\frac{t}{\tau}).$$

Die Zeitskala $\tau$, in der sich die Relaxation vollzieht, ist durch die Kollisionsfrequenz $\omega = 1/\tau$ gegeben.

**Die Momente des BGK-Modelles** führen auf die Erhaltungsgleichungen eines kompressiblen Fluides, wie sie auch für die Boltzmann-Gleichung in Abschn. 5.4.3 hergeleitet worden. Die entsprechende Momentengleichung des BGK-Modelles, analog zu (5.29), führt auf

$$\frac{\partial}{\partial t} \int \Phi f \, d\boldsymbol{\xi} + \frac{\partial}{\partial x_i} \int \Phi \xi_i \, f \, d\boldsymbol{\xi} + \frac{F_i}{m} \int \Phi \frac{\partial f}{\partial \xi_i} \, d\boldsymbol{\xi}$$
$$= \omega \left( \int \Phi F \, d\boldsymbol{\xi} - \int \Phi f \, d\boldsymbol{\xi} \right). \qquad (5.49)$$

Für die Stoßinvarianten $\Phi_s = m, m\boldsymbol{\xi}, \frac{m}{2}|\xi|^2$ verschwindet die rechte Seite wieder, da für diese gilt:

$$\int_\xi \Phi_s \, f \, d\boldsymbol{\xi} = \int_\xi \Phi_s \, F \, d\boldsymbol{\xi}.$$

Diese Momente führen jeweils auf die Dichte $\varrho$, den Impuls $\varrho v$ und auf die Energie $\varrho e$ pro Volumen. Die resultierenden Erhaltungsgleichungen entsprechen den mittels Boltzmann-Gleichung hergeleiteten Erhaltungsgleichungen für Masse (5.36), für Impuls (5.37) und für Energie (5.38).

Die noch unbekannten Transportterme $p_{ij}$ und $q_i$ in diesen Gleichungen können für kleine Abweichungen vom Gleichgewicht mittels Chapman-Enskog-Entwicklungen aus dem BGK-Modell in Abschn. 7.1 ermittelt werden. Daraus erhält man z.B. die Navier-Stokes-Gleichungen mit dem Newtonschen Spannungsansatz und dem Fourierschen Wärmeleitungsgesetz. Es ist jedoch anzumerken, dass die mit dem BGK-Modell abgeleiteten Transportgrößen, wie Viskosität $\eta$ und Wärmeleitfähigkeit $\lambda$, denen eines Starrkugelmodelles der Moleküle entsprechen, während die Chapman-Enskog-Entwicklungen auf die Boltzmann-Gleichung in Abschn. 7.2 angewendet, zu realistischeren Werten in Abhängigkeit vom Molekülmodell führen.

Nähert sich die Nichtgleichgewichtsverteilung $f$ der Maxwell-Verteilung, d.h. $f \to F$, dann verschwindet der Kollisionsterm in (5.47) und aus (5.49) folgen wie bei der Boltzmann-Gleichung die Euler-Gleichungen als Momente der Stoßinvarianten.


### 5.5.2 H-Theorem für das BGK-Modell

Das H-Theorem (5.21) zur Überprüfung der Entropiebedingung des zweiten Hauptsatzes fordert:

$$H = \int_\xi f \ln f \, d\boldsymbol{\xi} = -\frac{1}{kV} \cdot \Delta S \leq 0$$

mit dem H-Wert in (5.19) definiert. Der Nachweis für das BGK-Modell wird analog zu Abschn. 5.3.2 für ein geschlossenes System gezeigt, welches durch das homogene Modell (5.48) beschrieben wird. In die Beziehung für die zeitliche Änderung von $H$

$$\frac{\partial H}{\partial t} = \int\limits_{\xi} \frac{\partial f \ln f}{\partial t} d\boldsymbol{\xi} = \int\limits_{\xi} \frac{\partial f}{\partial t} \cdot (1 + \ln f) d\boldsymbol{\xi}$$

wird die Zeitableitung $\frac{\partial f}{\partial t}$ der Verteilungsfunktion durch das homogene BGK-Modell (5.48) ersetzt. Dies ergibt

$$\frac{\partial H}{\partial t} = \omega \int\limits_{\xi} (F - f)\,(1 + \ln f) d\boldsymbol{\xi} = \omega \int\limits_{\xi} (F - f)\, d\boldsymbol{\xi} + \omega \int\limits_{\xi} (F - f) \ln f\, d\boldsymbol{\xi}. \quad (5.50)$$

In dieser Gleichung verschwindet das Integral

$$\int\limits_{\xi} (F - f)\, d\boldsymbol{\xi} = \int\limits_{\xi} F\, d\boldsymbol{\xi} - \int\limits_{\xi} f\, d\boldsymbol{\xi} = n - n = 0.$$

Zur weiteren Umformung addiert man das folgende Integral

$$I = \int (F - f)\, \ln F\, d\boldsymbol{\xi} = \int (F - f)\, (\ln A - \frac{c^2}{2RT})\, d\boldsymbol{\xi} = 0.$$

Dieses wird Null für die Momente der Maxwell-Verteilung für die Dichte (3.4) und für die Energie (3.13). Damit erhält man die endgültige Form zur Überprüfung der Entropiebedingung:

$$\frac{\partial H}{\partial t} = \omega \int\limits_{\xi} (F - f)\,(\ln f - \ln F) d\boldsymbol{\xi} = \omega \int\limits_{\xi} (F - f) \ln\left(\frac{f}{F}\right) d\boldsymbol{\xi} \leq 0.$$

Wie zu ersehen ist, ist der Integrand immer kleiner gleich Null, da für $F - f$ größer Null der Term $\ln(f/F)$ kleiner Null wird und umgekehrt. Daraus folgt, dass das BGK-Modell das H-Theorem und damit den zweiten Hauptsatz analog zum Nachweis für die Boltzmann-Gleichung in Abschn. 5.3.2 erfüllt. Für das BGK-Modell gilt somit auch

$$\frac{\partial H}{\partial t} \leq 0 \quad \text{bzw.} \quad \frac{\partial S}{\partial t} \geq 0.$$

# 6. Boltzmann-Gleichung für Gasgemische

In diesem Abschnitt werden einige Aspekte der Boltzmann-Gleichung für
Gemische von Gasen diskutiert. Hierbei wird auf Entwicklungen des vorangegangenen Kapitels 5 zur Boltzmann-Gleichung homogener Gase zurückge-
griffen. Desweiteren werden einige Grundgesetze für Gemische benötigt, die
in Abschn. 2.1.3 aufgeführt wurden.

Nachfolgend auftretende Integrale ohne Angabe der Grenzen bedeuten,
wie auch in früheren Kapiteln angegeben, eine Integration von $-\infty$ bis $\infty$
über alle Geschwindigkeitskomponenten.

## 6.1 Definitionen für Gemische

Angenommen wird ein Gasgemisch bestehend aus unterschiedlichen chemischen Spezies. Die einzelnen Spezies werden mit dem Index $s = 1, 2, \cdots S$
bezeichnet, wobei $S$ die Gesamtzahl $S$ der unterschiedlichen Spezies ist. Die
Spezies sind gekennzeichnet durch ihre Teilchendichte $n_s$, ihre Masse $m_s$, den
Partialdruck $p_s$. Im Nichtgleichgewicht besitzen sie eine eigene Temperatur $T_s$
und eine eigene Geschwindigkeit $v_s$. Jeder Sorte wird eine eigene Geschwindigkeitsverteilungsfunktion $f_s(\boldsymbol{r}, t, \boldsymbol{\xi})$ zugeordnet. Die Gemischgrößen werden
ohne speziellen Index gekennzeichnet.

Die Moleküle haben, wie auch in den vorangegangen Abschnitten angenommen, nur translatorische Energie (was jedoch die Gültigkeit der Resultate
nur wenig einschränkt).

**Die Partialdichten** $n_s$, bzw. $\varrho_s$ der Spezies sind entsprechend der Definition einer Verteilungsfunktion:

$$n_s = \int f_s \, d\boldsymbol{\xi} \tag{6.1}$$

und

$$\varrho_s = m_s \int f_s \, d\boldsymbol{\xi}. \tag{6.2}$$

**Die Dichten des Gemisches** ergeben sich, wie in Abschn. 2.1.3 bereits aufgeführt, aus der Summe der Partialdichten:

$$n = \sum_s n_s = \sum_s \int f_s \, d\boldsymbol{\xi} \tag{6.3}$$

und

$$\varrho = \sum_s \varrho_s = \sum_s m_s \int f_s \, d\boldsymbol{\xi}. \tag{6.4}$$

Die Beziehung (6.3) im Gegensatz zu (6.4), gilt nicht für chemisch reagierende Gemische.

**Eine mittlere Strömungsgeschwindigkeit $v_s$ der Spezies** wird im Gegensatz zur vereinfachten Betrachtung im Abschn. 2.1.3 für allgemeines Nichtgleichgewicht zugelassen. Die Strömungsgeschwindigkeit ergibt sich aus dem Massenfluss der Spezies $s$ zu:

$$\varrho_s \, v_s = m_s \int \boldsymbol{\xi} f_s \, d\boldsymbol{\xi}. \tag{6.5}$$

**Die massengemittelte Geschwindigkeit $v$** eines Gemisches folgt nach (2.18) aus dem Massenfluss des Gemisches

$$\varrho \, v = \sum_s \varrho_s \, v_s = \sum_s m_s \int \boldsymbol{\xi} f_s \, d\boldsymbol{\xi}. \tag{6.6}$$

**Die thermische Molekülgeschwindigkeit $c$,** wird für die Spezies und für das Gemisch einheitlich definiert. Zur nachfolgenden Definition der Gemischgrößen als Summe der Speziesgrößen wird die thermische Molekülgeschwindigkeit $c$ mit der massengemittelte Geschwindigkeit $v$ gebildet. Für die thermischen Molekülgeschwindigkeit $c$ gilt jetzt per Definition:

$$c \equiv \boldsymbol{\xi} - v. \tag{6.7}$$

Eine erste Konsequenz aus dieser Definition von $c$ ist, dass die über die Relativgeschwindigkeit $c$ gemittelte Verteilungsfunktion $f_s$ nicht mehr verschwindet, wie es in homogenen Gasen (3.11) der Fall ist, sondern einen endlichen Wert gibt. Es ist dann

$$\int c f_s \, d\boldsymbol{\xi} = \int (\boldsymbol{\xi} - v) \, f_s \, d\boldsymbol{\xi} = n_s \, (v_s - v).$$

**Die Diffusionsgeschwindigkeit $v_{D,s}$** ist die Differenzgeschwindigkeit einer Spezies $s$ zur massengemittelten Gemischgeschwindigkeit $v$. Die Diffusionsgeschwindigkeit ist somit definiert zu

$$v_{D,s} \equiv v_s - v. \tag{6.8}$$

**Der Diffusionsstrom $j_s$** der Spezies $s$ ist das Produkt aus Partialdichte $\varrho_s$ und der Diffusionsgeschwindigkeit $v_{D,s}$:

$$j_s = \varrho_s \, (v - v_s) = -\varrho_s \, v_{D,s}. \tag{6.9}$$

Der Diffusionsstrom $j_s$ ist der Massenstrom der Spezies $s$ relativ zum Gemischstrom $\varrho v$. Die Summe der Diffusionsströme $\sum_s j_s$ über alle Spezies muss verschwinden, da die Summe über $\varrho_s v_s$ gerade wieder auf die Definition (6.6) der massengemittelten Geschwindigkeit führt. Es gilt somit

$$\sum_s j_s = 0.$$

**Makroskopische Momente** einer Verteilungsfunktion erhält man durch Multiplikation mit einer Funktion $\Phi(\xi)$ und Integration über den Geschwindigkeitsraum $d\xi$, analog zum Abschn. 3.2.10. Für Momente der Spezies gilt

$$\bar{\Phi}_s \equiv \int \Phi f_s \, d\xi \tag{6.10}$$

und entsprechend für die Gemischgrößen

$$\bar{\Phi} \equiv \sum_s \int \Phi f_s \, d\xi = \sum_s \bar{\Phi}_s. \tag{6.11}$$

**Die Momente eines Gemisches** für Energie, bzw. Temperatur, Druck, Spannungen und Wärmestrom sind damit analog zu den Vereinbarungen in Tabelle (3.1) wie folgt definiert:

$$\frac{3}{2} nkT \equiv \sum_s \frac{3}{2} n_s k T_s = \sum_s \frac{m_s}{2} \int c^2 f_s \, d\xi = \sum_s \frac{m_s}{2} (\overline{c^2})_s = \varrho\, e,$$

$$p \equiv \sum_s p_s = \sum_s \frac{m_s}{3} \int c^2 f_s \, d\xi = \sum_s \frac{m_s}{3} (\overline{c^2})_s = nkT,$$

$$p_{i,j} \equiv \sum_s (p_{i,j})_s = \sum_s m_s \int c_i c_j f_s \, d\xi = \sum_s m_s (\overline{c_i c_j})_s,$$

$$\sigma_{i,j} = -(p_{i,j} - p\,\delta_{i,j}) \equiv \sum_s (\sigma_{i,j})_s = -\sum_s \left( m_s (\overline{c_i c_j})_s - p\,\delta_{i,j} \right),$$

$$q_i \equiv \sum_s (q_i)_s = -\sum_s \frac{m_s}{2} \int c_i\, c^2 f_s \, d\xi = -\sum_s \frac{m_s}{2} (\overline{c_i c^2})_s. \tag{6.12}$$

Die erste Gleichung kann als allgemeinere Definition der Temperatur in einem Gemisch betrachtet werden. Im Gegensatz zu der Annahme von Gleichgewicht in Abschn. 2.1.3, wo jede Spezies die gleiche Temperatur hat, können hier die Spezies unterschiedliche Temperaturen $T_s$ besitzen.

**Der Momente einer Spezies $s$** werden entsprechend der Vereinbarungen in (6.12) formuliert. Diese sind:

$$\varrho_s\, e_s \equiv \frac{m_s}{2} \int c^2 f_s\, d\boldsymbol{\xi} = \frac{m_s}{2}\, (\overline{c^2})_s,$$

$$p_s \equiv \frac{m_s}{3} \int c^2 f_s\, d\boldsymbol{\xi} = \frac{m_s}{3}\, (\overline{c^2})_s,$$

$$(p_{i,j})_s \equiv m_s \int c_i c_j f_s\, d\boldsymbol{\xi} = m_s\, (\overline{c_i c_j})_s,$$

$$(\sigma_{i,j})_s \equiv p_s\, \delta_{i,j} - m_s \int c_i c_j f_s\, d\boldsymbol{\xi} = -\left( m_s\, (\overline{c_i c_j})_s - p\, \delta_{i,j} \right),$$

$$(q_i)_s \equiv -\frac{m_s}{2} \int c_i\, c^2 f_s\, d\boldsymbol{\xi} = -\frac{m_s}{2}\, (\overline{c_i c^2})_s. \tag{6.13}$$

Es gilt dabei zu beachten, dass die thermische Geschwindigkeit nach Definition (6.7) mit der massengemittelten Geschwindigkeit $\boldsymbol{v}$ gebildet wird, wodurch in den Momenten der Spezies Anteile in Abhängigkeit von der Diffusionsgeschwindigkeit (6.8) auftreten. Dadurch ergibt sich zum Beispiel für den Impulstensor:

$$m_s \int \xi_i \xi_j f_s\, d\boldsymbol{\xi} = \int (c_i + v_i)(c_j + v_j) f_s\, d\boldsymbol{\xi}$$

$$= m_s \int (c_i c_j + v_j c_i + v_i c_j + v_i v_j) f_s\, d\boldsymbol{\xi}$$

$$= (p_{ij})_s + \varrho_s (v_{D,i})_s\, v_j + \varrho_s (v_{D,j})_s\, v_i + \varrho_s v_i\, v_j$$

$$\equiv (p_{ij})_s + \varrho_s (\overline{v_i v_j})_s. \tag{6.14}$$

Die Abkürzung $(\overline{v_i v_j})_s$ wurde gewählt, um eine Formulierung für die Spezies entsprechend der eines homogenen Gases, bzw. eines Gemisches zu bekommen. In gleicher Weise werden die Momente für die Gesamtenergie und dem Energiefluss einer Spezies definiert:

$$\frac{m_s}{2} \int \xi^2 f_s\, d\boldsymbol{\xi} \equiv \varrho_s\, e_s + \frac{\varrho_s}{2}\, (\overline{v^2})_s,$$

$$\frac{m_s}{2} \int \xi_i\, \xi^2 f_s\, d\boldsymbol{\xi} \equiv \varrho_s v_i\, e_s + \frac{\varrho_s}{2}\, (\overline{v_i v^2})_s + v_j (p_{ij})_s - (q_i)_s. \tag{6.15}$$

Für die gemittelten Kräfte $F_{i,s}$ folgt analog:

$$F_{i,s} \int \frac{\partial f_s}{\partial \xi_i}\, d\boldsymbol{\xi} = \varrho_s (\bar{F}_i)_s \quad \text{und} \quad F_{i,s} \int \xi_i \frac{\partial f_s}{\partial \xi_i}\, d\boldsymbol{\xi} = \varrho_s (\overline{v_i F_i})_s. \tag{6.16}$$

## 6.2 Momentengleichungen der Spezies

Die Erhaltungsgleichungen eines Gemisches erhält man durch die Momente
der Boltzmann-Gleichung. Die Erhaltungsgleichungen werden im Folgenden
sowohl für die Spezies als auch für das Gasgemisch hergeleitet.

### 6.2.1 Boltzmann-Gleichung für die Spezies

Jede Gasspezies mit Index $s$ kann durch eine eigene Boltzmann-Gleichung für
die Verteilungsfunktion $f_s$ beschrieben werden. Diese hat ähnliches Aussehen
wie die für ein homogenes Gas in (5.11), jedoch mit dem Unterschied, dass
Kollisionen mit der eigenen Sorte $s$ und mit allen anderen Spezies zugelassen
werden müssen. Die Boltzmann-Gleichung für die Spezies $s$ lautet dann:

$$\frac{\partial f_s}{\partial t} + \xi_i \frac{\partial f_s}{\partial x_i} + \frac{F_{s,i}}{m_s} \frac{\partial f_s}{\partial \xi_i} = \sum_r \int_{\xi_1} \int_{A_{crs}} \left( f_s' f_{1,r}' - f_s f_{1,r} \right) g \, dA_{crs} \, d\xi_1. \quad (6.17)$$

Der Index $r$, analog zum Index $s$, bezeichnet eine der beteiligten Spezies und
kann also auch gleich $s$ sein. Der Kollisionsterm auf der rechten Seite von
(6.17), im Folgenden mit $\mathcal{C}$ bezeichnet, kann somit auch geschrieben werden
zu

$$\mathcal{C} = \mathcal{C}_{ss} + \mathcal{C}_{rs} \quad (6.18)$$

mit

$$\mathcal{C}_{ss} = \int_{\xi_1} \int_{A_{css}} \left( f_s' f_{1,s}' - f_s f_{1,s} \right) g \, dA_{css} \, d\xi_1$$

und

$$\mathcal{C}_{rs} = \sum_{r \neq s} \int_{\xi_1} \int_{A_{crs}} \left( f_s' f_{1,r}' - f_s f_{1,r} \right) g \, dA_{crs} \, d\xi_1 \quad r \neq s.$$

Der erste Term $\mathcal{C}_{ss}$ beschreibt die Kollision von Molekülen der Sorte $s$ untereinander mit dem differentiellen Stoßquerschnitt $dA_{css}$, wie in (4.29) definiert. Der zweite Term $\mathcal{C}_{rs}$ des Kollisionsoperators (6.18) beschreibt die Kollision von Molekülen der Sorte $s$ mit den anderen Molekülen der Sorte $r$, die
andere Eigenschaften aufweisen können. Der entsprechende Stoßquerschnitt
ist $dA_{crs}$. Für die Moleküle, die hier als elastische Kugeln angenommen werden, ergibt sich der Stoßquerschnitt aus Beziehung (4.31) zu:

$$\int_{A_{crs}} dA_{crs} = \pi \left( \frac{\sigma_s + \sigma_r}{2} \right)^2 = \pi \, \sigma_{rs}^2 \qquad r = 1, 2, \cdots s, \cdots S.$$

## 6.2.2 Momentengleichungen

Um die Momente der Boltzmann-Gleichung einer Spezies zu erhalten, multipliziert man diese in analoger Weise, wie in Abschn. 5.4.1 gezeigt, mit einer Funktion $\Phi(\xi)$ und integriert die Gleichung über den Geschwindigkeitsraum $d\boldsymbol{\xi}$. Ausgehend von der Boltzmann-Gleichung (6.17) für eine Spezies $s$ und dem Kollisionsterm von (6.18) ergibt sich zunächst:

$$\Phi\,\frac{\partial f_s}{\partial t} + \xi_i\,\Phi\,\frac{\partial f_s}{\partial x_i} + \frac{F_{i,s}}{m_s}\,\Phi\,\frac{\partial f_s}{\partial \xi_i} = \Phi\,C_{ss} + \Phi\,C_{rs}.$$

Nach Integration über $\boldsymbol{\xi}$, wobei die Ableitungen nach $t$ und $x_i$ vor die Integrale gezogen werden können, erhält man die Momentengleichungen der Spezies.

$$\frac{\partial}{\partial t}\int \Phi\,f_s\,d\boldsymbol{\xi} + \frac{\partial}{\partial x_i}\int \Phi\xi_i\,f_s\,d\boldsymbol{\xi} + \frac{F_{i,s}}{m_s}\int \Phi\frac{\partial f_s}{\partial \xi_i}\,d\boldsymbol{\xi}$$
$$= \int_\xi \Phi\,C_{ss}\,d\boldsymbol{\xi} + \int_\xi \Phi\,C_{rs}\,d\boldsymbol{\xi}. \tag{6.19}$$

Für die Stoßinvarianten $\Phi_S$ einer Spezies

$$\Phi_1 = m_s \qquad \Phi_2 = m_s\boldsymbol{\xi} \qquad \Phi_3 = \frac{m_s}{2}\boldsymbol{\xi}^2$$

folgen die Erhaltungsgleichungen für Masse, Impuls und Energie dieser Spezies. Bevor diese formuliert werden, muss zunächst der Kollisionsterm in (6.19) näher betrachtet werden.

Für Kollisionen der Sorte $s$ mit sich selbst, folgt für den Anteil $C_{ss}$

$$\int_\xi \Phi_S\,C_{ss}\,d\boldsymbol{\xi} = 0, \tag{6.20}$$

da die Spezies $s$ untereinander im Mittel keine Masse, Impuls und Energie mit sich selbst austauschen. Dies entspricht dem Erhaltungsprinzip für die Momentengleichungen der Stoßinvarianten eines homogenen Gases in Abschn.5.4.3.

Der zweite Kollisionsterm $C_{rs}$ mit $r \neq s$ in (6.18) ist für die Stoßinvarianten $\Phi_S$ zunächst nicht automatisch Null. Da hier jedoch keine chemische Reaktionen vorausgesetzt werden, gibt es keinen Austausch von Masse zwischen den Spezies. Für $\Phi_1 = m_s$ wird der Wechselwirkungsterm, der den Austausch von Masse zwischen den Spezies $r$ und $s$ beschreibt, gleich Null

$$\int_\xi m_s\,C_{rs}\,d\boldsymbol{\xi} = 0 \qquad \Phi_1 = m_s. \tag{6.21}$$

Sowohl Impuls als auch Energie können jedoch zwischen den Spezies übertragen werden. Damit folgt

$$\int_\xi \phi\,C_{rs}\,d\boldsymbol{\xi} \neq 0 \quad \text{für} \quad \Phi_2 = m_s\boldsymbol{\xi} \quad \text{und} \quad \Phi_3 = \frac{m_s}{2}\boldsymbol{\xi}^2. \tag{6.22}$$

### 6.2.3 Erhaltungsgleichungen einer Spezies

Die Auswertung der Momente für die Stoßinvarianten ergibt ein System von Erhaltungsgleichungen einer Spezies. Die Momente der linken Seite werden durch die Definitionen für die Speziesgrößen (6.13), (6.14), (6.15) und (6.16) ausgedrückt. Die Momente der Kollisionsterme jedoch, die die Interaktionen zwischen den Spezies beschreiben, sind ohne weitere Annahmen nicht auflösbar und bleiben mit obigen Annahmen so stehen. Die Erhaltungsgleichungen der Spezies $s$ erhält man mit diesen Vereinbarungen für

Masse

$$\frac{\partial \varrho_s}{\partial t} + \frac{\partial}{\partial x_i}\left(\varrho_s\,(v_i)_s\right) = 0,$$ (6.23)

Impuls

$$\frac{\partial}{\partial t}\left(\varrho_s\,(v_j)_s\right) + \frac{\partial}{\partial x_i}\left(\varrho_s\,(\overline{v_i\,v_j})_s + p_s\,\delta_{ij} - (\sigma_{ij})_s\right) + \varrho_s(\bar{F}_i)_s$$
$$= \int_\xi m_s\xi_j\,\mathcal{C}_{rs}\,d\boldsymbol{\xi},$$ (6.24)

Energie

$$\frac{\partial}{\partial t}\left(\varrho_s E_s\right) + \frac{\partial}{\partial x_i}\left(\varrho_s\,v_i\,e_s + \frac{\varrho_s}{2}\,(\overline{v_i v^2})_s + v_i\,p_s + \varrho_s(\overline{v_i\,F_i})_s\right.$$
$$\left.-(v_j)s\,(\sigma_{ij})_s - (q_i)_s\right) = \frac{m_s}{2}\int_\xi \boldsymbol{\xi}^2\mathcal{C}_{rs}\,d\boldsymbol{\xi}.$$ (6.25)

Hierbei ist $E_s = e_s + (\overline{v^2})_s$ die Gesamtenergie einer Spezies. Der Kollisionsterm $\mathcal{C}_{rs}$ ist definiert in (6.18).

Man beachte, dass die Anteile $(\overline{v_i\,v_j})_s$, $(\overline{v^2})_s$ und $(\overline{v_i v^2})_s$ noch die Diffusionsgeschwindigkeiten beinhalten. Ein Beispiel dazu ist in (6.14) angegeben. Man beachte weiterhin, dass die Geschwindigkeiten $v_i$ und $v_j$ Komponenten der massengemittelten Geschwindigkeit sind.

## 6.3 Momentengleichungen des Gemisches

Die Momentengleichungen des Gemisches ergeben sich aus der Summe über alle Spezies $s$ der Momentengleichungen der Spezies (6.19) zu

$$\sum_s \frac{\partial}{\partial t}\int \Phi\,f_s\,d\boldsymbol{\xi} + \sum_s \frac{\partial}{\partial x_i}\int \Phi\xi_i\,f_s\,d\boldsymbol{\xi} + \sum_s \frac{F_{i,s}}{m_s}\int \Phi\frac{\partial f_s}{\partial \xi_i}\,d\boldsymbol{\xi}$$
$$= \sum_s \int_\xi \Phi\,\mathcal{C}_{ss}\,d\boldsymbol{\xi} + \sum_s \int_\xi \Phi\,\mathcal{C}_{rs}\,d\boldsymbol{\xi}.$$ (6.26)

Für die Momente der Stoßinvarianten $\Phi_S = m_s$, $m_s\xi_i$, $m_s/2\,\boldsymbol{\xi}^2$ verschwinden die Kollisionsterme in (6.26), da durch die Kollisionen keine Masse, Impuls oder Energie in dem Gasgemisch, als Ganzes betrachtet, weder hinzukommen oder noch verloren gehen kann. Für den Kollisionsterm folgt demnach

$$\sum_s \int \Phi_S\, C\, d\boldsymbol{\xi} = \sum_s \int \Phi_S\, C_{ss}\, d\boldsymbol{\xi} + \sum_s \int \Phi_S\, C_{rs}\, d\boldsymbol{\xi} = 0. \tag{6.27}$$

Die Momentengleichungen des Gemisches für die Stoßinvarianten $\Phi_s$ lauten dann

$$\sum_s \frac{\partial}{\partial t} \int \Phi\, f_s\, d\boldsymbol{\xi} + \sum_s \frac{\partial}{\partial x_i} \int \Phi\xi_i\, f_s\, d\boldsymbol{\xi} + \sum_s \frac{F_{i,s}}{m_s} \int \Phi \frac{\partial f_s}{\partial \xi_i}\, d\boldsymbol{\xi} = 0. \tag{6.28}$$

Mit den Definitionen für die Gemischgrößen in (6.12) erhält man sofort die Erhaltungsgleichungen für Masse, Impuls und Energie des Gemisches.

$$\frac{\partial \varrho}{\partial t} + \frac{\partial}{\partial x_i}\,(\varrho\, v_i) = 0, \tag{6.29}$$

$$\frac{\partial}{\partial t}\,(\varrho\, v_j) + \frac{\partial}{\partial x_i}\,(\varrho\, v_i\, v_j + p\,\delta_{ij} - \sigma_{ij}) + \sum_i \varrho_s(\bar{F}_i)_s = 0, \tag{6.30}$$

$$\frac{\partial}{\partial t}\left(\varrho(e + \frac{1}{2}\boldsymbol{v}^2)\right) + \frac{\partial}{\partial x_i}\left(\varrho\, v_i\,(e + \frac{1}{2}\boldsymbol{v}^2) + v_i\, p - v_j\,\sigma_{ij} - q_i\right)$$
$$+ \sum_i \varrho_s(\overline{v_i F_i})_s = 0. \tag{6.31}$$

Das System der Erhaltungsgleichungen eines Gemisches ist den Erhaltungsgleichungen (5.36), (5.37) und (5.38) für ein homogenes Gas sehr ähnlich. Die Gleichungen unterscheiden sich jedoch durch die unterschiedlichen Definitionen (6.12) der Variablen eines Gemisches.

Das System der Erhaltungsgleichungen eines Gemisches ist jedoch noch nicht vollständig formuliert, da zusätzlich zur Erhaltung der Gesamtmasse (6.29) der Austausch, d.h. die Diffusion der einzelnen Speziesmassen untereinander und relativ zum Gemisch zu berücksichtigen ist. Die Erhaltungsgleichung der Speziesmasse (6.23) lautet nach Einführung der Diffusionsgeschwindigkeit $(v_{D,i})_s$ aus (6.8)

$$\frac{\partial \varrho_s}{\partial t} + \frac{\partial}{\partial x_i}\,(\varrho_s\, v_i) + \frac{\partial}{\partial x_i}\,(\varrho_s(v_{D,i})_s) = 0 \tag{6.32}$$

bzw. mit dem Diffusionsstrom $\boldsymbol{j}_s = -\varrho_s\,(\boldsymbol{v}_D)_s$

$$\frac{\partial \varrho_s}{\partial t} + \frac{\partial}{\partial x_i}\,(\varrho_s\, v_i) = \frac{\partial j_{i,s}}{\partial x_i}. \tag{6.33}$$

Für kleine Abweichungen vom thermodynamischem Gleichgewicht ist der Diffusionsstrom als Ficksches Gesetz (2.39) bekannt. Für Moleküle ungefähr gleicher Masse $m \approx m_s \approx m_r$ ergibt dieses

$$j_{i,s} = \sum_r D_{rs} \frac{\partial \varrho_s}{\partial x_i}$$

mit der Diffusionskonstante $D_{rs}$ für Diffusion zwischen Spezies $s$ und $r$. Die Erhaltungsgleichung der Speziesmasse schreibt sich damit

$$\frac{\partial \varrho_s}{\partial t} + \frac{\partial}{\partial x_i}\left(\varrho_s\, v_i\right) = \frac{\partial}{\partial x_i} \sum_r D_{rs} \frac{\partial \varrho_s}{\partial x_i}. \tag{6.34}$$

Dass der Einfluss der Diffusion wesentlich vielfältiger ist, als es das Ficksche Gesetz aussagt, zeigt nachfolgende Diskussion der Diffusionseffekte bei kleinen Abweichungen vom Gleichgewicht.

### 6.3.1 Weitere Diffusionseffekte

Eine detaillierte Analyse von Diffusionseffekten für kleine Abweichungen vom thermodynamischem Gleichgewicht mittels Chapman-Enskog-Entwicklung findet man in Hirschfelder et al. [24]. Diese Entwicklungen folgen im Prinzip der Vorgehensweise der wesentlich einfacheren Herleitung des Newtonschen Spannungsansatzes oder des Fourierschen Wärmeleitungsgesetzes im Abschn. 7.1. Die Ergebnisse zeigen, dass die Diffusionsgeschwindigkeit $(v_D)_s$ nicht nur vom Gradienten der Speziesdichte abhängt, wie im Fickschem Gesetz, sondern auch noch von den Gradienten des Druckes und der Temperatur.

Für den Diffusionsstrom in allgemeiner Form ergibt sich nach Hirschfelder et al. [24] folgende Beziehung:

$$j_{i,s} = \varrho_s\,(\boldsymbol{v}_{Di})_s = \frac{\varrho_s}{\varrho}\left(\frac{n^2}{n_s}\sum_r m_r\, D_{sr}\, d_{i,s} - D_s^T \frac{\partial \ln T}{\partial x_i}\right) \tag{6.35}$$

mit der Abkürzung

$$d_{i,s} \equiv \frac{\partial n_s}{\partial n} + \left(\frac{n_s}{n} - \frac{\varrho_s}{\varrho}\right)\frac{\partial \ln p}{\partial x_i}. \tag{6.36}$$

Hierbei ist $D_{sr}$ die Diffusionskonstante der Spezies $s$ und $r$ und $D_s^T$ ist die Thermodiffusionskonstante einer Spezies $s$. Der Diffusionsstrom $j_{i,s}$ setzt damit sich physikalisch aus drei Anteilen zusammen:

- **Die Konzentrationsdiffusion** $\sim \frac{\partial n_s}{\partial n}$, als Ficksches Gesetz bekannt, beschreibt den Transport relativ zum Gemisch infolge eines Gradienten der Partialdichte. Der Diffusionsstrom fließt in Richtung des Ausgleiches der Konzentration, d.h. in negativer Gradientenrichtung der Konzentration.

- **Die Druckdiffusion** $\sim \frac{\partial \ln p}{\partial x_i}$ ist wirksam bei starken Druckgradienten. Hierbei diffundiert eine leichtere Spezies in Richtung größeren Druckes und eine schwerere entgegengesetzt, so dass eine Entmischung auftritt. Eine technische Anwendung ist z.B. die Trennung von Gasisotopen in Ultra-Gaszentrifugen.

- **Die Thermodiffusion** $\sim \frac{\partial \ln T}{\partial x_i}$ ist wirksam bei großen Temperaturgradienten. Die leichteren Moleküle diffundieren bevorzugt in Richtung zunehmender Temperatur, die schweren entgegengesetzt dazu. Dieser Effekt führt ebenfalls zu einer Entmischung. Die Thermodiffusion ist ein physikalischer Effekt, der erst durch konsequente Anwendung der Chapman-Enskog-Theorie entdeckt wurde und erst später experimentell nachgewiesen werden konnte. In kondensierten Phasen wird die Thermodiffusion als Soret-Effekt bezeichnet.

- **Der Diffusionsthermoeffekt oder Dufour-Effekt** ist die Umkehrung der Thermodiffusion. Durch ein Konzentrationsgefälle infolge Diffusion kann ein Wärmestrom einsetzen, der zu Temperaturdifferenzen während der Diffusion führen kann.

- **Die Wirkungen äußerer Kräfte** führt auf einen weiteren Diffusionseffekt, der hier nicht weiter aufgeführt wird. Ein Beispiel wäre die Wirkung eines elektrischen Feldes auf elektrisch geladene Teilchen (Ionen), wodurch eine Entmischung geschehen kann.

**Wärmetransport in Gemischen.** Die Diffusiongeschwindigkeit hat neben ihren Effekten auf den Massentransport einer Spezies auch Einfluss auf den molekularen Wärmetransport, d.h. auf den Wärmestrom $q_i$ in Gemischen. Der Wärmestrom $q_i$ in (6.31) setzt sich zusammen aus dem molekularen Energietransport (Wärmeleitung), dem Transport von Wärme infolge Diffusion und dem Diffusionsthermoeffekt. Der Wärmestrom in (6.31) ergibt sich damit zu:

$$q_i = \lambda \frac{\partial T}{\partial x_i} + \frac{5}{2} kT \sum_s n_s \left(\boldsymbol{v}_D\right)_s - p \sum_s \frac{1}{\varrho_s} D_s^T \cdot d_{i,s}. \tag{6.37}$$

Hierbei ist $\lambda$ der Wärmeleitungskoeffizient des Gemisches, die anderen Größen sind bei der Diffusion aufgeführt, wie z.B. die Größe $d_{i,s}$ in (6.36).

### 6.3.2 Reibungsspannungen in Gemischen

Letztendlich zu definieren sind noch die Reibungsspannungen in Gemischen für die Gleichungen (6.30) und (6.31). Diese sind bei kleinen Abweichungen vom Gleichgewicht, wie bei homogenen Gasen, das Produkt aus einer Zähigkeit $\eta$ und dem Deformationstensor $S_{ij}$ nach (7.21).

$$\sigma_{ij} = \eta \left( \frac{\partial v_i}{\partial x_j} + \frac{\partial v_j}{\partial x_i} - \frac{2}{3} \frac{\partial v_k}{\partial x_k} \right) \tag{6.38}$$

Zur Bestimmung der molekularen Transportgrößen $\eta$, $\lambda$, $D_s^T$ und $D_{rs}$ in Gemischen wird auf die Literatur verwiesen, z.B. auf Hirschfelder et al.[24] oder Bird, Stewart und Lightfoot [5].

## 6.4 H-Theorem für Gemische

Im Folgenden soll nachgewiesen werden, dass die Formulierung der Boltzmann-Gleichung eines Gemisches als Summe der Boltzmann-Gleichungen der Spezies den zweiten Hauptsatz der Thermodynamik erfüllt. Es muss gelten, dass in einem abgeschlossenen System die Entropie konstant bleibt oder zunimmt

$$T \cdot dS = dE + p\,dV \geq 0.$$

Mittels H-Theorem wurde dies in Abschn. 5.3.2 für die Boltzmann-Gleichung eines homogenen Gases nachgewiesen. Als gaskinetische Größe zur Beschreibung der Entropie wurde hierzu der H-Wert in (5.21) eingeführt. Dieser ist definiert zu

$$H = \int_{\xi} f \ln f d\boldsymbol{\xi} = -\frac{1}{kV} \cdot \Delta S.$$

Die zeitlichen Änderung des H-Wertes ist dann wieder

$$\frac{\partial H}{\partial t} = \int (1 + \ln f) \cdot \frac{\partial f}{\partial t}\,d\boldsymbol{\xi}.$$

Für ein abgeschlossenes, homogenes System, für das alle räumlichen Änderungen Null sind und keine äußeren Kräfte wirken, lautet die Boltzmann-Gleichung eines Gemisches als Summe der Boltzmann-Gleichungen der Spezies (6.17)

$$\sum_s \frac{\partial f_s}{\partial t} = \sum_s \int_{\xi_1} \int_{A_{css}} \left(f_s' f_{1,s}' - f_s f_{1,s}\right) g\,dA_{css}\,d\boldsymbol{\xi}_1 \tag{6.39}$$

$$+ \sum_s \sum_{r \neq s} \int_{\xi_1} \int_{A_{crs}} \left(f_s' f_{1,r}' - f_s f_{1,r}\right) g\,dA_{crs}\,d\boldsymbol{\xi}_1. \tag{6.40}$$

mit der Aufspaltung des Kollisionstermes in $\mathcal{C} = \mathcal{C}_{ss} + \mathcal{C}_{rs}$ nach (6.18). Für den H-Wert (Entropie) des Gemisches $H$ wird angesetzt, dass dieser sich aus der Summe der H-Werte (Entropien) des Spezies ergibt:

$$H = \sum_s H_s = \sum_s \int_{\xi} f_s \ln f_s\,d\boldsymbol{\xi}. \tag{6.41}$$

Damit folgt für die zeitliche Änderung

$$\frac{\partial H}{\partial t} = \sum_s \int (1 + \ln f_s) \cdot \frac{\partial f_s}{\partial t}\,d\boldsymbol{\xi}.$$

Die zeitliche Änderung $\frac{\partial f_s}{\partial t}$ wird durch die Boltzmann-Gleichung (6.40) ersetzt. Die Kollisionsintegrale aus (6.40) werden wie in Abschn. 5.3.2 durch Vertauschen der Stoßpartner umgeformt. Die zeitliche Änderung des H-Wertes ergibt sich dann zu:

$$\frac{\partial H}{\partial t} = \frac{1}{4} \sum_s \int\limits_{\xi} \int\limits_{\xi_1} \int\limits_{A_{Css}} (f_s' f_{1,s}' - f_s f_{1,s}) \ln\left(\frac{f_s f_{1,s}}{f_s' f_{1,s}'}\right) g \, dA_{Css} \, d\xi_1 \, d\xi$$

$$+ \frac{1}{2} \sum_s \sum_{r\neq s} \int\limits_{\xi} \int\limits_{\xi_1} \int\limits_{A_{Crs}} (f_s' f_{1,r}' - f_s f_{1,r}) \ln\left(\frac{f_s f_{1,r}}{f_s' f_{1,r}'}\right) g \, dA_{crs} \, d\xi_1 \, d\xi .$$

$$(6.42)$$

Der Faktor 1/2 anstelle 1/4 im zweiten Term folgt daraus, dass dieser Term zweimal auftritt infolge Kollisionen von $s$ mit $(1,r)$ und $r$ mit $(1,s)$. Diese sind nicht unterscheidbar.

Aus der Gleichung (6.42) erkennt man, dass die Integranden immer kleiner gleich Null sind, wie in Abschn. 5.3.2 gezeigt. Wenn $f' f_1' - f f_1$ kleiner Null ist, dann ist der Term $\ln(f f_1 / f' f_1')$ größer Null und umgekehrt. Daraus folgt, dass die Boltzmann-Gleichung des Gemisches das H-Theorem und somit die Entropiebedingung erfüllt. Es gilt somit

$$H \leq 0 \quad \text{und} \quad \Delta S \geq 0.$$

## 6.5 Gemische im thermodynamischen Gleichgewicht

Ein Gemisch ist im thermodynamischen Gleichgewicht, wenn die Kollisionsterme der Boltzmann-Gleichungen des Gemisches für Knudsen-Zahlen gegen Null verschwinden, wie in Abschn. 5.2.2 gezeigt. Dies ist identisch mit der Forderung, dass in (6.42) der H-Wert ein Minimum bzw. die Entropie ein Maximum erreicht. Das bedeutet, die zeitliche Änderung des H-Wertes in (6.42) geht gegen Null. Hinreichend für diese Forderung ist, dass die Integranden unter den Integralen der Stoßterme in (6.42) verschwinden. Ausgehend von (6.42) sind damit zwei Bedingungen zu erfüllen:

$$\sum_s (f_s' f_{1,s}' - f_s f_{1,s}) = 0 \qquad\qquad (6.43)$$

und

$$\sum_s \sum_{r\neq s} (f_s' f_{1,r}' - f_s f_{1,r}) = 0. \qquad\qquad (6.44)$$

Diese Bedingungen besagen, dass zu jedem Stoß $\sim f_s f_{1,r}$ zwischen den Molekülen $s$ und $r$ bzw. auch zwischen $s$ und $s$ innerhalb des betrachteten Phasenvolumens jeweils ein inverser Stoß $\sim f_s' f_{1,r}'$ außerhalb erfolgt und somit das Gleichgewicht wieder herstellt. Dies ist auch die Bedingung des thermodynamischen Gleichgewichtes eines Gemisches im Grenzfall Knudsen-Zahl gegen Null, wie in Abschn. 5.2.2 für ein homogenes Gas definiert.

### 6.5.1 Gleichgewichtsfunktionen der Spezies

Für den Fall des Gleichgewichtes wird erwartet, dass die korrekte Lösung der Boltzmann-Gleichung (6.40) eine Maxwell-Verteilung sein wird. Um dieses zu zeigen, wird der Einfachheit halber ein binäres Gemisch mit einer Spezies $S$ und einer Spezies $R$, d.h. $s = S, R$ vorausgesetzt. Die Gleichgewichtsbedingungen aus (6.43) und (6.44) lauten für ein binäres Gemisch

$$f'_S \, f'_{1,S} = f_S \, f_{1,S},$$

$$f'_R \, f'_{1,R} = f_R \, f_{1,R},$$

und

$$f'_S \, f'_{1,R} = f_S \, f_{1,R}. \tag{6.45}$$

Zur Überprüfung werden die Gleichungen (6.45) logarithmiert. Dies ergibt:

$$\ln f_S + \ln f_{1,S} = \ln f'_S + \ln f'_{1,S},$$
$$\ln f_R + \ln f_{1,R} = \ln f'_R + \ln f'_{1,R},$$
$$\ln f_S + \ln f_{1,R} = \ln f'_S + \ln f'_{1,R}. \tag{6.46}$$

Ausgehend von der Herleitung des Kollisionstermes in (5.9), wobei elastische, umkehrbare Stöße angenommen wurden, entsprechen diese Gleichungen Erhaltungsgleichungen der Zustände vor und nach dem Stoß für die Stoßinvarianten

$$\Phi_1 = m_s, \qquad \Phi_2 = m_s \boldsymbol{\xi}, \qquad \Phi_3 = \frac{m_s}{2} \boldsymbol{\xi}^2 \qquad \text{für} \quad s = S, R.$$

Für die ersten zwei Gleichungen in (6.46), die die Kollisionen zwischen gleichen Spezies beschreiben, wird eine Linearkombination der Stoßinvarianten wie in Abschn. 5.2.2 angesetzt

$$\ln f_s = A_s \, m_s + B_s \, m_s \boldsymbol{\xi} + C_s \, \frac{m_s}{2} \, \boldsymbol{\xi}^2 \qquad s = S, R. \tag{6.47}$$

Im Gegensatz zu der Vereinbarung für Gemische wird die thermische Molekülgeschwindigkeit $\boldsymbol{c}$ hier nicht mit der massengemittelten Geschwindigkeit $\boldsymbol{v}$ nach (6.7), sondern mit der eigenen Geschwindigkeit der Spezies $\boldsymbol{v}_s$ aus (6.5) angesetzt, um eine Aussage über diese im Gleichgewicht zu erhalten. Das heißt, es gilt jetzt:

$$\boldsymbol{c}_s \equiv \boldsymbol{\xi} - \boldsymbol{v}_s. \tag{6.48}$$

Aus (6.47) ergibt sich somit eine Verteilungsfunktion der Form

$$f = \exp\left(A_s \, m_s\right) \cdot \exp\left(B_s \, m_s \boldsymbol{c}_s\right) \cdot \exp\left(C_s \, \frac{m_s}{2} \, \boldsymbol{c}_s^2\right). \tag{6.49}$$

Die Konstanten $A_s, B_s$ und $C_s$ werden wie bei der Herleitung der Maxwell-Verteilung eines homogenen Gases mit den Momenten für die Dichte $n_s$, (6.1), den Impuls $\varrho_s v_s$, (6.5), und für die Energie der Spezies $\frac{3}{2}kT_s$ festgelegt. Hierbei wird zunächst zugelassen, dass jede Spezies neben einer eigenen, mittleren Geschwindigkeit $v_s$ auch eine eigene Temperatur $T_s$ besitzen. Mit diesen Integrationskonstanten erhält man aus (6.47) eine Maxwell-Verteilung für die Spezies $s$ in Form der Verteilung (4.12) für ein homogenes Gas.

$$F_s(c_s^2) = \frac{n_s}{(2\pi R_s T_s)^{3/2}} \exp\left[-\frac{c_s^2}{2 R_s T_s}\right]$$

$$= \frac{n_s}{(2\pi R_s T_s)^{3/2}} \cdot \exp\left[-\frac{(\boldsymbol{\xi} - \boldsymbol{v}_s)^2}{2 R_s T_s}\right] \qquad s = S, R. \qquad (6.50)$$

Die Gaskonstante $R_s = k/m_s$ ist abhängig von der Masse der Spezies.

Noch nicht betrachtet wurde bis jetzt die dritte Gleichung der Gleichgewichtsbedingung (6.46), die das Gleichgewicht der Stöße zwischen den Spezies $S$ und $R$ beschreibt. Diese Gleichung

$$\ln f_S + \ln f_{1,R} = \ln f_S' + \ln f_{1,R}'$$

wird durch die Stoßinvarianten von Spezies $S$ und $R$ erfüllt.

Mit dem Ansatz (6.47) und unter Verwendung der thermischen Geschwindigkeit $c_s$ (6.48) wird dafür angesetzt:

$$A_S\, m_S + A_{1,R}\, m_R - A_S'\, m_S' - A_{1,R}'\, m_R'$$

$$+ B_S\, m_S c_S + B_{1,R}\, m_R c_{1,R} - B_S'\, m_S' c_S' - B_{1,R}'\, m_R' c_{1,R}$$

$$+ C_S\, \frac{m_S}{2}\, c_S^2 + C_{1,R}\, \frac{m_R}{2}\, c_{1,R}^2 - C_S'\, \frac{m_S'}{2}\, c_S^{2,'} - C_{1,R}'\, \frac{m_R'}{2}\, c_{1,R}^{2,'} = 0.$$

Wegen Massenerhaltung

$$m_S + m_R = m_S' + m_R'$$

folgt

$$A_S = A_S' = A_{1,R} = A_{1,R}'.$$

Aus der Impuls-und Energieerhaltung folgt in gleicher Weise, dass die Faktoren $B_s$ und $C_s$ aller Spezies gleich sind, d.h.

$$B_S = B_S' = B_{1,R} = B_{1,R}' \qquad \text{und} \qquad C_S = C_S' = C_{1,R} = C_{1,R}'.$$

Entsprechend der Herleitung der Maxwell-Verteilung für eine Spezies in (6.49) ergeben sich aus der Gleichheit der Koeffizienten $A$, $B$ und $C$ für die Spezies $S$ und $R$ folgende Bedingungen für die Geschwindigkeit

$$v_S = v_R$$

und für die Temperatur

$$T_S = T_R.$$

Für ein Gemisch im thermodynamischen Gleichgewicht, auch mit mehr als zwei Spezies $s = 1, 2, \cdots S$, können daraus folgende Schlussfolgerungen gezogen werden:

- In einem Gemisch im Gleichgewicht sind die Strömungsgeschwindigkeiten der Spezies gleich und sind auch gleich der massengemittelten Gemischgeschwindigkeit $v$ nach(6.6).

$$v_s = v \qquad s = 1, 2, \cdots S \tag{6.51}$$

- Desweiteren folgt, dass auch die Temperaturen der Spezies im Gleichgewicht gleich sind auch gleich der thermodynamischen Temperatur $T$ sind.

$$T_s = T \qquad s = 1, 2, \cdots S. \tag{6.52}$$

- Die Maxwell-Verteilung (6.50) einer Spezies in einem Gemisch im thermodynamischen Gleichgewicht ist dann gleich

$$F_s(c^2) = \frac{n_s}{(2\pi\, R_s\, T)^{3/2}} \exp\left[-\frac{c^2}{2\, R_s\, T}\right]$$

$$= \frac{n_s}{(2\pi\, R_s\, T)^{3/2}} \cdot \exp\left[-\frac{(\boldsymbol{\xi} - \boldsymbol{v})^2}{2\, R_s\, T}\right] \qquad s = 1, 2, \cdots S \tag{6.53}$$

mit $\boldsymbol{c} = \boldsymbol{\xi} - \boldsymbol{v}$ und $R_s = \frac{k}{m_s}$.

# 7. Strömungen im Nichtgleichgewicht

Die Boltzmann-Gleichung beschreibt in allgemeiner Form die Strömung eines Gases bei Gleichgewicht und Nichtgleichgewicht in den Bereichen von freier Molekülströmung bis hin zur Kontinuumsströmung.

Mathematisch ist die Boltzmann-Gleichung eine nichtlineare Integro-Differentialgleichung, deren Lösung äußerst schwierig ist. Nur für den speziellen Fall thermodynamischen Gleichgewichtes ist eine analytische Lösung einer Verteilungsfunktion relativ einfach herzuleiten. Dies führt auf die Maxwell-Verteilung, die im Kap. 4 betrachtet wurde. Für allgemeine Nichtgleichgewichtssituationen sind auf Grund der mathematischen Schwierigkeiten nur noch Näherungslösungen oder aufwendige numerische Simulationen (Monte-Carlo-Simulationen) möglich.

Für kleine Abweichungen vom thermodynamischen Gleichgewicht existiert jedoch eine elegante, asymptotische Methode, die Chapman-Enskog-Entwicklung, um die Gleichung zu lösen. Diese ermöglicht die Herleitung einer Nichtgleichgewichtsverteilung und daraus die makroskopischen Erhaltungsgleichungen und die molekularen Transportgrößen. Daraus ist z.B. eine gaskinetische Begründung der Navier-Stokes-Gleichungen möglich.

Die Chapman-Enskog-Entwicklung wird zunächst der Einfachheit halber auf das BGK-Modell angewendet, um daraus die Transportgrößen und die resultierenden Navier-Stokes-Gleichungen herzuleiten. Anschließend wird die Chapman-Enskog-Entwicklung auf die Boltzmann-Gleichung selbst angewendet, wobei auf Grund der aufwendigen Rechnungen nur das Prinzip demonstriert wird.

Als Beispiel einer typischen Nichtgleichgewichtsströmung wird im Anschluss an die Chapman-Enskog-Entwicklung die innere Struktur eines Verdichtungsstoßes untersucht. Die Struktur einer Stoßwelle ist ein klassisches Problem zur Überprüfung gaskinetischer Theorien. Dieses Problem wird anhand zweier Ansätze diskutiert, einmal für die Strömung bei kleinen Abweichungen vom Gleichgewicht mittels Navier-Stokes-Gleichungen und zum anderen auf der Basis einer gaskinetischen Momentenmethode für starke Abweichungen vom Gleichgewicht.

## 7.1 Chapman-Enskog-Entwicklung für das BGK-Modell

Die Chapman-Enskog-Entwicklung ist eine asymptotische Entwicklung der Verteilungsfunktion für kleine Abweichungen vom thermodynamischen Gleichgewicht, d.h. für Knudsen-Zahlen

$$Kn = \frac{l}{L} \ll 1.$$

Thermodynamisches Gleichgewicht wird durch eine lokale Maxwell-Verteilung $F(\boldsymbol{r}, t, \boldsymbol{\xi})$ beschrieben, die noch vom Ort $\boldsymbol{r}$ und von der Zeit $t$ über die makroskopischen Größen $\varrho(\boldsymbol{r}, t)$, $\boldsymbol{v}(\boldsymbol{r}, t)$ und $T(\boldsymbol{r}, t)$ abhängen kann. Eine lokale Maxwell-Verteilung gilt unter der Annahme, dass sich die makroskopischen Größen so langsam ändern, so dass sich lokal immer Gleichgewicht einstellen kann. Dies ist durch $Kn = \frac{l}{L} \ll 1$ gegeben.

Ziel der Chapman-Enskog-Entwicklung ist es, für eine Nichtgleichgewichtssituation nahe des thermodynamischen Gleichgewichts entsprechende makroskopische Gleichungen und Transportkoeffizienten zu bestimmen. Wesentliches Ergebnis der Entwicklung erster Ordnung ist die Herleitung der der Navier-Stokes-Gleichungen einschließlich von Ausdrücken für die Viskosität und Wärmeleitfähigkeit aus der Boltzmann-Gleichung und ihrer Näherung, dem BGK-Modell. Weiterhin wird im Kap. 9 die Chapman-Enskog-Entwicklung zur Analyse des diskreten Lattice-Boltzmann-Lösungsverfahren benötigt.

In der Originalform wurde die Chapman-Enskog-Entwicklung zur Untersuchung der Boltzmann-Gleichung entwickelt. Lösungen wurden unabhängig von Chapman und Enskog auf verschiedenen Wegen gefunden. Eine historische Zusammenfassung dieser theoretischen Entwicklungen ist in Chapman und Cowling [9] gegeben.

Die Chapman-Enskog-Entwicklung ist anwendbar sowohl auf die Boltzmann-Gleichung als auch auf das mathematisch einfachere BGK-Modell. Für Letzteres wird die Entwicklung und Herleitung der Navier-Stokes-Gleichungen im Folgenden gezeigt und anschließend die prinzipielle Vorgehensweise für die Boltzmann-Gleichung diskutiert.

### 7.1.1 Formulierung der Chapman-Enskog-Entwicklung

Ausgangspunkt ist die Boltzmann-Gleichung in der Näherung des BGK-Modelles (5.47) unter Vernachlässigung äußerer Kräfte, was jedoch keine Einschränkung der Theorie bedeutet. Das BGK-Modell aus (5.47) lautet

$$\frac{\partial f}{\partial t} + \xi_i \frac{\partial f}{\partial x_i} = \omega \left( F - f \right)$$

oder in Schreibweise mit der substantiellen Ableitung

$$\frac{D}{Dt} = \frac{\partial}{\partial t} + \xi_i \frac{\partial}{\partial x_i}$$

für den Transportterm. Damit lautet das BGK-Modell

$$\frac{Df}{Dt} = \omega\,(F - f).$$

Hierbei ist $f$ die gesuchte Nichtgleichgewichtsverteilung, $F$ die Maxwell-Verteilung und $\omega$ die molekulare Kollisionsfrequenz.

Für Größenordnungsabschätzungen und asymptotische Entwicklungen ist es notwendig, die Variablen und die beschreibende Gleichung in dimensionsloser Form zu normieren. Analog zur Untersuchung der Grenzbereiche der Boltzmann-Gleichung in Abschn. 5.2 wird das BGK-Modell mittels Referenzgrößen dimensionslos formuliert, so dass die einzelnen dimensionslosen Anteile von gleicher Größenordnung Eins werden, mit Ausnahme eines resultierenden Ähnlichkeitsparameters, hier der Knudsen-Zahl $\varepsilon$.

Als Referenzgrößen werden wieder, wie in Abschn. 5.2 eine Körperlänge $L$, eine molekulare Geschwindigkeit $c_0$, eine Dichte $n$ und die mittlere freie Weglänge $l_f$ gewählt. Die dimensionslosen Größen sind wieder mit Querstrich gekennzeichnet und sind

$$x_i = \bar{x}_i \cdot L, \quad t = \bar{t} \cdot L/c_0, \quad \xi = \bar{\xi} \cdot c_0, \quad f = \bar{f} \cdot n/c_0^3, \quad \omega = \bar{\omega}\,c_0/l_f. \quad (7.1)$$

Das BGK-Modell in dimensionsloser Schreibweise lautet dann

$$\varepsilon \cdot \frac{D\bar{f}}{D\bar{t}} = \bar{\omega}\,(\bar{F} - \bar{f}) \tag{7.2}$$

mit dem resultierenden Ähnlichkeitsparameter $\varepsilon$

$$\varepsilon = \frac{l_f}{L}.$$

Wie zu erkennen ist, entspricht dieser Parameter der Knudsen-Zahl $Kn$. Für thermodynamisches Gleichgewicht ist die Knudsen-Zahl gleich Null, d.h. $Kn = 0$. Eine endliche Knudsen-Zahl ist dann ein Maß für die Abweichung vom lokalen Gleichgewicht. Für die hier beabsichtigten Untersuchungen für kleine Abweichungen vom thermodynamischen Gleichgewicht gilt somit:

$$Kn = \varepsilon = \frac{l_f}{L} \ll 1. \tag{7.3}$$

Die Knudsen-Zahl ist das Verhältnis von mittlerer freier Weglänge $l_f$ zu einer makroskopischen Körperlänge $L$. Kleine Werte von $Kn$ bedeuten, dass auf einer Länge $L$ sehr viele Stöße stattfinden, der Gaszustand ist somit stoßbestimmt. Die Verteilungsfunktion wird sich in diesem Falle nur wenig von der Maxwell-Verteilung unterscheiden. Eine andere Interpretation der Knudsen-Zahl $Kn$ ist

$$Kn = \tau/T.$$

Die Knudsen-Zahl ist jetzt das Verhältnis von charakteristischer Zeit $\tau = 1/\nu_s$ zwischen den Kollisionen und einer charakteristischen Strömungszeit $T = L/c_0$. Hierbei wird $l_f$ ersetzt durch $l_f = c_0/\nu_s$ nach (2.22). Kleine Werte von $Kn$ bedeuten hier, dass der Stoßvorgang und damit das Einstellen lokalen Gleichgewichts wesentlich schneller ist als die Änderung des makroskopischen Strömungszustandes.

Lässt man $\varepsilon$ im BGK-Modell (7.2) im Grenzübergang gegen Null gehen, so ergibt sich als Lösung die Maxwell-Verteilung $F$. Aus dem BGK-Modell folgen dafür die Erhaltungsgleichungen einer reibungs- und wärmeleitungsfreien Strömung, d.h. die Euler-Gleichungen, wie in Abschn. 5.4.4 hergeleitet. Per Definition verschwinden hierbei alle molekularen Transportkoeffizienten, wie z.B. die Viskosität.

Für kleine, aber endliche Werte von $\varepsilon$ besteht sofort Nichtgleichgewicht. In diesem Falle sollten auch die Transportkoeffizienten endlich bleiben. Um dies zu untersuchen, wird die Verteilungsfunktion als Potenzreihe in $\varepsilon$ mit steigender Abweichung vom Gleichgewicht angesetzt.

$$\bar{f} = \bar{f}^{(0)} + \varepsilon\,\bar{f}^{(1)} + \varepsilon^2\,\bar{f}^{(2)} + \cdots + \varepsilon^n\,\bar{f}^{(n)} \qquad \varepsilon \ll 1. \tag{7.4}$$

Alle Verteilungsfunktionen $\bar{f}^{(n)}$ seien von Ordnung Eins, die Größe der einzelnen Terme wird durch die Potenz $\varepsilon^n$ bestimmt. Die Reihenentwicklung wird im Allgemeinen jedoch nur bis zur zweiten Ordnung angesetzt. Die Reihe (7.4) wird jetzt in das dimensionslose BGK-Modell (7.2) eingesetzt. Man erhält daraus für das BGK-Modell den folgenden Ansatz:

$$\varepsilon \cdot \frac{D}{D\bar{t}} \left( \bar{f}^{(0)} + \varepsilon\,\bar{f}^{(1)} + \varepsilon^2\,\bar{f}^{(2)} \right) = \bar{\omega}\,(\bar{F} - \bar{f}^{(0)} - \varepsilon\,\bar{f}^{(1)} - \varepsilon^2\,\bar{f}^{(2)}). \tag{7.5}$$

### 7.1.2 Hierarchien der Chapman-Enskog-Entwicklung

Von der BGK-Gleichung (7.5) ausgehend, kann jetzt eine Hierarchie von Näherungen der Verteilungsfunktion $f$ mit steigender Abweichung vom Gleichgewicht ermittelt werden. Dies geschieht durch Abgleich von Termen gleicher Größenordnung $\varepsilon^n$ in (7.5) und anschließenden Grenzübergang $\varepsilon \to 0$. Entsprechend den Potenzen $n$ von $\varepsilon^n$ ergibt sich:

**Näherung von Ordnung $\varepsilon^0$:** Mit Grenzübergang $\varepsilon \to 0$ in (7.5) erhält man sofort

$$\bar{f}^{(0)} = \bar{F}. \tag{7.6}$$

Damit ergibt sich nach (7.4) die Verteilungsfunktion

$$\bar{f} = \bar{F}. \tag{7.7}$$

Die nullte Ordnung der Entwicklung führt somit auf thermodynamisches Gleichgewicht mit der Maxwell-Verteilung als Lösung des BGK-Modelles. Die Momente des BGK-Modells führen auf das System der Euler-Gleichungen.

**Näherung von Ordnung $\varepsilon^1$:** Substituiert man (7.6) in Gleichung (7.5), dividiert durch $\varepsilon$ und lässt danach $\varepsilon$ gegen Null gehen, so ergibt sich die nächst höhere Ordnung des BGK-Modelles zu

$$\frac{d\,\bar{f}^{(0)}}{d\,t} = -\bar{\omega}\,\bar{f}^{(1)}. \tag{7.8}$$

Da $\bar{f}^{(0)} = \bar{F}$ bekannt ist, kann damit $\bar{f}^{(1)}$ bestimmt werden und man erhält einen ersten Ausdruck für eine Nichtgleichgewichtsfunktion

$$\bar{f} = \bar{F} + \varepsilon\,\bar{f}^{(1)}. \tag{7.9}$$

Wie später gezeigt wird, ergeben sich daraus die Navier-Stokes-Gleichungen einschließlich der Transportkoeffizienten der Viskosität $\eta$ und der Wärmeleitfähigkeit $\lambda$.

**Näherung von Ordnung $\varepsilon^2$:** Durch Substitution von (7.8) in das BGK-Modell (7.5) und Division durch $\varepsilon$ erhält man nach Grenzübergang $\varepsilon \to 0$ wieder die nächst höhere Ordnung des BGK-Modelles zu

$$\frac{d\,\bar{f}^{(1)}}{d\,t} = -\bar{\omega}\,\bar{f}^{(2)}. \tag{7.10}$$

Die Verteilungsfunktion $f^{(2)}$ kann wieder mit Hilfe der Lösungen niederer Ordnung bestimmt werden. Damit ergibt sich die Verteilungsfunktion entsprechend (7.4) zu:

$$\bar{f} = \bar{F} + \varepsilon\,\bar{f}^{(1)} + \varepsilon^2\,\bar{f}^{(2)}.$$

Die Momente des BGK-Modelles (7.10) führen auf die Burnett-Gleichungen, die jedoch hier nicht weiter untersucht werden. Eine weitere Erhöhung der Ordnung führt auf die sogenannten Super-Burnett-Gleichungen, die ähnlich den Burnett-Gleichungen keine wesentliche Erweiterung der gaskinetischen Theorie gebracht haben.

Im Folgenden wird die Nichtgleichgewichtsverteilung erster Ordnung näher untersucht.

### 7.1.3 Nichtgleichgewichtsverteilung erster Ordnung

Wie in Abschn. 5.4.3 und 5.5 gezeigt, erhält man die Formulierung der Erhaltungsgleichungen aus der Boltzmann-Gleichung bzw. aus dem BGK-Modell für die Grundmomente der Stoßinvarianten Masse, Impuls und Energie. Für diese verschwindet jedoch der Kollisionsterm, so dass keine Aussagen über die molekularen Transportvorgänge gemacht werden können. Die Transportterme der Erhaltungsgleichungen, wie Schubspannung $\sigma_{ij}$ und Wärmestrom $q_i$, werden durch Nichtgleichgewichtseffekte hervorgerufen und erfordern deshalb Informationen des endlichen Kollisionstermes. Im Rahmen der Chapman-Enskog-Entwicklung (7.4) ist der erste nicht verschwindende Anteil des Kollisionstermes der Term erster Ordnung $\varepsilon\,\bar{f}^{(1)}$.

Wie nachfolgend gezeigt, ergeben sich aus den entsprechenden Momenten von (7.8) die Navier-Stokes-Gleichungen mit den im Kontinuumsbereich verwendeten Formulierungen des Newtonschen Schubspannungsansatzes und des Fourierschen Wärmeleitungsansatzes.

Zusammenfassend folgen aus der Chapman-Enskog-Entwicklung in erster Ordnung die dimensionslosen Beziehungen (7.8) und (7.9). Im Folgenden werden diese mittels der Referenzgrößen (7.1) wieder in die üblichen, dimensionsbehafteten Variablen zurückgeführt. Die Verteilungsfunktion erster Ordnung (7.9) wird dabei umformuliert zu:

$$f = F + F\,\varphi \tag{7.11}$$

mit der Definition einer dimensionslosen Störverteilung $\varphi$

$$\varphi = \varepsilon\,\frac{\bar{f}^{(1)}}{\bar{F}} \ll 1. \tag{7.12}$$

**Das BGK-Modell in erster Ordnung** (7.8) mit der Störverteilung $\varphi$ lautet dann

$$\frac{\partial F}{\partial t} + \xi_i\,\frac{\partial F}{\partial x_i} = -\omega\,F\,\varphi \qquad i = 1, 2, 3. \tag{7.13}$$

Die zu ermittelnde Unbekannte ist jetzt die Störverteilung $\varphi$, die sich aus der Maxwell-Verteilung $F$ und der Kollisionsfrequenz $\omega$ ergibt. Die lokale Maxwell-Verteilung mit den Komponenten $c_i = \xi_i - v_i$ der thermischen Geschwindigkeit

$$F(\boldsymbol{x}, t, \boldsymbol{\xi}) = \frac{n}{(2\pi\,R\,T)^{3/2}}\,\exp\left(-\frac{(\xi_i - v_i)^2}{2RT}\right) \tag{7.14}$$

und die Kollisionsfrequenz

$$\omega(\boldsymbol{x}, t) = \omega(\varrho, T)$$

hängen von Ort und Zeit ab über die makroskopischen Variablen

$$n = n(\boldsymbol{x}, t), \qquad v_i = v_i(\boldsymbol{x}, t), \quad \text{und} \quad T = T(\boldsymbol{x}, t).$$

Löst man (7.13) nach der Unbekannten $\varphi$ auf, so erhält man eine Bestimmungsgleichung für diese Größe:

$$\varphi(\boldsymbol{x}, t, \boldsymbol{\xi}) = -\frac{1}{\omega\,F(\boldsymbol{x}, t, \boldsymbol{\xi})}\left(\frac{\partial F(\boldsymbol{x}, t, \boldsymbol{\xi})}{\partial t} + \xi_i\,\frac{\partial F(\boldsymbol{x}, t, \boldsymbol{\xi})}{\partial x_i}\right). \tag{7.15}$$

Mit

$$dF/F = d\,(\ln F) \qquad \text{und} \qquad \xi_i = v_i + c_i$$

und unter Weglassung der Koordinatenangaben folgt

$$\varphi = -\frac{1}{\omega}\left(\frac{\partial(\ln F)}{\partial t} + v_i\,\frac{\partial(\ln F)}{\partial x_i} + c_i\,\frac{\partial(\ln F)}{\partial x_i}\right). \tag{7.16}$$

Da die Orts- und Zeitabhängigkeit über die makroskopischen Größen $n$, $v_i$ und $T$ gegeben ist, werden die Ableitungen der Maxwell-Verteilung nach dem Ort $x_i$ und der Zeit $t$ durch Ableitungen nach den makroskopischen Größen ersetzt. Das totale Differential von $\ln F$ nach der Dichte $n$, einer Geschwindigkeitskomponente $v_j$ und nach der Temperatur $T$ ist dann

$$d(\ln F) = \frac{\partial(\ln F)}{\partial n}\, dn + \frac{\partial(\ln F)}{\partial v_j}\, dv_j + \frac{\partial(\ln F)}{\partial T}\, dT.$$

Für die Ableitungen nach Ort und Zeit ergibt sich daraus

$$\frac{\partial(\ln F)}{\partial t} = \frac{\partial(\ln F)}{\partial n}\frac{\partial n}{\partial t} + \frac{\partial(\ln F)}{\partial v_i}\frac{\partial v_i}{\partial t} + \frac{\partial(\ln F)}{\partial T}\frac{\partial T}{\partial t}$$

und

$$\frac{\partial(\ln F)}{\partial x_i} = \frac{\partial(\ln F)}{\partial n}\frac{\partial n}{\partial x_i} + \frac{\partial(\ln F)}{\partial v_j}\frac{\partial v_j}{\partial x_i} + \frac{\partial(\ln F)}{\partial T}\frac{\partial T}{\partial x_i}.$$

Die Ableitungen der logarithmierten Maxwell-Verteilung (7.14) nach den makroskopischen Größen $n$, $v_j$ und $T$ ergeben sich zu:

$$\frac{\partial(\ln F)}{\partial n} = \frac{1}{n},$$

$$\frac{\partial(\ln F)}{\partial v_j} = \frac{c_j}{RT},$$

$$\frac{\partial(\ln F)}{\partial T} = \left(\frac{c^2}{2RT} - \frac{3}{2}\right)\frac{1}{T}.$$

Mit der substantiellen Ableitung

$$\frac{d}{dt} = \frac{\partial}{\partial t} + v_i\frac{\partial}{\partial x_i}$$

wird die Gleichung (7.16) wie folgt zusammengefasst:

$$\varphi = -\frac{1}{\omega}\left[\frac{1}{n}\left(\frac{dn}{dt} + c_i\cdot\frac{\partial n}{\partial x_i}\right) + \left(\frac{c^2}{2RT} - \frac{3}{2}\right)\frac{1}{T}\cdot\left(\frac{dT}{dt} + c_i\frac{\partial T}{\partial x_i}\right)\right.$$
$$\left. + \frac{c_j}{RT}\left(\frac{dv_j}{dt} + c_i\frac{\partial v_j}{\partial x_i}\right)\right]. \tag{7.17}$$

Die substantielle Ableitung der makroskopischen Variablen $n$, $v_j$ und $T$ wird jetzt durch die nichtkonservativen Euler-Gleichungen (5.44) für Masse, Impuls und Energie ersetzt. Diese ergeben:

$$\frac{1}{n}\frac{dn}{dt} = -\frac{\partial v_i}{\partial x_i},$$

$$\frac{1}{RT}\frac{dv_j}{dt} = -\frac{1}{n}\frac{\partial n}{\partial x_j} - \frac{1}{T}\frac{\partial T}{\partial x_j},$$

$$\frac{1}{T}\frac{dT}{dt} = -\frac{2}{3}\frac{\partial v_i}{\partial x_i} \tag{7.18}$$

mit

$$\varrho = m\,n, \qquad p = \varrho RT, \qquad e = c_v\,T = \frac{3}{2}RT.$$

Die Störverteilung $\varphi$ ergibt sich damit nach einiger Umformung, die im Anhang 10.3 beschrieben wird, zu:

$$\varphi = -\frac{1}{\omega}\left[\left(\frac{c^2}{2RT} - \frac{5}{2}\right)\frac{1}{T}\,c_i \cdot \frac{\partial T}{\partial x_i} + \frac{1}{RT}\left(c_i\,c_j - \frac{1}{3}\,c^2\,\delta_{ij}\right) : \frac{\partial v_j}{\partial x_i}\right].\tag{7.19}$$

Die Störverteilung $\varphi$ nach (7.19) kann mit den Regeln der Tensorrechnung aus Anhang 10.2 und 10.3 noch weiter umgeformt werden. Ein Tensor, wie der Term

$$\left(c_i\,c_j - \frac{1}{3}\,c^2\,\delta_{ij}\right)$$

ist ein spurfreier Tensor, dessen Summe der Diagonalelemente ($i = j$) verschwindet. Das skalare Produkt dieses Tensors mit dem Tensor

$$\frac{\partial v_i}{\partial x_j}$$

des zweiten Anteils von (7.19) ergibt dann nach weiterer Umformung, die im Anhang 10.3 gezeigt wird:

$$\left(c_i\,c_j - \frac{1}{3}\,c^2\,\delta_{ij}\right) : \frac{\partial v_j}{\partial x_i} = c_i c_j : \left[\frac{1}{2}\left(\frac{\partial v_j}{\partial x_i} + \frac{\partial v_i}{\partial x_j}\right) - \frac{1}{3}\frac{\partial v_k}{\partial x_k}\delta_{ji}\right].\tag{7.20}$$

Der zweite Tensoranteil in (7.20) entspricht sofort dem bekannten Verformungstensor $S_{ij} = S_{ji}$ eines kompressiblen Fluides mit

$$S_{i,j} = \frac{1}{2}\left(\frac{\partial v_i}{\partial x_j} + \frac{\partial v_j}{\partial x_i} - \frac{2}{3}\frac{\partial v_k}{\partial x_k}\delta_{ij}\right) = S_{ji}\tag{7.21}$$

mit der Divergenz der makroskopischen Geschwindigkeiten $\frac{\partial v_k}{\partial x_k}$, die für ein inkompressibles Fluid verschwindet.

Mit diesen Umformungen erhält man für die Störverteilung $\varphi$

$$\varphi = -\frac{1}{\omega}\left[\left(\frac{c^2}{2RT} - \frac{5}{2}\right)\frac{c_i}{T} \cdot \frac{\partial T}{\partial x_i} + \frac{1}{RT}\,c_i c_j : S_{ji}\right].\tag{7.22}$$

Die vollständige Nichtgleichgewichtsverteilung in erster Ordnung lautet dann mit (7.11) und (7.22):

$$f = F\left(1 - \frac{1}{\omega}\left[\left(\frac{c^2}{2RT} - \frac{5}{2}\right)\frac{c_i}{T} \cdot \frac{\partial T}{\partial x_i} + \frac{1}{RT}\,c_i c_j : S_{ji}\right]\right).\tag{7.23}$$

Damit ist das BGK-Modell für die erste Ordnung der Chapman-Enskog-Entwicklung gelöst und die Nichtgleichgewichtsverteilung für kleine Abweichungen vom thermodynamischen Gleichgewicht bekannt. Diese kann jetzt ausgewertet werden.

### 7.1.4 Transportgrößen aus BGK-Modell

Die Erhaltungsgleichungen folgen, wie im Abschn. 5.4.3 gezeigt, aus den Momenten des BGK-Modells für die Stoßinvarianten $\Phi_s = m\,,m\boldsymbol{\xi}$ und $\frac{m}{2}\xi^2$. Der Kollisionsterm wird, wie bereits vorher gezeigt, hierfür Null. Die Momentengleichung des BGK-Modelles reduziert sich auf

$$\frac{d}{dt}\int_{\boldsymbol{\xi}} \Phi_s\, f\, d\boldsymbol{\xi} = 0.$$

Die resultierenden Erhaltungsgleichungen sind die im Abschn. (5.4.3) hergeleiteten Erhaltungsgesetze für Masse (5.36), für Impuls (5.37) und für Energie (5.38). Im Gegensatz zu der prinzipiellen Herleitung dieser Gleichungen in Abschn. (5.4.3) ist es jetzt mittels der Nichtgleichgewichtsverteilung (7.23) möglich, auch die unbekannten, molekularen Transportterme des Spannungstensors $p_{ij}$ und des Wärmestromvektors $q_i$ zu bestimmen. Diese werden im Folgenden berechnet.

**Spannungstensor $p_{ij}$.** Der Spannungstensor $p_{ij}$ folgt aus (3.26) nach Einsetzen der Nichtgleichgewichtsverteilung (7.23). Der Anteil proportional zum Temperaturgradienten, multipliziert mit der Maxwell-Verteilung $F$, verschwindet wegen ungerader Potenzen von $c_i$, wie im Abschn. 4.3 gezeigt. Damit folgt für den gesamten Spannungstensor

$$p_{ij} = m\int c_i\,c_j\,f\,d\boldsymbol{c} = m\int c_i\,c_j\,F\,d\boldsymbol{c} + m\int c_i\,c_j\,F\cdot\varphi\,d\boldsymbol{c}.$$

Der erste Anteil, nur abhängig von der Gleichgewichtsverteilung $F$, verschwindet für alle $i \neq j$, da das Integral über F, multipliziert mit ungeraden Potenzen von $c_i$, wiederum verschwindet. Für $i = j$ bleibt das Integral endlich und führt nach (3.22) auf den Drucktensor $p\,\delta_{ij}$ mit

$$p\,\delta_{ij} = m\int c_i^2\,F d\boldsymbol{c} = n\,k\,T = \varrho\,R\,T.$$

Der Spannungstensor $p_{ij}$ kann nach (3.29) wieder aufgespalten werden in einen Druckterm $p\delta_{ij}$ und einen Term, der die Reibungsspannungen $\sigma_{ij}$ beschreibt.

$$p_{ij} = p\,\delta_{ij} - \sigma_{ij} = p\,\delta_{ij} - m\int c_i\,c_j\,F\,\varphi\,d\boldsymbol{c}.$$

Diese Aufspaltung bedeutet hier gleichzeitig eine Aufspaltung in Anteile bei thermodynamischem Gleichgewicht und in Anteile, die durch Nichtgleichgewicht hervorgerufen werden. Die Reibungsspannungen $\sigma_{ij}$ sind demnach definiert durch

$$\sigma_{ij} = -m\int c_i\,c_j\,(f - F)\,d\boldsymbol{c} = -m\int c_i\,c_j\,F\,\varphi\,d\boldsymbol{c} \tag{7.24}$$

und erfordern die Integration über das Produkt aus Störverteilung (7.22) und Maxwell-Verteilung (7.14). Die etwas aufwendige Integration kann mit Hilfe der Integralbeziehungen im Anhang 10.1 durchgeführt werden.

Als Ergebnis erhält man den Tensor der Reibungspannungen

$$\sigma_{ij} = 2\,\frac{n\,k\,T}{\omega}\cdot S_{ij} = \frac{n\,k\,T}{\omega}\cdot\left(\frac{\partial v_i}{\partial x_j} + \frac{\partial v_j}{\partial x_i} - \frac{2}{3}\frac{\partial v_k}{\partial x_k}\,\delta_{ij}\right),\tag{7.25}$$

den man wiederum aufspalten kann in Tangential- und Normalspannungen.

- Tangential- (Schub-) spannungen $\sigma_{ij}$ für $i \neq j$

$$\sigma_{ij} = \frac{n\,k\,T}{\omega}\cdot\left(\frac{\partial v_i}{\partial x_j} + \frac{\partial v_j}{\partial x_i}\right)\qquad i \neq j,\tag{7.26}$$

- Normalspannungen $\sigma_{ij}$ für $i = j$

$$\sigma_{ii} = \frac{n\,k\,T}{\omega}\cdot\left(2\,\frac{\partial v_i}{\partial x_i} - \frac{2}{3}\frac{\partial v_k}{\partial x_k}\right)\qquad i = j.\tag{7.27}$$

**Wärmestrom $q_i$.** Der Wärmestrom $q_i$ ist nach (3.18) unter Nutzung von (7.23) gegeben durch

$$q_i = -\frac{m}{2}\int c_i\,c^2\,f d\mathbf{c} = -\frac{m}{2}\int c_i\,c^2\,F\,d\mathbf{c} - \frac{m}{2}\int c_i\,c^2\,F\,\varphi\,d\mathbf{c}.$$

Der erste Anteil ist nur abhängig von der Gleichgewichtsverteilung $F$ und verschwindet wegen ungerader Potenzen von $c_i$, (siehe Abschn. 4.3). Einsetzen von $\varphi$ aus (7.22) und formale Integration mittels Integralbeziehungen im Anhang 10.1 liefert:

$$q_i = -\frac{m}{2}\int c_i\,c^2\,F\,\varphi\,d\mathbf{c} = \frac{5}{2}\frac{k}{m}\frac{n\,k\,T}{\omega}\cdot\frac{\partial T}{\partial x_i}.\tag{7.28}$$

### 7.1.5 Vergleich der Transportgrößen mit Kontinuumsansätzen

Im vorherigen Abschnitt wurde eine Nichtgleichgewichtsverteilung (7.23) aus der Chapman-Enskog-Entwicklung erster Ordnung hergeleitet und die daraus resultierenden Ansätze für die Reibungsspannungen (7.25) und Wärmeströme (7.28) bestimmt. Vergleiche mit den bekannten Kontinuumsansätzen erlauben die Zuordnung der Resultate des BGK-Modelles zu den üblichen Formulierungen der Transportkoeffizienten, wie Viskosität oder Wärmeleitungskoeffizient für die Navier-Stokes-Gleichungen. Die molekularen Transportterme werden im Folgenden im Zusammenhang mit den Kontinuumsannahmen diskutiert.

**Newtonscher Spannungsansatz.** Wie der mittels Chapman-Enskog-Entwicklung aus dem BGK-Modell hergeleitete Ansatz (7.25) für die Reibungsspannungen zeigt, ist der Spannungstensor $\sigma_{ij}$ linear proportional zu dem Verformungstensor $S_{ij}$ nach (7.21). Die Form entspricht dem Newtonschen Spannungsansatz eines Fluid, der wie folgt definiert ist:

$$\sigma_{ij} = 2\,\eta\,S_{ij} = \eta\,\left(\frac{\partial v_i}{\partial x_j} + \frac{\partial v_j}{\partial x_i} - \frac{\eta_v}{\eta}\,\frac{\partial v_k}{\partial x_k}\,\delta_{ij}\right). \tag{7.29}$$

Proportionalitätsfaktoren sind die dynamische Zähigkeit $\eta$ und die Volumenzähigkeit $\eta_v$.

Das gaskinetische Ergebnis (7.25) entspricht genau dem Newtonschen Spannungsansatz der Kontinuumsmechanik, wenn man die Proportionalitätsfaktoren entsprechend interpretiert. Dieser Ansatz ist für viele gewöhnliche Gase und Flüssigkeiten in einem weiten Temperatur- und Druckbereich, der den Kontinuumsannahmen entspricht, experimentell bestätigt worden.

Die Gaskinetik ist somit in der Lage phänomenologische Ansätze der Kontinuumsmechanik als kleine Störung des thermodynamischen Gleichgewichtes zu interpretieren und vorherzusagen. Dies gilt auch für den anschließend betrachteten Fourierschen Wärmeleitungsansatz.

**Die dynamische Viskosität $\eta$** als Proportionalitätsfaktor zwischen Spannungstensor $\sigma_{ij}$ und Verformungstensor $S_{ij}$ ergibt sich aus dem BGK-Modell durch Vergleich von (7.29) und (7.25) sofort zu:

$$\eta = \frac{n\,k\,T}{\omega}. \tag{7.30}$$

Ersetzt man die Kollisionsfrequenz $\omega$ durch $\omega = \bar{c}/l_f$ nach (4.38) mit $\bar{c} = \sqrt{8RT/\pi}$, so erhält man für die Zähigkeit:

$$\eta = \frac{n\,k\,T}{\omega} = \frac{n\,k\,T\cdot l}{\bar{c}} = \frac{\pi}{8}\varrho\,l\,\bar{c} \sim \sqrt{T}.$$

Die Temperaturabhängigkeit der Viskosität $\eta(T) \sim \sqrt{T}$ entspricht der eines Starrkugelmodelles der Moleküle. Diese Abhängigkeit von der Temperatur stimmt jedoch nicht korrekt mit den gemessenen Werten überein, wie in Abschn. 2.2 diskutiert. Eine Verbesserung der gaskinetischen Vorhersage von molekularen Transportgrößen wird durch eine entsprechende Entwicklung der Boltzmann-Gleichung anstelle des BGK-Modelles erreicht, wie in dem nachfolgenden Kapitel 7.2 gezeigt.

**Die Volumenzähigkeit $\eta_v$** infolge der Kompressibilität eines Gases wird in der Kontinuumstheorie mittels der Stokesschen Hypothese festgelegt. Diese fordert, dass die Spur des Tensors der Reibungsspannungen $\sigma_{ij}$ verschwindet, d.h.

$$\sum_{i=1}^{3} \sigma_{ii} = \sigma_{11} + \sigma_{22} + \sigma_{33} = 0.$$

Mit einem Ansatz für die Normalspannungen

$$\sigma_{ii} = \eta \cdot \left( 2\, \frac{\partial v_i}{\partial x_i} - \eta_v\, \frac{\partial v_k}{\partial x_k} \right)$$

folgt nach der Stokesschen Hypothese

$$\eta_v = \frac{2}{3}\, \eta.$$

Ein Vergleich mit dem Resultat des BGK-Modelles (7.27) zeigt, dass die kinetische Theorie die Volumenzähigkeit $\eta_v = 2/3\,\eta$ infolge Kompressibilität korrekt erfasst. Dies ist eine Folge der angenommenen Symmetrieeigenschaften eines Gases in Gleichgewicht und drückt sich zum Beispiel in dem spurfreien Tensor (7.19) aus.

**Fourierscher Wärmeleitungsansatz.** Der Fourierscher Wärmeleitungsansatz setzt den Wärmestrom linear proportional zu den Temperaturgradienten, analog zum Newtonschen Spannungsansatz.

$$q_i = \lambda \cdot \frac{\partial T}{\partial x_i}. \tag{7.31}$$

Ein Vergleich mit (7.28) zeigt, dass diese lineare Abhängigkeit durch die kinetische Theorie für kleine Abweichungen ebenfalls bestätigt wird.

**Der Wärmeleitungskoeffizient $\lambda$** ergibt sich für das BGK-Modell durch Vergleich von (7.31) und (7.28) zu

$$\lambda = \frac{5}{2}\, \frac{k}{m}\, \frac{n\,k\,T}{\omega} \sim \sqrt{T}. \tag{7.32}$$

Die Temperaturabhängigkeit des Wärmeleitungskoeffizienten $\lambda(T) \sim \sqrt{T}$ entspricht, wie die der Viskosität, der eines Starrkugelmodelles der Moleküle.

Die Temperaturabhängigkeit der Transportkoeffizienten $\eta(T)$ und $\lambda(T)$ für das BGK-Modell kann jedoch in praktischen Rechnungen korrigiert werden, indem die Kollisionsfrequenz $\omega = \frac{n\,k\,T}{\eta}$ durch einen bekannten, realistischeren Verlauf $\eta(T)$ ersetzt wird. Da sich dadurch die Temperaturabhängigkeit des Wärmeleitungskoeffizienten an die der Viskosität anpasst, bleibt die Prandtl-Zahl jedoch immer Eins, wie nachfolgend gezeigt.

**Prandtl-Zahl.** Ersetzt man die Koeffizienten in der Prandtl-Zahl

$$Pr = \frac{\eta\, c_p}{\lambda}$$

durch die Ergebnisse aus dem BGK-Modell, so ergibt sich mit $c_p = \frac{5}{2}R$

$$Pr = \frac{\eta\, c_p}{\lambda} = 1.$$

Wie bereits im Abschn. 2.2.4 diskutiert, bleibt der Wert der Prandtl-Zahl für weite Temperaturbereiche nahezu konstant. Die Konstante jedoch weicht von Eins ab und ist für einatomige Moleküle bei $Pr \approx \frac{2}{3}$. Eine Verbesserung der theoretischen Ergebnisse ist zu erwarten, wenn die Näherung der Boltzmann-Gleichung, das BGK-Modell, durch die Boltzmann-Gleichung selbst ersetzt wird.

### 7.1.6 Navier-Stokes-Gleichungen

Unter dem System der Navier-Stokes-Gleichungen wird hier das System der Erhaltungsgleichungen für Masse, Impuls und Energie im kontinuumsnahen Bereich bei Knudsen-Zahlen $Kn \ll 1$ verstanden.

Die Navier-Stokes-Gleichungen sind die umfassendste Beschreibung eines reibungsbehafteten, wärmeleitenden Gases in diesem Bereich. Das Gleichungssystem erlaubt im Grenzfall sehr kleiner Mach-Zahlen auch die Beschreibung inkompressibler Fluide und damit auch die Beschreibung von Strömungen von Flüssigkeiten.

Des weiteren wird davon ausgegangen, dass alle Phänomene der Turbulenz durch diese Gleichungen erfasst werden, da angenommen werden kann, dass die charakteristischen Skalen der Turbulenz (Wirbelfrequenz und Kolmogoroff-Länge) ausreichend größer sind als die der molekularen Kinetik (Stoßfrequenz und mittlere freie Weglänge).

Die vollständigen Navier-Stokes-Gleichungen ergeben sich aus den allgemeinen Erhaltungsgesetzen für Masse (5.36), für Impuls (5.37) und für Energie (5.38) und den Definitionen der Transportterme (7.29) und (7.31) in Tensorschreibweise zu

$$\frac{\partial \varrho}{\partial t} + \frac{\partial}{\partial x_i}\left(\varrho\, v_i\right) = 0,$$

$$\frac{\partial}{\partial t}\left(\varrho\, v_i\right) + \frac{\partial}{\partial x_j}\left(\varrho\, v_i\, v_j\right) + \frac{\partial p}{\partial x_i}$$

$$= \frac{\partial}{\partial x_j}\,\eta\left(\frac{\partial v_i}{\partial x_j} + \frac{\partial v_j}{\partial x_i} - \frac{2}{3}\,\frac{\partial v_k}{\partial x_k}\,\delta_{ij}\right),$$

$$\frac{\partial}{\partial t}\left(\varrho\, E\right) + \frac{\partial}{\partial x_j}\left(\varrho\, v_j\, E\right) + \frac{\partial v_j\, p}{\partial x_j}$$

$$= \frac{\partial}{\partial x_j}\,\eta\left(v_k \cdot \left(\frac{\partial v_k}{\partial x_j} + \frac{\partial v_j}{\partial x_k}\right) - v_j \cdot \frac{2}{3}\,\frac{\partial v_k}{\partial x_k}\right) + \frac{\partial}{\partial x_j}\left(\lambda\,\frac{\partial T}{\partial x_j}\right) \quad (7.33)$$

mit der Abkürzung $E = e + v^2/2$ für die makroskopische Gesamtenergie $E$.

## 7.2  Chapman-Enskog-Entwicklung für die Boltzmann-Gleichung

Die genaue und ursprüngliche Form der Chapman-Enskog-Entwicklung wurde für die Lösung der exakten Boltzmann-Gleichung unabhängig voneinander durch Chapman und Enskog, ca. 1916 entwickelt.

Die Vorgehensweise der Chapman-Enskog-Entwicklung, angewendet auf die Boltzmann-Gleichung, entspricht genau der vorangehend gezeigten Reihenentwicklung für das BGK-Modell. Im Unterschied dazu wird der Störansatz der Verteilungsfunktion für kleine Abweichungen vom Gleichgewicht auf den vollständigen Kollisionsterm der Boltzmann-Gleichung angewendet. Die Chapman-Enskog-Entwicklung in der Näherung erster Ordnung führt wieder auf die Navier-Stokes-Gleichungen und auf die Kontinuumsansätze für die Reibungspannungen und den Wärmestrom. Von der Chapman-Enskog-Entwicklung der Boltzmann-Gleichung wird jedoch erwartet, dass die Ergebnisse für die Transportkoeffizienten realistischer berechnet werden können, als dies für das BGK-Modell der Fall ist.

Die aus der Näherung erster Ordnung resultierende, lineare Integralgleichung der Boltzmann-Gleichung ist jedoch mathematisch wesentlich komplexer als die entsprechende Gleichung des BGK-Modelles, so dass hier der Lösungsweg nur skizziert werden kann. Für mehr Details wird auf ausführlichere Literatur, wie Vincenti und Kruger [39] oder Chapman und Cowling [9] verwiesen.

### 7.2.1  Linearisierung der Boltzmann-Gleichung

Ausgangspunkt ist die in Kap. 5 hergeleitete Boltzmann-Gleichung (5.11)

$$\frac{\partial f}{\partial t} + \xi_i \frac{\partial f}{\partial x_i} = \int_{\xi_1} \int_{A_C} (f' f_1' - f f_1)\, g\, dA_c\, d\xi_1$$

bzw.    $\mathcal{D}[f] = \mathcal{C}[f].$  $\hspace{2cm}$ (7.34)

mit den Abkürzungen $\mathcal{D}[f]$ als Operator für den Transportterm auf der linken Seite und $\mathcal{C}[f]$ für den Kollisionsterm.

Der Störansatz von Ordnung $\varepsilon^1$ für die Verteilungsfunktion $f$ kann direkt von der im Abschn. 7.1.1 gezeigten Chapman-Enskog-Entwicklung übertragen werden in der Form des Ansatzes (7.11)

$$f = F + F\varphi \qquad \text{mit} \quad \varphi \ll 1.$$  $\hspace{1cm}$ (7.35)

Hierbei ist $F$ die lokale Maxwell-Verteilung (7.14) und $\varphi$ eine Störverteilung, wie in (7.12) definiert. Dieser Ansatz wird in die Boltzmann-Gleichung eingesetzt.

**Der Transportterm $\mathcal{D}[f]$** auf der linken Seite der Boltzmann-Gleichung ergibt unter Vernachlässigung der Terme von Ordnung $O(\varphi)$:

$$\mathcal{D}[f] = \frac{\partial f}{\partial t} + \xi_i \frac{\partial f}{\partial x_i} \approx \frac{\partial F}{\partial t} + \xi_i \frac{\partial F}{\partial x_i} = \mathcal{D}[F].$$

Die Entwicklung des Transporttermes $\mathcal{D}[F]$ als Funktion der lokalen Maxwell-Verteilung $F$ (7.14) erfolgt, wie beim BGK-Modell in Abschn. 7.1.3 gezeigt, durch Differentiation von $F$ und Ersetzen der Zeitableitungen mittels Erhaltungsgleichungen.

Mit der Störverteilung (7.23) folgt für den Transportterm

$$\mathcal{D}[F] = \frac{\partial F}{\partial t} + \xi_i \frac{\partial F}{\partial x_i} = -\omega\, F\, \varphi_{BGK} = F \cdot \left[ \left( \frac{c^2}{2RT} - \frac{5}{2} \right) \frac{c_i}{T} \cdot \frac{\partial T}{\partial x_i} \right.$$

$$\left. + \frac{1}{2RT}\, c_i c_j : \left( \frac{\partial v_j}{\partial x_i} + \frac{\partial v_i}{\partial x_j} - \frac{2}{3} \frac{\partial v_k}{\partial x_k} \delta_{ji} \right) \right]. \tag{7.36}$$

Der Transportterm $\mathcal{D}[F] = \mathcal{D}[c_i, v_i, T]$ ist somit eine Funktion der molekularen Geschwindigkeit $c_i$, der Temperatur $T$ und des Temperaturgradienten und der Gradienten der Strömungsgeschwindigkeit $v_i$.

**Der Kollisionsterm $\mathcal{C}[f]$** der Boltzmann-Gleichung (5.11) ist:

$$\mathcal{C}[f] = \int\limits_{\xi_1} \int\limits_{A_C} (f'\, f_1' - f\, f_1)\, \boldsymbol{g}\, dA_c\, d\xi_1.$$

Die im Kollisionsterm auftretenden Produkte von Verteilungsfunktionen reduzieren sich mit (7.35) unter Vernachlässigung quadratischer Terme in $\varphi$ zu:

$$f'\, f_1' \approx F'\, F_1' + F'\, F_1'\, (\varphi' + \varphi_1') \quad \text{und} \quad f\, f_1 \approx F\, F_1 + F\, F_1\, (\varphi + \varphi_1).$$

Aus der Definition einer Maxwell-Verteilung (5.17) folgt:

$$F'\, F_1' = F\, F_1.$$

Hierbei gilt, wie vorn vereinbart, z.B. $f_1' = f(c_1')$ und somit $\varphi_1' = \varphi(c_1')$. Der Kollisionsterm wird mit diesen Näherungen linear in $\varphi$ und ergibt

$$\mathcal{C}[\varphi] = \int\limits_{\xi_1} \int\limits_{A_C} F\, F_1\, (\varphi' + \varphi_1' - \varphi - \varphi_1)\, \boldsymbol{g}\, dA_c\, d\xi_1. \tag{7.37}$$

Mit dem Kollisionsterm (7.37) und dem Transportterm (7.36) erhält man die linearisierte Boltzmann-Gleichung in der ersten Ordnung der Chapman-Enskog-Entwicklung zu:

$$\mathcal{D}[F] = \int\limits_{\xi_1} \int\limits_{A_C} F\, F_1\, (\varphi' + \varphi_1' - \varphi - \varphi_1)\, \boldsymbol{g}\, dA_c\, d\xi_1. \tag{7.38}$$

Diese Näherung der Boltzmann-Gleichung führt auf eine lineare, inhomogene Integralgleichung für die Unbekannte $\varphi$.

### Lösung der linearisierten Boltzmann-Gleichung

Die Lösung der Integralgleichung (7.38) kann jetzt aufgespalten werden in einen homogenen und einen inhomogenen bzw. partikulären Anteil:

$$\varphi = \varphi_H + \varphi_P.$$

Die homogene Lösung der linearisierten Boltzmann-Gleichung wird durch eine Linearkombination der Stoßinvarianten erfüllt, wodurch der Kollisionsterm verschwindet. Die homogene Lösung lautet:

$$\varphi_H = a_1 + a_2\,\xi_i + a_3\,\xi_i^2. \tag{7.39}$$

Als Ansatz für die partikuläre Lösung, die den Kollisionsterm mit den Transportterm verbindet, wird eine funktionale Form entsprechend dem inhomogenen Anteil, dem Transportterm (7.36), gewählt

$$\varphi_P = -\left[A_j \cdot \sqrt{2RT}\,\frac{1}{T}\,\frac{\partial T}{\partial x_j} + B_{ij} \cdot \left(\frac{\partial v_i}{\partial x_j} + \frac{\partial v_j}{\partial x_i} - \frac{2}{3}\,\frac{\partial v_k}{\partial x_k}\,\delta_{ij}\right)\cdot\right] \tag{7.40}$$

Der Vektor $A_i$ und der Tensor $B_{ij}$ sind unbekannte Funktionen der Molekulargeschwindigkeit und der Temperatur. Die partikuläre Lösung wird in die linearisierte Boltzmann-Gleichung (7.38) eingesetzt und führt auf eine Gleichung für $\varphi_P$

$$\mathcal{D}[F] = \mathcal{C}[\varphi_P].$$

Daraus folgen durch Abgleich der Gradiententerme $\sim \frac{\partial T}{\partial x_j}$ und $\sim \frac{\partial v_i}{\partial x_j}$ zwei Bestimmungsgleichungen für die Größen $A_i$ und $B_{ij}$:

$$\mathcal{C}[A_i] = F \cdot \hat{C}_i \left(\hat{C}_i^2 - \frac{5}{2}\right),$$

$$\mathcal{C}[B_{ij}] = F \cdot \left(2\,\hat{C}_i\,\hat{C}_j - \frac{2}{3}\,\hat{C}^2\,\delta_{ij}\right) \tag{7.41}$$

mit der Definition einer dimensionslosen Molekulargeschwindigkeit

$$\hat{C}_i = \frac{c_i}{\sqrt{2RT}}.$$

Neben diesen Bestimmungsgleichungen muss die partikuläre Lösung (7.45) der Störverteilung die Momente der Stoßinvarianten erfüllen.

$$\int_\xi F\,\varphi_P\,d\boldsymbol{\xi} = 0\,, \qquad \int_\xi \xi_i\,F\,\varphi_P\,d\boldsymbol{\xi} = 0\,, \qquad \int_\xi \xi_i^2\,F\,\varphi_P\,d\boldsymbol{\xi} = 0 \tag{7.42}$$

Aus diesen Momenten und (7.41) kann geschlossen werden, dass der Vektor $A_i$ und der Tensor $B_{ij}$ wie folgt geschrieben werden können:

$$A_i = A(\hat{C}_i, T) \cdot \hat{C}_i$$

$$B_{ij} = B(\hat{C}_i, T) \cdot \left(2\,\hat{C}_i\,\hat{C}_j - \frac{2}{3}\,\hat{C}^2\,\delta_{ij}\right). \tag{7.43}$$

Die partikuläre Lösung $\varphi_P$ reduziert sich damit auf die Bestimmung der zwei skalaren Größen $A(\hat{C}_i, T)$ und $B(\hat{C}_i, T)$ in (7.43), die aus den Kollisionsintegralen (7.41) zu bestimmen sind.

$$\mathcal{C}\left[A \cdot \hat{C}_i\right] = F \cdot \hat{C}_i \left(\hat{C}_i^2 - \frac{5}{2}\right)$$

$$\mathcal{C}\left[B \cdot (2\,\hat{C}_i\,\hat{C}_j - \frac{2}{3}\,\hat{C}^2\,\delta_{ij}\right] = F \cdot \left(2\,\hat{C}_i\,\hat{C}_j - \frac{2}{3}\,\hat{C}^2\,\delta_{ij}\right) \tag{7.44}$$

Die Form der Integrale $\mathcal{C}[X]$ für eine Funktion $X$ sind definiert durch den linearen Kollisionsoperator (7.37).

Die Lösung der Integralgleichungen (7.44) erfordert die Festlegung von molekularen Wechselwirkungpotentialen. Die Lösung für allgemeine Potentiale führt jedoch auf aufwendige und komplexe Mathematik, die den Rahmen dieses Buches überschreitet. Mehr Details sind in Vincenti und Kruger [39] oder Chapman und Cowling [9] zu finden.

Die Lösung für die gesuchte Störverteilung $\varphi$ lautet endgültig unter der Annahme, dass die Koeffizienten $A$ und $B$ bekannt sind:

$$\varphi = \varphi_H - A\,\hat{C}_i \cdot \sqrt{2RT}\,\frac{1}{T}\frac{\partial T}{\partial x_j}$$

$$- B\left(2\,\hat{C}_i\,\hat{C}_j - \frac{2}{3}\,\hat{C}^2\,\delta_{ij}\right) \cdot \left(\frac{\partial v_i}{\partial x_j} + \frac{\partial v_j}{\partial x_i} - \frac{2}{3}\frac{\partial v_k}{\partial x_k}\delta_{ij}\right). \tag{7.45}$$

### 7.2.2 Transportgrößen

Mit (7.44) erhält man zwei unabhängige Gleichungen für $A$ und $B$ zur Bestimmung der Viskosität $\eta(T)$ und der Wärmeleitfähigkeit $\lambda(T)$.

**Die Reibungsspannungen $\sigma_{ij}$** sind definiert durch (7.24) und ergeben mit obigen Beziehungen:

$$\sigma_{ij} = -m \int c_i\,c_j\,F\,\varphi_P\,d\mathbf{c}$$

$$= 2kT \int \hat{C}_i\,\hat{C}_j\,F\,B_{ij}\,d\mathbf{c} \cdot \left(\frac{\partial v_i}{\partial x_j} + \frac{\partial v_j}{\partial x_i} - \frac{2}{3}\frac{\partial v_k}{\partial x_k}\delta_{ij}\right)$$

$$= 4kT \int \hat{C}_i\hat{C}_j \left(\hat{C}_i\hat{C}_j - \frac{1}{3}\hat{C}^2\delta_{ij}\right) F\,B\,d\mathbf{c} \cdot \left(\frac{\partial v_i}{\partial x_j} + \frac{\partial v_j}{\partial x_i} - \frac{2}{3}\frac{\partial v_k}{\partial x_k}\delta_{ij}\right).$$

Der Anteil $\sim \frac{\partial T}{\partial x_j}$ in (7.45) für $\varphi$ wird nicht berücksichtigt, da das Produkt mit der Maxwell-Verteilung auf Grund ungerader Potenz Null wird.

Ein Vergleich mit dem Newtonschen Spannungsansatz (7.29)

$$\sigma_{ij} = \eta \cdot \left(\frac{\partial v_i}{\partial x_j} + \frac{\partial v_j}{\partial x_i} - \frac{2}{3}\frac{\partial v_k}{\partial x_k}\delta_{ij}\right)$$

zeigt, dass die erste Näherungen der Chapman-Enskog-Entwicklung für die Boltzmann-Gleichung ebenfalls den linearen Newtonschen Spannungsansatz erfüllt. Für die dynamische Viskosität folgt daraus

$$\eta = 4kT \int \hat{C}_i \hat{C}_j \left( \hat{C}_i \hat{C}_j - \frac{1}{3}\hat{C}^2 \delta_{ij} \right) F\, B\, d\mathbf{c}. \tag{7.46}$$

**Der Wärmestrom** ergibt sich analog zur Reibungsspannung aus der Definition (3.18) und der Störverteilung (7.45).

$$\begin{aligned}
q_i &= \frac{m}{2} \int c_i\, c^2\, F\, \varphi\, d\mathbf{c} \\
&= \frac{m}{2}(2RT)^2 \int \hat{C}_i\, \hat{C}^2 A_i\, F\, d\mathbf{c} \cdot \frac{1}{T}\frac{\partial T}{\partial x_j} \\
&= \frac{2\, k^2 T}{m} \int A\, \hat{C}_i\, F\, d\mathbf{c} \cdot \frac{\partial T}{\partial x_j}
\end{aligned}$$

Der Vergleich mit dem Fourierschen Wärmeleitungsgesetz (7.31) ergibt den Wärmeleitungskoeffizienten zu:

$$\lambda = \frac{2\, k^2 T}{m} \int A\, \hat{C}_i\, F\, d\mathbf{c}. \tag{7.47}$$

**Transportkoeffizienten aus der Boltzmann-Gleichung.** Aus den Ansätzen (7.43) für $A_i$ und $B_{ij}$ kann zunächst geschlossen werden, dass die Viskosität $\eta$ und der Wärmeleitungskoeffizient $\lambda$ nur von der Temperatur abhängen. Außerdem folgt aus den unabhängigen Gleichungen (7.44) für $A$ und $B$, dass sich eine beliebige Prandtl-Zahl einstellen kann.

Eine quantitative Angabe der Transportkoeffizienten ist jedoch ohne Lösung der Integralgleichungen (7.44) nicht möglich. Für eine detaillierte Herleitung dieser Koeffizienten und insbesondere auf die Bestimmung ihrer Temperaturabhängigkeit in Abhängigkeit vom Molekülmodell, sei auf das Buch von Hirschfelder et al. [24] verwiesen.

Für Wechselwirkungspotentiale $\Phi(r)$, die mit $r^{-\alpha}$ variieren, ist eine Berechnung der Temperaturabhängigkeit möglich, siehe Vincenti und Kruger [39]. Für ein solches Potential folgt mit $\eta_r$ und $\lambda_r$ als Bezugswerte bei einer Referenztemperatur $T_r$:

$$\eta = \eta_r \left( \frac{T}{T_r} \right)^{(\alpha+4)/2\alpha} \tag{7.48}$$

und

$$\lambda = \lambda_r \left( \frac{T}{T_r} \right)^{(\alpha+4)/2\alpha} \tag{7.49}$$

Bekannte Potentiale $\Phi(r)$ dieser Art beschreiben zum Beispiel elastische, starre Kugeln mit $\alpha \to \infty$ oder die sogenannten Maxwell-Moleküle mit $\alpha = 4$, siehe auch Abb. 4.9. Für die starre Kugel ergibt sich, wie auch für das BGK-Modell:

$$\eta(T) = \eta_r \left(\frac{T}{T_r}\right)^{1/2} \sim T^{1/2} \quad \text{und} \quad \lambda = \lambda_r \left(\frac{T}{T_r}\right)^{1/2} \sim T^{1/2}.$$

Für Maxwell-Moleküle folgt dagegen

$$\eta(T) = \eta_r \left(\frac{T}{T_r}\right)^{1} \sim T \quad \text{und} \quad \lambda = \lambda_r \left(\frac{T}{T_r}\right)^{1} \sim T.$$

Wie in Abschn. 2.2 diskutiert, liegen für die meisten Gase die Exponenten $s$ der Temperatur in dem Bereich $1/2 \leq s \leq 1$. Das Molekülmodell der starren Kugel und das Maxwell-Molekülmodell beschreiben somit die Grenzbereiche der Temperaturabhängigkeit der Transportkoeffizienten im Kontinuum.

## 7.3 Struktur einer Stoßwelle

Die Untersuchung der inneren Struktur einer Stoßwelle ist ein klassisches Problem zur Überprüfung der gaskinetischen Theorie. Das Problem bietet hierfür einige Vorteile:

- Bei schwachen Stößen, d.h. bei Stoßmachzahlen nur etwas größer als Eins, sind die Abweichungen vom thermodynamischen Gleichgewicht klein. In diesem Bereich gelten die Transportkoeffizienten aus der Chapman-Enskog-Entwicklung und somit die Navier-Stokes-Gleichungen.
- Mit steigenden Stoßmachzahlen werden die Abweichungen vom Gleichgewicht größer, die Navier-Stokes-Gleichungen verlieren ihre Gültigkeit und sind durch Lösungen der Boltzmann-Gleichung zu ersetzen.
- Das Problem der Stoßwellenstruktur vermeidet die komplexen Effekte der Wechselwirkung mit einer Wand.
- Das Problem kann eindimensional und stationär behandelt werden.
- Die Stoßwellenstruktur kann experimentell in einem Stoßwellenrohr relativ einfach mittels Dichtemessung bestimmt werden, so dass die Gültigkeit der theoretischen Ansätze überprüft werden kann.

Verdichtungsstöße sind gasdynamische Phänomene, bei denen sich der Strömungszustand über eine sehr kurze Distanz sehr stark ändern kann. Diese Distanz, im Folgenden Stoßbreite $\delta$ genannt, ist bei schwachen Stößen ausreichend groß, so dass die Struktur durch Lösungen der Navier-Stokes-Gleichungen beschrieben werden kann. Aber schon bei Stoßmachzahlen von $Ma_1 \leq 1.5$ kommt die Stoßdicke in die Größenordnung einer mittleren freien Weglänge $l_f$ und die Knudsen-Zahl $Kn = l_f/\delta$ bezogen auf die Stoßbreite erreicht schnell die Größenordnung von Eins. Molekulare Nichtgleichgewichtseffekte, wie Reibung und Wärmeleitung innerhalb der Struktur einer

Stoßwelle spielen dann eine große Rolle. Im Vergleich mit gemessenen Stoßstrukturen unterschiedlicher Stoßstärken kann somit der Gültigkeitsbereich der Kontinuumsmechanik abgeschätzt werden.

In vielen technischen Strömungen, z.B. bei der Überschallströmung um ein Flugzeug oder bei der Überschallströmung in einer Lavaldüse treten Verdichtungsstöße auf. Bei ausreichend hohen Dichten ist die mittlere freie Weglänge $l_f$ und somit die Stoßbreite wesentlich kleiner als typische Abmessungen $L$ technischer Geometrien. Entsprechend Tabelle 1.3 beträgt die freie Weglänge $l_f \approx 60\,$nm bei atmosphärischem Zustand, die Knudsen-Zahl bezogen auf die Körperabmessungen ist selbst bei kleinen Abmessungen von z.B. $L \approx 1\,$mm noch sehr klein $(Kn = l/L \approx 6 \cdot 10^{-5})$. In diesen Fällen spielt der Übergang der Zustände innerhalb der Stoßstruktur auf Grund der kurzen Distanz keine Rolle, es interessieren nur die Zustände vor und nach dem Stoß. Unter Vernachlässigung der Nichtgleichgewichtsvorgänge innerhalb des Stoßes ist es möglich, die Zustände vor und nach dem Stoß mittels der Beziehungen einer reibungs- und wärmeleitungsfreien Strömung, d.h. mittels der Euler-Gleichungen zu erfassen. Die Begründung dafür liegt in der Annahme, dass sich vor und nach dem Stoß wieder, zumindestens näherungsweise, thermodynamisches Gleichgewicht einstellt, was die Nutzung der Euler-Gleichungen motiviert.

In Bereichen sehr kleiner Dichten jedoch, wie z.B. beim Wiedereintritt eines Raumflugkörpers in großen Höhen, siehe Abb. 1.4, wird die Stoßbreite groß und kommt in die Größenordnung der Körperabmessungen. Dann spielen die Übergangszustände innerhalb einer Stoßwelle eine merkliche Rolle für die Gaszustände, insbesondere für die Dissoziation und Ionisation der Luft hinter dem Stoß und damit auch für die Strömungseigenschaften in großer Höhe.

Im Folgenden werden drei klassische Lösungen des Stoßwellenproblemes vorgestellt, erstens die gasdynamische Lösung aus den Euler-Gleichungen, zweitens eine Abschätzung der Stoßstruktur aus den Navier-Stokes-Gleichungen und drittens eine Momentenlösung für starke Stöße, bzw. große Knudsen-Zahlen. Für die Herleitungen wird thermisch und kalorisch ideales Gas vorausgesetzt.

### 7.3.1 Zur Definition des Stoßwellenproblemes

Zur Untersuchung des Problemes wird eine stationäre, eindimensionale Stoßwelle vorausgesetzt. In einem stoßfesten Koordinatensystem erfolgt die „kalte" Überschallanströmung von links, die Strömung nach dem Stoß ist im Unterschall bei einer höheren Temperatur und Dichte. Die Abb. 7.1. zeigt die geometrische Anordnung und die qualitativen Verläufe von typischen Größen über den Verdichtungsstoß. Die Werte von Druck, Temperatur und Dichte als auch der Entropie nehmen zu, während die Geschwindigkeit und die Mach-Zahl abnehmen. Der Gesamtdruck $p_0$ nimmt als Folge steigender Entropie ebenfalls ab.

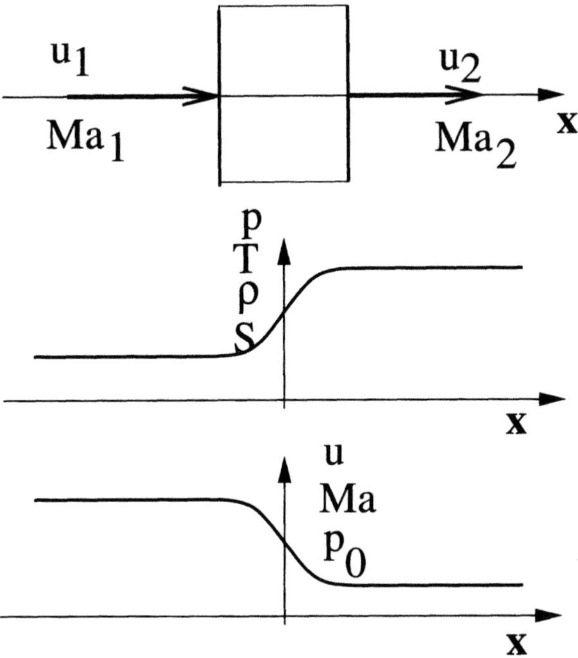



**Abb. 7.1.** Eindimensionale, stationäre Stoßwelle
- Definitionen und Kontrollvolumen,
- Qualitative Verläufe von Druck, Temperatur, Dichte und Entropie,
- Qualitative Verläufe von Geschwindigkeit, Mach-Zahl und Gesamtdruck.

Die Zustände weit vor dem Stoß werden mit dem Index 1 bezeichnet. Vorgegebene Größen sind die Geschwindigkeit $u_1$, die Temperatur $T_1$ und die Dichte $\varrho_1$. Die Mach-Zahl der Anströmung, im Folgenden Stoßmachzahl $Ma_1$ genannt, ist das Verhältnis von Anströmgeschwindigkeit $u_1$ zur Schallgeschwindigkeit $a_1$ in der Anströmung.

$$Ma_1 = \frac{u_1}{a_1} \leq 1 \quad \text{mit} \quad a_1 = \sqrt{\kappa R T}. \tag{7.50}$$

Die Zustände nach dem Stoß werden mit dem Index 2 bezeichnet mit $u_2$, $T_2$, $\varrho_2$ und $Ma_2 < 1$.

### 7.3.2 Lösung der Euler-Gleichungen für eine Stoßwelle

Die Euler-Gleichungen gelten für thermodynamisches Gleichgewicht, die innere Struktur der Stoßwelle kann deshalb mit diesen Gleichungen nicht beschrieben werden. Mittels der Beziehungen einer reibungs- und wärmeleitungsfreien Strömung können jedoch die asymptotischen Gleichgewichtszustände vor und nach dem Stoß bestimmt werden, da dort die Gradienten der Strömungsgrößen verschwinden und somit auch die Reibungsspannungen und der Wärmestrom. Unter Vernachlässigung der Übergangszone zwischen den asymptotischen Zuständen wird der Stoß zu einer Diskontinuität, d.h. die Variablen springen unmittelbar vom Zustand vor dem Stoß auf den Zustand nach dem Stoß. Die Euler-Gleichungen, mathematisch ein System nichtlinearer, hyperbolischer partieller Differentialgleichungen, schließen sprungartige Lösungen als sogenannte schwache Lösungen ein.

Die Euler-Gleichungen aus Abschn. (5.4.4), angewendet auf ein Kontrollvolumen in Abb. 7.1) zwischen den konstanten Zuständen vor und nach einer stationären Stoßwelle lauten:

$$\varrho_1 \, u_1 = \varrho_2 \, u_2,$$

$$\varrho_1 \, u_1^2 + p_1 = \varrho_2 \, u_2^2 + p_2,$$

$$\varrho_1 \, u_1 \left( h_1 + \frac{1}{2} \, u_1^2 \right) = \varrho_2 \, u_2 \left( h_2 + \frac{1}{2} \, u_2^2 \right). \tag{7.51}$$

Aus dem Energiesatz folgt, dass die Totalenthalpie $H$ vor und nach dem Stoß erhalten bleibt. Für diese Zustände gilt damit

$$H = h_1 + \frac{1}{2} \, u_1^2 = h_2 + \frac{1}{2} \, u_2^2.$$

Hinzu kommen die thermischen und kalorischen Zustandsgleichungen für ein ideales Gas

$$p = \varrho \, R \, T = \kappa \, (\kappa - 1) \, \varrho \, h \quad \text{und} \quad h = c_p \, T = \frac{5}{2} \, R \, T. \tag{7.52}$$

Nimmt man an, dass z.B. der Anströmzustand 1 bekannt ist, kann der Zustand 2 mit den Beziehungen (7.51) und (7.52) vollständig bestimmt werden. Die Lösung dieses System ergibt die Sprungbedingungen über einen Stoß, die in der Gasdynamik als Rankine-Hugoniot-Bedingungen bekannt sind. Beispielhaft ergeben sich folgende Beziehungen zwischen den Zuständen vor und nach dem Stoß als Funktion der Stoßmachzahl $Ma_1$, wie in (7.50) definiert:

- Druckverhältnis

$$\frac{p_2}{p_1} = 1 + \frac{2\kappa}{\kappa + 1} \left( Ma_1^2 - 1 \right) \tag{7.53}$$

$$\text{mit} \quad \frac{p_2}{p_1} \to \infty \quad \text{für} \quad Ma_1 \to \infty,$$

- Dichte- und Geschwindigkeitsverhältnis

$$\frac{\varrho_2}{\varrho_1} = \frac{u_1}{u_2} = \frac{(\kappa + 1) Ma_1^2}{2 + (\kappa - 1) \, Ma_1^2} \tag{7.54}$$

$$\text{mit} \quad \frac{\varrho_2}{\varrho_1} \to \frac{(\kappa + 1)}{(\kappa - 1)} \quad \text{für} \quad Ma_1 \to \infty,$$

- Verhältnis der Mach-Zahlen

$$\frac{Ma_2}{Ma_1} = \sqrt{\frac{1/Ma_1^2 + \frac{\kappa-1}{2}}{\kappa\, Ma_1^2 - \frac{\kappa-1}{2}}} \le 1, \qquad (7.55)$$

- Verhältnis der Gesamtdrücke

$$\frac{p_{02}}{p_{01}} = \frac{\varrho_{02}}{\varrho_{01}} = \left[\left(\frac{\varrho_2}{\varrho_1}\right)^\kappa \Big/ \left(\frac{p_2}{p_1}\right)\right]^{1/\kappa-1} \le 1, \qquad (7.56)$$

- Änderung der Entropie

$$\frac{s_2 - s_1}{R} = \ln\left(\frac{p_{01}}{p_{02}}\right) \ge 0. \qquad (7.57)$$

### 7.3.3 Lösung der Navier-Stokes-Gleichungen

Die Navier-Stokes-Gleichungen gelten für ein Kontinuum bei kleinen Abweichungen vom thermodynamischen Gleichgewicht, d.h. für sehr kleine Knudsen-Zahlen. Lösungen dieser Gleichungen gelten somit nur für Stoßbreiten sehr viel größer als die mittleren freien Weglängen, was nur bei Stoßmachzahlen dicht bei Eins der Fall ist. Dennoch liefern Lösungen der Navier-Stokes-Gleichungen erstaunlich gute Übereinstimmungen mit Experimenten bis zu Stoßmachzahlen von ca. $Ma_1 \le 1.5$. Der Grund liegt zum einen darin, dass die Stoßbreite mit abnehmender Stoßmachzahl gegen Eins überproportional zunimmt. Zum anderen scheint aber wesentlicher zu sein, dass die Gültigkeit der Navier-Stokes-Gleichungen über die formale erste Ordnung der Chapman-Enskog-Entwicklung hinaus reicht.

Die Navier-Stokes-Gleichungen (7.33) für eine stationäre, eindimensionale Stoßwelle ergeben sich nach einer Integration vom Anströmzustand 1 bei $x \to -\infty$ zu einem Ort $x$ innerhalb der Stoßstruktur zu:

$$\varrho_1\, u_1 = \varrho\, u,$$

$$\varrho_1\, u_1^2 + p_1 = \varrho\, u^2 + p - \sigma_{xx},$$

$$\varrho_1\, u_1\left(h_1 + \frac{1}{2}\, u_1^2\right) = \varrho\, u\left(h + \frac{1}{2}\, u^2\right) - u\, \sigma_{xx} - q_x. \qquad (7.58)$$

Hinzu kommen die thermischen und kalorischen Zustandsgleichungen (7.52). Die asymptotischen Zustände nach dem Stoß mit Zustand 2 sind mit dem Eingangszustand 1 über die Lösung der Euler-Gleichungen (7.51) verbunden.

Die Reibungsspannung $\sigma_{xx}$ und der Wärmestrom $q_x$ ergeben sich aus (7.29) und (7.31) für den eindimensionalen Fall zu

$$\sigma_{xx} = \frac{4}{3}\,\eta(T)\,\frac{d\,u}{d\,x} \qquad (7.59)$$

und

$$q_x = \lambda(T)\,\frac{d\,T}{d\,x} \qquad (7.60)$$

Sowohl die Viskosität $\eta$ als auch die Wärmeleitfähigkeit $\lambda$ sind noch Funktionen der Temperatur. Die Abhängigkeit von der Temperatur spielt vor allem bei starken Stößen eine große Rolle auf Grund der starken Temperaturänderung über dem Stoß.

Die Gleichungen (7.58), zusammen mit den Transportgrößen $\sigma_{xx}$ aus (7.59) und $q_x$ aus (7.60), führen nach einiger Umformung auf ein gekoppeltes System von nichtlinearen, gewöhnlichen Differentialgleichungen

$$\frac{du}{dx} = g_u(u,T) \qquad\qquad (7.61)$$

$$\frac{dT}{dx} = g_T(u,T). \qquad\qquad (7.62)$$

Die Lösung diese Systemes beschreibt den räumlichen Verlauf von Geschwindigkeit $u(x)$ und Temperatur $T(x)$. Die Integration erfolgt zweckmäßigerweise im Geschwindigkeits-Temperaturraum durch Koppelung der beiden Gleichungen (7.62) zu einer Differentialgleichung

$$\frac{du}{dT} = \frac{g_u(u,T)}{g_T(u,T)}.$$

Die Lösung dieses Randwertproblemes erfolgt im Allgemeinen numerisch mit Hilfe sogenannter Einschießverfahren. Hierbei startet man von einem asymptotischen Zustand und versucht iterativ den anderen Zustand zu erreichen. Die Punkte $P(u,T)_{1,2}$ der asymptotischen Zustände vor und nach dem Stoß sind jedoch singuläre Punkte, da dort sowohl $du$ als auch $dT$ Null sind. Man bestimmt sich deshalb eine Anfangssteigung $\frac{du}{dT}|_{1,2}$ durch Taylorreihenentwicklung um die asymptotischen Zustände und startet mit diesen die Integration. Eine mathematische Analyse zeigt, dass der Zustand 1 vor dem Stoß auf einen Knotenpunkt führt, so dass man vom Zustand 2, einem Sattelpunkt, starten muss um bis zu dem vorgegeben Einströmzustand zu integrieren. Details und Rechnungen mit unterschiedlichen Temperaturabhängigkeiten der Transportkoeffizienten sind z.B. in Gilbarg und Paolucci [20] publiziert.

Das Resultat ist ein stetiger Kurvenverlauf der Variablen $u(x)$ und $T(x)$ zwischen den asymptotischen Zuständen vor und nach dem Stoß. Der stetige Verlauf ist eine Folge der Reibungsspannung und des Wärmestromes, die innerhalb der Struktur Energiedissipation und Wärmetransport bewirken. Dieser Verlauf wird als Stoßstruktur bezeichnet.

**Spezielle Lösung der Stoßstruktur für Pr=3/4.** Zur analytischen Abschätzung der Stoßstruktur kann eine mathematisch einfache Lösung betrachtet werden, die sich nach Becker [1] für eine Prandtl-Zahl von

$$Pr = \frac{\eta\, c_p}{\lambda} = \frac{3}{4}$$

finden lässt.

Im Energiesatz der Navier-Stokes-Gleichungen (7.58) können in diesem Falle der Leistungsanteil der Schubspannungen und der Wärmeleitungsterm zusammengefasst werden und resultieren für eine Prandtl-Zahl $Pr = 3/4$ in eine räumliche Änderung der Totalenthalpie $H$

$$-u\,\sigma_{xx} - q_x = -\eta \left( \frac{4}{3}\, u \frac{d\,u}{d\,x} + \frac{\lambda}{c_p\,\eta} \frac{d\,h}{d\,x} \right) = \frac{4}{3}\,\eta\, \frac{d}{d\,x}(h + \frac{1}{2}u^2) = \frac{4}{3}\,\eta\, \frac{d\,H}{d\,x}.$$

Eingesetzt in den Energiesatz in (7.58), erhält man als Lösung des Energiesatzes

$$H = h + \frac{1}{2}u^2 = const. \qquad \text{für} \qquad Pr = -\frac{\eta\,c_p}{\lambda} = \frac{3}{4}. \qquad (7.63)$$

Dies entspricht formal der Lösung der Euler-Gleichung (7.51), ist jedoch physikalisch anders zu interpretieren. Das Ergebnis bedeutet, dass die durch Reibung erzeugte Wärme gerade durch die Wärmeleitung abtransportiert wird, so dass die Totalenthalpie $H$ und somit auch die Totaltemperatur $T_0 = H/c_p$ konstant bleiben. Ein solches Ergebnis ist nur für den eindimensionalen Fall möglich, wie man leicht nachprüfen kann.

Das Ergebnis (7.63) erlaubt eine algebraische Koppelung von Temperatur und Geschwindigkeit und ersetzt somit den Energiesatz. Die Stoßstruktur wird dann anstelle von (7.62) durch eine einzige Gleichung beschrieben nach Auswertung in der Form

$$\frac{d\,u}{d\,x} = -\frac{3}{4} \frac{\kappa + 1}{\kappa} \frac{(u_1 - u)(u - u_2)}{2\eta/\varrho} = -\frac{\gamma}{\bar{c}\,l_f} \cdot (u_1 - u)(u - u_2) \qquad (7.64)$$

mit den Randbedingungen

$$x \to -\infty: \quad \frac{d\,u}{d\,x} = 0, \quad u = u_1 \quad \text{und} \quad x \to \infty: \quad \frac{d\,u}{d\,x} = 0, \quad u = u_2$$

Für die Umformung wurde die lokale, mittlere freie Weglänge $l_f$ und die mittlere thermische Geschwindigkeit $\bar{c}$ eingeführt mit:

$$l_f = \frac{2\,\eta}{\varrho\,\bar{c}} \qquad \text{mit} \qquad \bar{c} = \sqrt{8RT/\pi} \qquad \text{und} \qquad \gamma = \frac{3}{4}(\kappa + 1)/\kappa.$$

Die lokalen Größen $l_f$ und $\bar{c}$ werden jeweils am entsprechenden Ort mit den dort vorhandenen Variablen gebildet.

Die Gleichung (7.64) kann ohne Vorgabe der Temperaturabhängigkeit der Viskosität $\eta(T)$ integriert werden, wenn man die Stoßvariablen über der Laufkoordinate $x/l_f$ aufträgt. Diese ist dimensionslos und bezogen auf die lokale, mittlere freie Weglänge $l_f$, die die Viskosität enthält.

In Abb. 7.2 sind die Verteilungen der Geschwindigkeit, der Temperatur und der Dichte mit ihren Anfangs- und Endwerten normiert über $x/l_f$ für einen stationären Stoß der Mach-Zahl $Ma_1 = 1.5$ aufgetragen. Wie man aus der Abb. 7.2 sofort abschätzen kann, beträgt die Breite des Verdichtungsstoßes in diesem Falle weniger als zehn mittlere freie Weglängen.

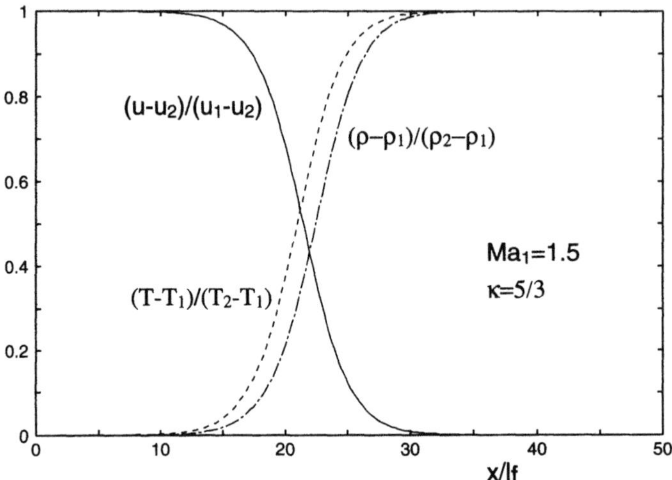


**Abb. 7.2.** Verlauf von Geschwindigkeit, Temperatur und Dichte, normiert mit ihren Anfangs- und Endwerten, über der Koordinate $x/l_f$ einer eindimensionalen, stationären Stoßwelle für $Ma_1 = 1.5$ und $\kappa = 5/3$

**Die Breite eines Verdichtungsstoßes** kann als die charakteristische Länge des Stoßwellenproblemes betrachtet werden. Es sei $\delta$ eine Definition der Stoßbreite. Mit dieser Breite kann sofort eine Knudsen-Zahl $Kn_\delta$ definiert werden

$$Kn_\delta = \frac{l_f}{\delta}, \tag{7.65}$$

die ein Maß für die Abweichung vom thermodynamischen Gleichgewicht ist. Sollen die Navier-Stokes-Gleichungen gelten, so ist entsprechend der Chapman-Enskog-Theorie zu fordern, dass $Kn_\delta \ll 1$.

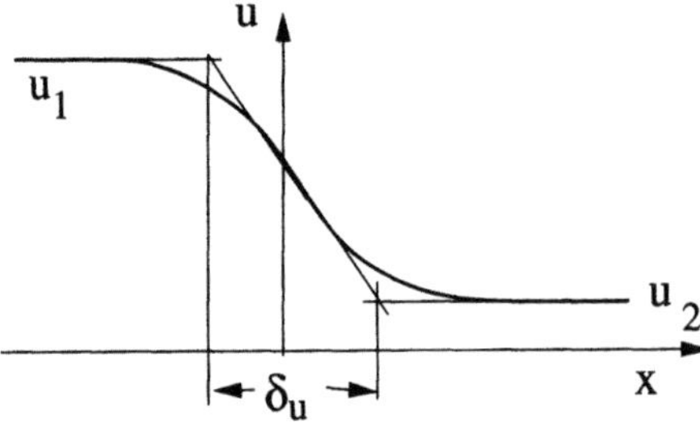


**Abb. 7.3.** Definition der Stoßbreite $\delta_u$ einer eindimensionalen, stationären Stoßwelle

Zur Definition einer Stoßbreite $\delta$ gibt es verschiedene Möglichkeiten. Eine Definition einer Stoßbreite $\delta_u$ kann z.B. aus dem Geschwindigkeitsprofil über den maximalen Gradienten der Geschwindigkeit definiert werden, wie in Abb. 7.3 skizziert. Für die Stoßbreite $\delta_u$ gilt somit

$$\delta_u \equiv \frac{u_1 - u_2}{\frac{du}{dx}\big|_{max}}.$$    (7.66)

Ausgehend von der Lösung für $Pr = 3/4$ ergibt sich mit (7.64) eine Stoßbreite $\delta_u$, bezogen auf die lokale, mittlere freie Weglänge $l_f$, zu:

$$Kn_\delta^{-1} = \frac{\delta_u}{l_f} = \frac{4}{\gamma} \frac{\bar{c}}{(u_1 - u_2)}.$$    (7.67)

Die Breite $\delta_u$ selbst ist proportional zu der mittleren freien Weglänge $l_f$ und einem Faktor $\bar{c}/(u_1 - u_2)$, der von der Stoßmachzahl $Ma_1$ abhängt. Mit den Sprungbedingungen über den Stoß (7.54) kann (7.67) umgeformt werden und man erhält

$$Kn_\delta^{-1} = \frac{\delta_u}{l_f} = \frac{4}{\gamma} \frac{\bar{c}}{u_1} \frac{(\kappa + 1) Ma_1^2}{2} \cdot \frac{1}{Ma_1^2 - 1} \sim \frac{1}{Ma_1^2 - 1}$$

bzw.

$$Kn_\delta \sim Ma_1^2 - 1 \ll 1 \qquad \text{für} \qquad Ma_1 \to 1.$$

Für schwache Stöße $Ma_1 \approx 1$ und etwas größer ist $Ma_1^2 - 1 \ll 1$ und somit auch die Knudsen-Zahl $Kn_\delta \ll 1$. Damit ist der Beweis erbracht, dass die Kontinuumstheorie, d.h. die Navier-Stokes-Gleichungen, für die Berechnung der Stoßstruktur von schwachen Stößen gültig sind. Vergleiche mit Experimenten zeigen jedoch erstaunlicherweise, dass die Navier-Stokes-Gleichungen bis zu Stoßmachzahlen von $Ma_1 \leq 1.5$ recht gute Übereinstimmung geben obwohl die Knudsen-Zahl dabei schon Werte von $Kn_\delta \approx 0.1$ erreicht, wie aus Abb. 7.2 ersichtlich. Das bedeutet, dass die Kontinuumstheorie weit über ihre formalen Grenzen hinaus realistische Ergebnisse liefert.

**Nichtgleichgewichtseffekte** in den Navier-Stokes-Gleichungen (7.58) werden durch den Wärmestrom $q_x$ aus (7.60) und der Reibungsspannung $\sigma_{xx}$ aus (7.59) verursacht. Diese müssen für die Gültigkeit der Kontinuumstheorie kleiner sein als typische Gleichgewichtsgrößen. Zur Überprüfung wird der Energiesatz betrachtet und vorausgesetzt, dass die Nichtgleichgewichtsanteile $q_x$ und $u\,\sigma_{xx}$ im Energiesatz ausreichend kleiner sind als Terme, die auch im Gleichgewicht existieren, hier beispielhaft die Größe $p \cdot \bar{c}$. Mittels der Beckerschen Lösung für $Pr = 3/4$ in (7.64) wird das Verhältnis von $u\sigma_{xx}$ zu $p\bar{c}$ überprüft. Hierfür ergibt sich mit den Vereinbarungen für (7.64) nach einiger Umformung

$$\frac{u\sigma_{xx}}{p\bar{c}} = \frac{2\,\kappa\,Ma_1^2}{3} \frac{T_1}{T} \bar{u}\frac{d\bar{u}}{d\bar{x}} \quad \text{mit} \quad \bar{u} = u/u_1 \quad \text{und} \quad \bar{x} = x/l_f.$$

Der relative Leistungsanteil der Reibungsspannung $\frac{u\sigma_{xx}}{p\bar{c}}$ ist in Abb. 7.4 über der normierten Geschwindigkeit im Stoß für verschiedene Stoßmachzahlen aufgetragen.

Die Werte von $u\sigma_{xx}/p\bar{c}$ erreichen für die größeren Mach-Zahlen, vor allem stromauf, die Größenordnung von Eins, wodurch die Voraussetzung der

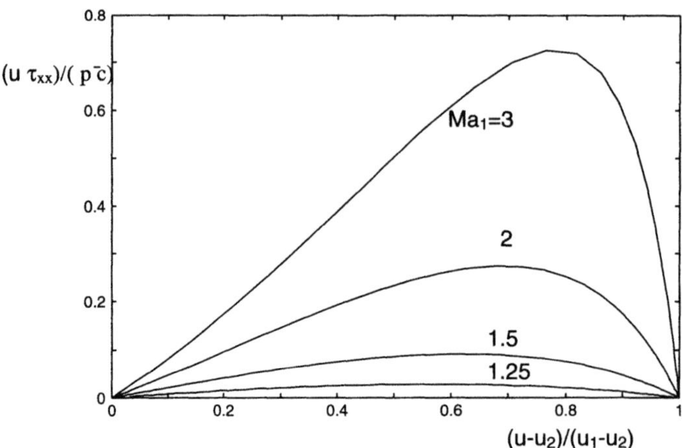


**Abb. 7.4.** Verlauf des Leistungsanteiles der Reibungsspannung $u\sigma_{xx}$ über $p\bar{c}$ als Funktion der normierten Geschwindigkeit in einer eindimensionalen, stationären Stoßwelle für unterschiedliche Stoßmachzahlen

Chapman-Enskog-Theorie zur Herleitung der Navier-Stokes-Gleichung verletzt werden. Für stärkere Stöße werden Nichtgleichgewichtseffekte somit erheblich und die Kontinuumstheorie verliert ihre Gültigkeit.

### 7.3.4 Gaskinetische Ansätze für Stoßstruktur

Die Abweichungen der Navier-Stokes-Lösungen bei stärkeren Stößen erfordern eine gaskinetische Betrachtung des Nichtgleichgewichtsvorganges. Exakte Lösungen der Boltzmann-Gleichungen sind hierfür nicht vorhanden, deshalb wurden verschiedene Näherungen untersucht. Einige Ansätze dazu werden im Folgenden kurz erwähnt, auf den erfolgreichen Momentenansatz nach Mott-Smith (1951), [31] wird etwas näher eingegangen.

**Die Burnett-Gleichungen,** als höhere Approximation $\sim \varepsilon^2$ der Chapman-Enskog-Entwicklung (7.10) wurden z.B. von Talbot und Sherman [38] für dieses Problem gelöst. Vergleiche mit Experimenten zeigten jedoch keine bessere Übereinstimmung gegenüber Lösungen der Navier-Stokes-Gleichungen.

**Lösungen des BGK-Modelles** von Liepmann et al.[28] basieren auf Lösung der eindimensionalen BGK-Gleichung (5.47)

$$\xi_x \frac{df}{dx} = \omega\,(F - f).$$

Diese kann integriert und numerisch gelöst werden. Die Ergebnisse zeigten ebenfalls keine Verbesserungen in Richtung Nichtgleichgewicht gegenüber Lösungen der Navier-Stokes-Gleichungen.

**Der Momentenansatz von Mott-Smith [31]** führt auf eine analytische Lösung der Stoßstruktur, die beste Übereinstimmung mit dem Experiment für stärkere Stöße zeigt. Diese, auch für analoge Probleme erfolgreiche, empirische Momentenmethode wird nachfolgenden beschrieben.

**Monte-Carlo-Verfahren** sind numerische Simulationsverfahren zur Lösung der Boltzmann-Gleichung. In den Monte-Carlo-Methoden wird die Partikelbewegung und Kollision direkt auf dem Rechner statistisch simuliert, ohne eine Differential- oder Integralgleichung zu lösen. Lösungen dieser Methode für die Stoßstruktur, z.B. von Hicks et al. [23], haben beste Übereinstimmung mit Experimenten gezeigt. Diese rein numerische Methode ist auch für komplexere Stoßkonfigurationen geeignet, wie z.B. für die Berechnung des Frontstoßes vor einem Wiedereintrittskörper. Die Monte-Carlo-Methode ist im Kap. 8.1 kurz beschrieben. Weitere Details sind in Bird [3] zu finden.

### 7.3.5 Momentenmethode nach Mott-Smith

Als Ansatz zur Lösung der Boltzmann-Gleichung wird die Verteilungsfunktion in einer vorgegebenen, bimodalen Form angenommen. Die dabei eingeführten, freien Parameter werden so bestimmt, dass mit dem Ansatz die Momente der Stoßinvarianten und ein zusätzliches, noch festzulegendes Moment erfüllt wird. Die Motivation von Mott-Smith für die Annahme einer bimodalen Verteilung folgt aus der Beobachtung, dass bei hohen Mach-Zahlen die Stoßwelle so dünn ist, dass die Verteilungsfunktion dargestellt werden kann als gewichtete Summe aus Gleichgewichtsfunktionen der Zustände weit stromauf und stromab. Das Resultat ist eine sogenannte *bimodale Verteilungsfunktion* in der Form

$$f = n_a\, F_1 + n_b\, F_2. \tag{7.68}$$

Hierbei sind $n_a$ und $n_b$ noch zu bestimmenden Gewichtungsfaktoren und $F_1$ und $F_2$ sind Maxwell-Verteilungen, gebildet mit den asymptotischen Zuständen stromauf und stromab vom Stoß:

$$F_1 = \frac{n_1}{(2\pi\, R\, T_1)^{3/2}} \cdot \exp\left( -\frac{(\xi_x - u_1)^2 + c_y^2 + c_z^2}{2 R T_1} \right)$$

und

$$F_2 = \frac{n_2}{(2\pi\, R\, T_2)^{3/2}} \cdot \exp\left( -\frac{(\xi_x - u_2)^2 + c_y^2 + c_z^2}{2 R T_2} \right).$$

Die ortsabhängigen Gewichtungsfaktoren $n_a(x)$ und $n_b(x)$ können als „Konzentrationen" der Molekülsorten mit den Zuständen 1 und 2 betrachtet werden. Für die Dichte an jedem Ort gilt

$$\varrho = m \int f\, d\boldsymbol{\xi} = n_a\, \varrho_1 + n_b\, \varrho_2$$

mit den Bedingungen

$$n_a = 1, \quad n_b = 0 \quad \text{für} \quad x \to -\infty,$$
$$n_a = 0, \quad n_b = 1 \quad \text{für} \quad x \to \infty.$$

Die Verteilungsfunktion muss der Boltzmann-Gleichung genügen. Die Boltzmann-Gleichung wird in der Form der Maxwellschen Transportgleichung (5.32) der Momente $M(\Phi)$ genutzt:

$$\frac{\partial}{\partial x} \int_\xi \Phi\, \xi_x\, f\, d\boldsymbol{\xi} = \frac{1}{2} \int_\xi \int_{\xi_1} \int_{A_C} (\Phi' + \Phi_1' - \Phi - \Phi_1)\, f f_1\, \boldsymbol{g}\, dA_c\, d\boldsymbol{\xi}_1\, d\boldsymbol{\xi}.$$

Einsetzen der Stoßinvarianten $\Phi_s = m, m\boldsymbol{\xi}, \frac{m}{2}\xi^2$ lässt den Kollisionsterm verschwinden und ergibt nach Integration den Zusammenhang von Masse, Impuls und Energie zwischen Anströmzustand 1 und einem lokalen Zustand am Orte $x$, festgelegt durch die Gewichtungsfaktoren $n_a(x)$ und $n_b(x)$, folgendes System von Gleichungen:

$$\varrho_1 u_1 = \quad n_a(x) \cdot \varrho_1 u_1 \quad + n_b(x) \cdot \varrho_2 u_2,$$
$$\varrho_1 u_1^2 + p_1 = n_a(x) \cdot (\varrho_1 u_1^2 + p_1) + n_b(x) \cdot (\varrho_2 u_2^2 + p_2),$$
$$\varrho_1 u_1 H_1 = \quad n_a(x) \cdot \varrho_1 u_1 H_1 \quad + n_b(x) \cdot \varrho_2 u_2 H_2, \tag{7.69}$$

mit der Totalenthalpie $H = h + \frac{1}{2} u^2$.

Die Gleichungen (7.69) zur Bestimmung von $n_a(x)$ und $n_b(x)$ sind linear abhängig. Benötigt wird deshalb eine weitere Gleichung, die die Abhängigkeit von $x$ beschreibt. Zur Festlegung der Ortsabhängigkeit der Gewichtungsfaktoren wurden von Mott-Smith die nächst höheren Momente untersucht für die der Kollisionsterm nicht verschwindet. Gewählt wurde u.a. das Moment von $\Phi = \xi_x^2$. Für dieses Moment lautet die Maxwellsche Transportgleichung:

$$\frac{\partial}{\partial x} \int_\xi \xi_x^3\, f\, d\boldsymbol{\xi} = \frac{1}{2} \int_\xi \int_{\xi_1} \int_{A_C} (\xi_x'^2 + \xi_{x,1}'^2 - \xi_x^2 - \xi_{x,1}^2)\, f f_1\, \boldsymbol{g}\, dA_c\, d\boldsymbol{\xi}_1\, d\boldsymbol{\xi}. \tag{7.70}$$

Hier ist Index „1" der zweite Stoßpartner, nicht zu verwechseln mit Zustand 1 vor dem Stoß.

Ersetzt man $f$ durch die bimodale Funktion (7.68), so kann die Integration unter Beachtung, dass $F_1$ und $F_2$ Maxwell-Verteilungen sind, durchgeführt werden. Daraus ergibt sich eine Differentialgleichung für $n_a(x)$ und $n_b(x)$ in der Form

$$A_a \frac{d\, n_a \varrho_1}{d\, x} + A_b \frac{d\, n_b \varrho_2}{d\, x} = A\, n_a \varrho_1 \cdot n_b \varrho_2$$

mit den Werten $A_a$, $A_b$ und $A$ aus der Auswertung der Integrale in (7.70). Aus der Kontinuitätsgleichung folgt zusätzlich:

$$n_b \varrho_2 = \frac{u_1}{u_2} (\varrho_1 - n_a \varrho_1).$$

Die Kombination beider Gleichungen ergibt die Faktoren $n_a(x)$ und $n_b(x)$.

Damit kann die Ortsabhängigkeit aller Variablen über den Stoß mittels der Beziehungen (7.69) bestimmt werden. Für die Geschwindigkeit $u(x)$ erhält man z.B.

$$\frac{u - u_2}{u_1 - u_2} = \left\{ 1 + \exp\left[\frac{1}{\Gamma}\left(1 - \frac{u_2}{u_1}\right)\frac{x}{l_1}\right]\right\}^{-1} \tag{7.71}$$

mit der mittleren freien Weglänge $l_{f1}$ vor dem Stoß und der Abkürzung

$$\Gamma \equiv \sqrt{\frac{2}{\pi}}\,\frac{u_2}{u_1} \cdot \left[\left(1 - 2\frac{u_2}{u_1}\right)\frac{u_1}{\sqrt{RT_1}} + 3\frac{\sqrt{RT_1}}{u_1}\right].$$

Der Faktor $\Gamma$ ist über (7.54) von der Stoßmachzahl abhängig.

Anzumerken ist, dass die Lösung nach Mott-Smith eine Näherung ist, da sowohl die bimodale Verteilung (7.68) als auch die Wahl des zusätzlichen Momentes (7.70) empirische, aber erfolgreiche Annahmen sind, wie Vergleiche mit Experimenten gezeigt haben.

**Die Stoßbreite** für die Geschwindigkeit, gebildet mit dem maximalen Geschwindigkeitsgradient nach (7.66), ergibt sich aus der Momentenmethode von Mott-Smith zu:

$$\frac{\delta_u}{l_{f1}} = \frac{4\Gamma}{1 - u_2/u_1}. \tag{7.72}$$

Im Gegensatz zur Formulierung der Stoßbreite in (7.67) ist die mittlere freie Weglänge $l_{f1}$ hier mit dem Anströmzustand 1 gebildet worden.

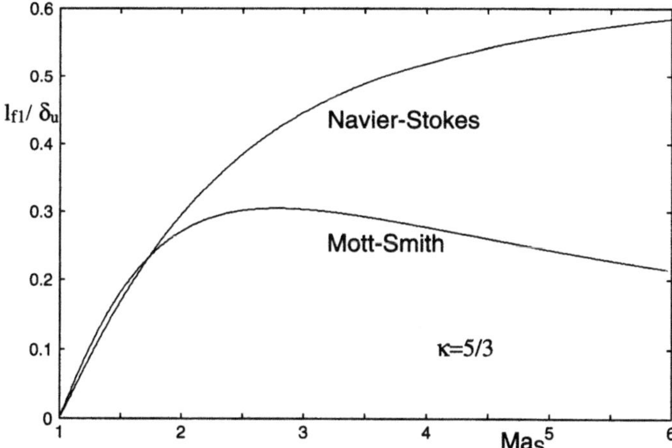


**Abb. 7.5.** Reziproke Stoßbreite $l_{f1}/\delta_u$ über der Stoßmachzahl $Ma_1$ aus einer Lösung (7.67) der Navier-Stokes-Gleichungen und aus der Momentenmethode von Mott-Smith nach Gleichung (7.72)

Nach entsprechender Umrechnung von der lokal veränderlichen Weglänge $l_f$ in (7.67) auf $l_{f1}$ können die Stoßbreiten verglichen werden. In Abb. 7.5 sind die reziproken Stoßbreiten (7.67) aus den Navier-Stokes-Gleichungen und (7.72) nach der Momentenmethode von Mott-Smith (7.72) in Abb. 7.5 über der Stoßmachzahl $Ma_1$ für einatomige Moleküle mit $\kappa = 5/3$ aufgetragen. In (7.67) wurde eine Prandtl-Zahl von 3/4 vorausgesetzt, die der einatomigen Moleküle ist jedoch kleiner. Der Einfluss der Prandtl-Zahl auf die Stoßstruktur ist jedoch gering, wie entsprechende Rechnungen gezeigt haben. Wie aus Abb. 7.5 zu ersehen ist, weicht die Navier-Stokes Lösung etwa ab $Ma_1 \approx 2$ zunehmend von der gaskinetischen Lösung nach Mott-Smith ab.

Vergleiche mit zahlreichen Stoßrohrexperimenten, aufgeführt z.B. in [3] oder in [39], zeigen, dass die Lösung nach Mott-Smith für stärkere Stöße sehr gut mit experimentellen Ergebnissen korreliert. Für schwache Stöße treten Abweichungen auf, dort korrelieren bis ca. $Ma_1 \approx 1.5$ die Lösungen der Navier-Stokes-Gleichungen besser mit den Experimenten. Die numerischen Ergebnisse aus Monte-Carlo-Rechnungen stimmen nach Hicks [23] sowohl für kleine als auch große Stoßmachzahlen mit den Experimenten gut überein.

# 8. Numerische Verfahren zur Lösung der Boltzmann-Gleichung

## 8.1 Monte-Carlo-Direktsimulationsmethode(DSMC)

Die Monte-Carlo-Direktsimulationsmethode (DSMC), im Folgenden DSMC-Methode oder Monte-Carlo-Methode genannt, ist eine numerische Simulationsmethode zur Berechnung molekularer Transportvorgänge in einem weiten Knudsen-Zahlbereich außerhalb des Kontinuumsbereiches. Die Monte-Carlo-Methode ermöglicht somit Lösungen verdünnter Gasströmungen, auch um komplexe Geometrien, die durch Lösungen der Navier-Stokes-Gleichungen physikalisch nicht mehr abgedeckt werden.

Die Monte-Carlo-Methode basiert auf einer direkten, statistischen Modellierung der elementaren Vorgänge von Transport und Kollision von Molekülen, wie sie zur Herleitung der Boltzmann-Gleichung in Kap. 5 vorausgesetzt wurden. Dies geschieht durch die Simulation einer großen Anzahl von Testmolekülen, die repräsentativ für das Verhalten extrem vieler Moleküle in realen Gasen sind. Die tatsächliche Anzahl der Moleküle in einem realen Gas, bezogen auf die Anzahl der Testmoleküle, beträgt etwa $10^{14}$ bis $10^{18}$, abhängig vom Problem und der Rechnerkapazität. Auf Grund der relativ geringen Zahl von Testmolekülen repräsentieren diese jeweils ein großes Ensemble von Gasmolekülen und die über das Ensemble gemittelten Eigenschaften. Das Simulationsmodell muss die statistischen Eigenschaften der realen Moleküle über die Testmoleküle erfassen, so dass letztendlich über die Modellierung Lösungen der Boltzmann-Gleichung numerisch simuliert werden. Dies geschieht durch die direkte Simulation der Molekülbewegung und Kollisionen von Testmolekülen, analog zu den Annahmen die bei der Herleitung der Boltzmann-Gleichung gemacht wurden. Auf Grund der direkten Umsetzung des physikalischen Prinzips in ein numerisches Konzept simuliert man mit der DSMC-Methode Lösungen der Boltzmann-Gleichung, ohne diese jedoch selbst zu lösen oder je eine Geschwindigkeitsverteilungsfunktion zu bestimmen.

Da die Simulation von Transport und Kollision von Molekülen die Physik der realen Vorgänge in Gasen direkt erfasst, treten bei der numerischen Lösung keine Stabilitätseinschränkungen auf, wie es sonst oft der Fall ist bei der numerischen Lösung von Modellgleichungen (meist partielle Differentialgleichungen), die mathematisch die gleiche oder ähnliche Physik beschreiben.

Die DSMC-Methode wurde zuerst von G.A. Bird (1963) in [4] publiziert und dort zunächst auf ein einfacheres Problem der Relaxation eines homogenen Gases angewendet. Die DSMC-Methode hat mittlerweile zahlreiche Variationen und Modifikationen erfahren und ist zu einem Standardverfahren zur Berechnung von Gasströmungen im Übergangsbereich und im Bereich verdünnter Gase geworden.

Die mit der Monte-Carlo-Methode meist simulierten Strömungsbereiche liegen bei Knudsen-Zahlen von $O(10^{-1})$ bis $O(10^{1})$. Die DSMC-Methode wird insbesondere dann effektiv, wenn die makroskopischen Geschwindigkeiten in der Größenordnung der mittleren Molekülgeschwindigkeiten und größer sind. Aus diesem Grunde wird diese Methode z.B. vorteilhaft bei der Berechnung von Wiedereintrittsproblemen von Raumflugkörpern genutzt, da in diesem Bereich die Gase stark verdünnt und die Mach-Zahlen hoch sind. Auf der anderen Seite wird die Methode weniger effektiv im Bereich kontinuumsnaher Strömungen auf Grund der großen Anzahl notwendiger Kollisionen, hier können andere numerische Lösungen der Boltzmann-Gleichung von Vorteil sein, wie z.B. die Lattice-Gas-Methode in Kap. 8.2 oder die Lattice-Boltzmann-Methoden in Kap 9.

Eine ausführliche Beschreibung der DSMC-Methode mit Anwendungen ist in dem Buch G.A. Bird [3] zu finden. Aus diesem Grunde wird hier nur das Prinzip dieser Methode vorgestellt.

**Der Integrationsbereich** wird mittels eines Gitternetzes in einzelne Zellen der Zellweite $\delta x$ unterteilt. Anstelle eines Gitters kann die Diskretisierung auch mittels Punkthaufen geschehen, wobei ein Molekül dem nächstgelegenen Punkt (Molekül) zugeordnet wird. Die Zellweite $\delta x$ ist klein von der Größenordnung der mittleren freien Weglänge $l$ zu wählen, bzw. die Zeitschrittweite $\delta t$ ist so zu bestimmen, dass die zurückgelegte Flugstrecke eines Moleküles von der Größenordnung der der mittleren freien Weglänge $l$ bleibt. Der zeitliche Verlauf ist damit durch Zeitschrittweite $\delta t$ bestimmt, die somit klein sein sollte gegenüber der mittleren Kollisionszeit $\tau = \nu_s^{-1}$, definiert als reziproke Kollisionsfrequenz $\nu_s$, z.B. wie in (4.37) bestimmt. Für adaptive Rechnungen können die Schrittweiten $\delta x$ und $\delta t$ in Ort und Zeit variieren.

**Als Anfangsbedingung** kann, wie meist bei anderen Strömungsrechnungen auch, ein uniformer Strömungszustand angenommen werden und die Moleküle entsprechend auf die Zellen aufgeteilt werden. Zu speichern sind die Position und die Geschwindigkeiten der Moleküle. In Varianten genügt es, nur den Ort der Zelle, zu der ein Molekül gehört, und die Geschwindigkeitskomponenten des Moleküles zu speichern, der Ort des Moleküles innerhalb der Zelle wird vernachlässigt.

Der eigentliche Simulationsalgorithmus besteht im Wesentlichen aus zwei Schritten, dem Transportschritt und dem Kollisionsschritt. Hinzu kommt noch die Formulierung der Randbedingungen an den Grenzen des Integrationsbereiches.

**Transportschritt.** Im Transportschritt fliegen die Moleküle, Index $i$, frei und legen in einem Zeitschritt $\delta t$ einen Weg entsprechend ihrer Geschwindigkeit zurück

$$s_i = \boldsymbol{\xi}_i \, \delta t.$$

Die Moleküle ändern dadurch ihre Position. Sie bleiben entweder in ihrer ursprünglichen Zelle oder gehören jetzt zu einer anderen Zelle.

**Randbedingungen.** Erreichen die Moleküle einen Rand, z.B. eine feste Wand, werden diese dort absorbiert. Zur Massenerhaltung und zur Definition der Wand selbst, wird die gleiche Anzahl von Molekülen in den Integrationsbereich zurückgeschlagen mit einer Geschwindigkeit, die statistisch die Wandrandbedingung erfüllt.

Auf einer „reibungsfreien" Wand oder einer Symmetriefläche werden die Moleküle spiegelnd reflektiert. Die Komponente der Geschwindigkeit normal zur Wand wechselt dabei das Vorzeichen, die tangentiale Komponente bleibt erhalten.

Bei Annahme von Haftbedingung, d.h. bei diffuser Reflexion der Moleküle, ist Geschwindigkeit der Moleküle nach der Reflexion unabhängig von der Geschwindigkeit der einfallenden Moleküle. Die Geschwindigkeit der reflektierten Moleküle wird entsprechend einer Gleichgewichtsverteilung für Geschwindigkeiten weg von der Wand per Zufallsgenerator verteilt. Für die Gleichgewichtsverteilung wird gefordert, dass die mittlere Strömungsgeschwindigkeit der einfallenden und reflektierten Moleküle auf der Oberfläche verschwindet und dass die Gastemperatur die Wandtemperatur annimmt (vollständige Temperaturakkomodation).

**Kollisionsschritt.** Die Anzahl der Moleküle in einer Zelle sollte nach dem Transportschritt etwa 10 bis 20 Moleküle betragen, um statistische Fehler möglichst klein zu halten. Im Kollisionsschritt werden eine bestimmte Anzahl von Kollisionpaaren in einer Zelle zufallsmäßig ausgewählt. Die Auswahl ist auf möglichst nahe aneinander befindliche Moleküle zu beschränken. Dies kann durch weitere Unterteilung der Zelle (Subzellentechnik) oder Suchen des nächsten Nachbarn geschehen.

Die Kollisionswahrscheinlichkeit ist proportional zu der Kollisionsfrequenz $\nu_s$, z.B. nach (4.37) und diese wiederum proportional dem Stoßquerschnitt $A_C = \pi\sigma_{01}^2$, z.B. nach (4.31) für elastische Kugeln, und proportional der Relativgeschwindigkeit $c_i$ zwischen den Stoßpartnern. Das Produkt $A_C \cdot c_i$, bezogen auf den Maximalwert $(A_C \cdot c)_{max}$ in der Zelle, wird als Kollisionswahrscheinlichkeit genutzt. Die Anzahl der Kollisionen in einer Zelle ist proportional diesem Produkt und der Gesamtzahl der Moleküle in der Zelle. Die Richtung der Relativgeschwindigkeit nach der Kollision kann als gleichwahrscheinlich angenommen werden und wird mittels Zufallszahlen festgelegt. Die Komponenten der Relativgeschwindigkeit werden zu den Komponenten der Schwerpunktsgeschwindigkeit addiert.

**Makroskopische Größen.** Die makroskopischen Größen, wie Dichte, Druck, Temperatur und Strömungsgeschwindigkeit, werden über die Momente (3.1) definiert. Die Integration wird dabei durch eine Mittelung über die in einer Zelle befindlichen Moleküle und ihren Geschwindigkeiten ersetzt. Für zeitabhängige Probleme erfolgt dies zu jedem Zeitschritt, für stationäre Probleme genügt im Prinzip die Mittelung am Ende der Rechnung, da die Simulationsrechnung selbst nicht von den makroskopischen Größen abhängt. Die Mittelung erfolgt meist nicht nur über eine Zelle, sondern auch über mehrere Zeitschritte hinweg, um statistisches Rauschen in den makroskopischen Größen zu reduzieren.

Mit der Durchführung dieser Schritte ist eine Zeitebene abgeschlossen und der Prozess beginnt für die nächste Zeitebene $t + \delta t$ von Neuem. Weitere Details der Methodik mit Programmbeispielen sind ausführlich in G.A. Bird [3] beschrieben.

Zur Abschätzung von Genauigkeit und Aufwand des Verfahrens kann angenommen werden, dass der statistische Fehler der DSMC-Methode umgekehrt proportional zur Wurzel aus der Gesamtzahl der simulierten Moleküle ist. Der Rechenaufwand des Verfahrens wiederum ist direkt proportional der Gesamtzahl der simulierten Moleküle. Die gewünschte Genauigkeit des Verfahrens und der mögliche Rechenaufwand führen somit auf gegensätzliche Anforderungen, die für ein gegebenes Problem meist durch die zur Verfügung stehende Rechenkapazität begrenzt sind.

## 8.2 Lattice-Gas-Methoden

Lattice-Gas-Methoden wurden Mitte der achtziger Jahre von Frisch, Hasslacher und Pommeau (1986) [18] und von Wolfram (1986), [41], erstmalig publiziert.

Lattice-Gas-Methoden, auch „Zellulare Automaten" oder „ Lattice-Gas-Automaten" genannt, sind eine Klasse von kinetischen Verfahren, die direkt auf der Vorstellung der Bewegung und Kollision von Einzelpartikeln aufbauen, die die Dynamik der Moleküle repräsentieren. Im Gegensatz zu der DSMC-Methode in Kap. 8.1 erfolgt der Transport der Moleküle jedoch auf vorgeschriebenen Trajektorien, die durch einen vereinfachten, diskreten Phasenraum (Lattice) gegeben sind. Der Kollisionsschritt in der Lattice-Gas-Methode ist im Wesentlichen deterministisch beschrieben, wird jedoch statistisch durch zufallsmäßig ausgewählte Stoßkonfigurationen, die die Impulserhaltung erfüllen.

Der Phasenraum der Lattice-Gas (LG)-Methode entspricht in zwei Dimensionen einem hexagonalen Netz (Lattice), wie in Abb. 8.1 dargestellt. Die Partikel besitzen eine Einheitsmasse $m = 1$ und eine Einheitsgeschwindigkeit $e_i$ in Richtung $i$ mit $e_i^2 = 1$, so dass sie in einem diskreten Zeitschritt gerade von einem Gitterknoten zu dem benachbarten Knoten sich bewegen können. Ein Knoten ist entweder mit einem oder keinem Partikel der jeweiligen Geschwindigkeitsrichtung besetzt. Auf einem hexagonalen Netz sind dies sechs mögliche Richtungen.

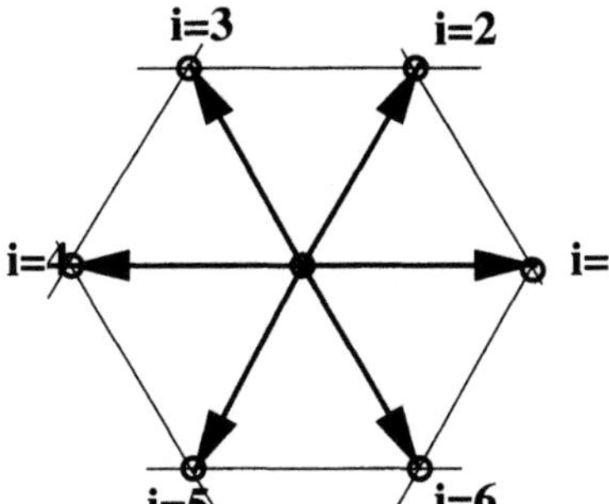


**Abb. 8.1.** Hexagonales Gitter der Lattice-Gas-Methode

Der Lattice-Gas-Algorithmus für einen Zeitschritt besteht aus zwei Schritten.

**Im Transportschritt** bewegen sich die Partikel entsprechend ihrer Geschwindigkeitsrichtung zum nächsten Nachbarknoten. Auf jedem Gitterknoten können sich somit maximal sechs Partikel von den benachbarten Knoten herkommend treffen.

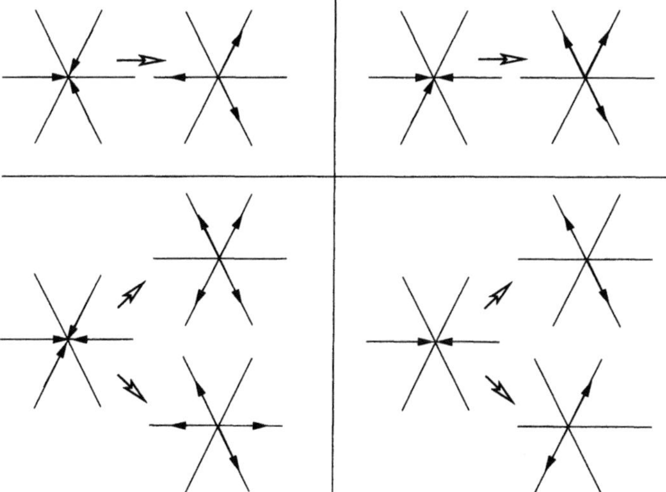

**Abb. 8.2.** Beispiele für mögliche Konfigurationen vor und nach der Kollision für ein hexagonales Gitter der Lattice-Gas-Methode

**Im Kollisionschritt** werden jetzt diesen Partikeln neue Geschwindigkeitsrichtungen zugeordnet und zwar so, dass der Impuls aller beteiligten Partikel an einem Knoten vor und nach der Kollision erhalten bleibt. Für den Impulsaustausch gilt somit

$$\sum_i m\,\boldsymbol{e}_i|_{vor} = \sum_i m\,\boldsymbol{e}_i|_{nach}.$$

Den Partikeln können nach einer Kollision entweder eindeutig neue Richtungen zugeordnet werden oder aber, wenn unterschiedliche Konfigurationen nach der Kollision möglich sind ohne die Impulsbilanz zu verletzen, wird eine Konfiguration per Zufallszahl ausgelost. Beispiele für mögliche Konfigurationen vor und nach der Kollision für ein hexagonales Gitter der Lattice-Gas-Methode zeigt Abb. 8.2.

**Die makroskopischen Größen** von Masse und Impuls ergeben sich aus den Momenten an einem Gitterpunkt, die diskret als Summen ausgedrückt werden.

$$\varrho(\boldsymbol{x},t) = m \sum_{i=1}^{6} N_i,$$

$$\varrho\boldsymbol{v}(\boldsymbol{x},t) = m \sum_{i=1}^{6} \boldsymbol{e}_i N_i.$$

**Der Lattice-Gas-Algorithmus** ist sehr einfach zu formulieren. Der Transportschritt benötigt nur Informationen vom nächsten Nachbarn, der Kollisionsschritt ist lokal auf dem Knoten begrenzt. Die Zustände eines Knotens können mittels Boolescher Algebra beschrieben werden, d.h. es gibt nur die Integerwerte 0 oder 1, ob ein Partikel in einer Richtung vorhanden ist oder nicht. Im Allgemeinen werden die möglichen Kollisionskonfigurationen in Form einer Tabelle gespeichert.

Anhand der Beispiele des Geschwindigkeitsmodelles in Abb. 8.2 mit der Numerierung nach Abb. 8.1 zeigt die Tabelle 8.1 den Aufbau einer Kollisionstabelle für die Lattice-Gas-Methode.

**Tabelle 8.1.** Tabelle der Kollisionskonfigurationen nach Abb. 8.2

| Zustand | vor Kollision | nach Kollision |
|---|---|---|
| a) | 110110 | 010101 |
| b) | 110100 | 011001 |
| c) | 110110 | 011011 |
|  |  | 101101 |
| d) | 1100100 | 001001 |
|  |  | 010010 |

**Zur Analyse des Verfahrens** kann die Bilanzgleichung eines Partikels der Richtung $i$ wie folgt geschrieben werden:

$$N_i(\boldsymbol{x} + \boldsymbol{e}_1\delta t, t + \delta t) = N_i(\boldsymbol{x}, t) + \mathcal{C}_\rangle(N_i, N_j) \qquad j = 1, 2, \cdots, 6.$$

Der erste Anteil beschreibt den Transportschritt, der Operator $\mathcal{C}_\rangle(N_i, N_j)$ den Kollisionsschritt. Dieser hängt entsprechend der Kollisionskonfiguration von den beteiligten Partikeln $N_j$ an dem Gitterpunkt ab. Der Kollisionsoperator ist so zu formulieren, dass dieser für die Stoßinvarianten Masse, Impuls und Energie verschwindet.

Die Analyse des Verfahrens unter der Annahme stetiger Verläufe der makroskopischen Variablen wird mittels Taylorreihen- und Chapman-Enskog-Entwicklungen durchgeführt. Die Details sind den Publikationen [18] und [41] zu entnehmen. Diese Entwicklungen folgen im Prinzip der detaillierten Analyse der Lattice-Boltzmann Methode im nachfolgenden Kap. 9.

Für eine hydrodynamische Problemstellung führt das Ergebnis der Analyse auf ein System von partiellen Differentialgleichungen ähnlich den Navier-Stokes-Gleichungen eines inkompressiblen Fluides mit der Erhaltungsgleichung der Masse

$$\frac{\partial \varrho}{\partial t} + \frac{\partial \varrho v_\alpha}{\partial x_\alpha} = 0$$

und des Impulses

$$\frac{\partial \varrho v_\alpha}{\partial t} + \frac{\partial}{\partial x_\beta}\left(g(\varrho)\,\varrho v_\alpha v_\beta + P\delta_{\alpha\beta}\right) = \tilde{\nu}\frac{\partial}{\partial x_\beta}\left(\frac{\partial \varrho v_\alpha}{\partial x_\beta} + \frac{\partial \varrho v_\beta}{\partial x_\alpha} + \frac{\partial \varrho v_\gamma}{\partial x_\gamma}\right).$$

Hierbei sind $\alpha = 1, 2$ und $\beta = 1, 2$ die kartesischen Richtungen in zwei Dimensionen. Für die Tensorschreibweise gilt die Summenkonvention. Die Gleichungen der Lattice-Gas-Methode zeigen im Vergleich zu den Navier-Stokes-Gleichungen (7.33) sofort einige Diskrepanzen:

- Die Energieerhaltungsgleichung wird nicht berücksichtigt. Dies ist eine Folge des hier vorgestellten Lattice-Gas-Konzeptes, welches im Prinzip eine isotherme Strömung modelliert.

- Die Impulsgleichung enthält einen Faktor $g(\varrho)$, der nicht gleich Eins ist. Dies ist eine Folge der Verletzung der Galilei-Invarianz.

- Die Gasgleichung für den Druck enthält noch einen geschwindigkeits-abhängigen Term

$$P = \varrho RT\left(1 - g(\varrho)\frac{v_\alpha^2}{RT}\right).$$

- Die Zähigkeit ist infolge der Kollisionsdynamik begrenzt auf größere Werte, d.h. die Reynolds-Zahl auf kleinere Werte.

- Die Ergebnisse zeigen starke Fluktuation auf Grund der simulierten Einzelpartikel. Glatte Lösungen erfordern sehr hohe Gitterpunktzahlen und zeitliche und räumliche Mittelung.

Diese Nachteile lassen das Lattice-Gas-Konzept, trotz anfänglichem Optimismus, zumindestens für hydrodynamische Probleme als wenig geeignet erscheinen. Es gibt jedoch eine Anzahl von Modifikationen der Lattice-Gas-Methoden, die für spezielle Probleme der Strömungsmechanik und diskreten Physik effiziente Lösungskonzepte bieten.

Eine Übersicht über Anwendungen des Lattice-Gas-Konzeptes auf dem Gebiet der Hydrodynamik bietet das Buch von J. P. Rivet et al. [35]. Eine begeisternde und universell betrachtende Zusammenfassung der Möglichkeiten von Lattice-Gas-Methoden und Zellularen Automaten bietet das Buch von S. Wolfram [42] mit dem Titel „A New Kind of Science".

Eine wesentliche und in der numerische Strömungsmechanik mittlerweile weit verbreitete Variante der Lattice-Gas-Methoden sind die Lattice-Boltzmann-Methoden und hier speziell die Lattice-BGK-Methoden. Durch Verwendung von Partikelensembles, ausgedrückt durch eine diskrete Geschwindigkeitsverteilungsfunktion $f(r, t, \xi)$, an Stelle von Einzelpartikeln und der engen Verbindung mit der Boltzmann-Gleichung, bzw. dem BGK-Modell dieser Gleichung, können wesentliche Nachteile des Lattice-Gas-Konzeptes vermieden werden. Die Lattice-BGK-Methoden sind effiziente, gaskinetische Verfahren für kontinuumsnahe Strömungen bei kleinen Mach-Zahlen. Auf Grund ihrer zunehmenden Nutzung zur Simulation dieser und physikalisch ähnlicher Probleme werden diese ausführlicher im nachfolgenden Kap. 9 beschrieben.

# 9. Lattice-Boltzmann-Methoden

Lattice-Boltzmann-Methoden bauen, historisch gesehen, auf den Lattice-Gas-Methoden auf. Diese wurden im vorangehenden Kap. 8.2 kurz beschrieben. Wesentliche Anteile des Konzeptes der Lattice-Gas-Methoden, wie der diskrete Phasenraum, der molekulare Transport nur über die nächsten Gitternachbarn und die lokal formulierten Kollisionsmodelle, sind auch wesentliche Bestandteile der Lattice-Boltzmann-Methoden.

Lattice-Boltzmann-Methoden kann man als diskrete Lösungsverfahren der Boltzmann-Gleichung bzw. ihre Näherung, dem BGK-Modell interpretieren. Die Methoden basieren auf einem vereinfachten Phasenraum unter der Annahme von kontinuumsnaher Strömung mit $Kn = l_f/L \ll 1$, wobei die mittlere freie Weglänge durch die Ortsschrittweite $\delta x$ ersetzt wird und $L$ eine typische, makroskopische Länge des betrachteten Problemes ist. Als zusätzliche Annahme wird im Allgemeinen schwach kompressible Strömung kleiner Mach-Zahlen vorausgesetzt. Diese Annahme ist nicht zwingend, doch haben sich weiterreichende Ansätze von Lattice-Boltzmann-Methoden für kompressible Fluide aus Stabilitätsgründen und wegen des höheren Rechenaufwandes nicht gegenüber klassischen Lösungsverfahren der Euler-Gleichungen und Navier-Stokes-Gleichungen durchsetzen können. Eine direkte Verbindung zwischen den Lattice-Gas-Methoden, aber unter Verwendung einer diskreten Verteilungsfunktion anstelle der Boolschen Algebra, wurde von McNamara in [30] entwickelt. Die hierbei verwendete diskrete Umsetzung des Kollisionsoperators ist jedoch vor allem in drei Dimensionen sehr aufwendig, so dass sich dieses Konzept nicht durchsetzen konnte. An Stelle dieses Kollisionsoperators wurde deshalb der mathematisch einfachere Kollisionsoperator des BGK-Modell [2] nach Bhatnagar, Gross und Krook für das Lattice-Boltzmann-Konzept eingeführt. Das BGK-Modell und seine Eigenschaften wurden hier im Abschn. 5.5 vorgestellt.

Die aus diesen Voraussetzungen resultierende Lattice-Boltzmann-Methode wird in der Literatur auch als Lattice-BGK-Methode oder kurz als LBGK-Methode bezeichnet. Die Lattice-BGK-Methode wurde zuerst 1992 von Chen et al. [10] und Qian et al. [33] veröffentlicht und hat mittlerweile auf Grund ihrer vorteilhaften Eigenschaften weite Verbreitung in der numerischen Strömungsmechanik gefunden.

Untersuchungen auf der Grundlage der Chapman-Enskog-Entwicklung für die Boltzmann-Gleichung in Abschn. 7.2 und für das BGK-Modelle in Abschn. 7.1 haben gezeigt, dass die Momente dieser Gleichungen für kleine Knudsen-Zahlen auf die Navier-Stokes-Gleichungen führen. Die Übertragung dieser Aussagen auf das diskrete Lattice-BGK-Modell erlaubt die gaskinetische Simulation reibungsbehafteter Strömungen, die in der Kontinuumstheorie durch die Navier-Stokes-Gleichungen beschrieben werden.

Die Lattice-BGK-Methode zeichnet sich numerisch durch einen sehr einfachen Algorithmus aus, der aus dem vereinfachten Phasenraum und der speziellen Diskretisierung der BGK-Gleichung auf einem quasi-kartesischen Berechnungsgitter resultiert. Dies erlaubt eine sehr effiziente Parallelisierung und damit hohe Rechengeschwindigkeiten. Ein weiterer Vorteil der Methode ist die gaskinetische Formulierung der Randbedingungen, wodurch die Berechnung von Strömungen um sehr komplexe Geometrien ermöglicht wird.

Anwendungen der Lattice-Boltzmann-Methode in der hier vorgestellten Version sind Simulationen reibungsbehafteter, inkompressibler Strömungen im Kontinuumsbereich. Varianten dieses Lösungskonzeptes erlauben jedoch die Simulation zahlreicher anderer physikalischer Vorgänge, wie z.B. die Erweiterung auf Strömungen kleiner Mach-Zahlen, aber stark veränderlicher Dichte infolge Wärmefreisetzung durch chemische Reaktion oder Wärmeleitung. Weitere Anwendungen sind Strömungen von Gasgemischen, Strömungen durch poröse Medien, direkte oder Grobstruktursimulationen turbulenter Strömungen und viele andere Anwendungen mehr. Einen Überblick über Lattice-Boltzmann-Methoden und ihre Anwendungen gibt z.B. das Buch von S. Succi [37].

Im Rahmen dieses Kapitels wird die meist verwendete Variante, die Lattice-BGK-Methode und ihr Zusammenhang mit der kinetischen Theorie vorgestellt. Die Annahmen der Lattice-BGK-Methode, noch einmal kurz zusammengefasst, sind:

- BGK-Modell der Boltzmann-Gleichung
- Kleine Knudsen-Zahlen entsprechend der ersten Ordnung der Chapman-Enskog-Entwicklung
- Vereinfachter Phasenraum (lattice) in Form quasi-kartesischer Gitter
- Kleine Mach-Zahlen für schwach kompressible Strömungen.

## 9.1 Gaskinetische Grundlagen der Lattice-BGK-Methode

Im Folgenden werden noch einmal kurz die hier benötigten, gaskinetischen Grundlagen aus den vorangegangenen Kapiteln wiederholt und einige für die Lattice-BGK-Methode eingeführten Definitionen aufgeführt.

Die Lattice-BGK-Methode basiert auf einer diskreten Lösung der Boltzmann-Gleichung mit dem Kollisionsterm des BGK-Modelles (5.47). Dieses lautet:

$$\frac{\partial f}{\partial t} + \xi_\alpha \frac{\partial f}{\partial x_\alpha} = \omega\,(F - f) \qquad \alpha = 1, 2, 3. \tag{9.1}$$

Die Indizes $\alpha = 1, 2, 3$ bezeichnen hier die Koordinatenrichtungen in der Tensorschreibweise, z.B. $x_\alpha = (x_1, x_2, x_3)^T = (x, y, z)^T$. Entsprechend der Tensorschreibweise im Anhang 10.2 führen doppelt auftretende Indizes zur Summation, wie z.B. $v_\alpha^2 = v_1^2 + v_2^2 + v_3^2$. Die molekulare Geschwindigkeit im Absolutsystem ist

$$\xi_\alpha = v_\alpha + c_\alpha$$

mit $v_\alpha$ der Strömungsgeschwindigkeit und $c_\alpha$ der thermischen Geschwindigkeit der Moleküle. Die Funktion $f(\boldsymbol{r}, t, \boldsymbol{\xi})$ ist die gesuchte Nichtgleichgewichtsverteilung, deren Momente die makroskopischen Strömungs- und Transportprozesse beschreiben.

Das thermodynamische Gleichgewicht wird durch eine lokale Maxwell-Verteilung $F(\boldsymbol{r}, t, \boldsymbol{\xi})$ beschrieben. Im Gegensatz zu den vorhergehenden Kapiteln werden Verteilungsfunktion und die Boltzmann-Gleichung mit der konstanten Molekülmasse $m$ multipliziert, um eine Übereinstimmung mit der Literatur zu Lattice-Boltzmann-Methoden zu erhalten. Die Maxwell-Verteilung (4.13) lautet dann

$$F(x_\alpha, t, \xi_\alpha,) = \frac{m\,n}{(2\pi RT)^{3/2}} \cdot \exp\left(-\frac{(\xi_\alpha - v_\alpha)^2}{2RT}\right) \qquad \alpha = 1, 2, 3$$

mit $\varrho = m\,n$.

Als molekulare Referenzgeschwindigkeit wird die Geschwindigkeit $c_S$ eingeführt mit

$$c_S = \sqrt{RT}. \tag{9.2}$$

Die Geschwindigkeit $c_S$ hat die Größenordnung einer mittleren Molekülgeschwindigkeit und hat thermodynamisch die Bedeutung einer isothermen Schallgeschwindigkeit, da

$$\left.\frac{dp}{d\varrho}\right|_T = RT = c_S^2.$$

Die Gleichgewichtsfunktion kann damit in folgender Form geschrieben werden

$$F(x_\alpha, t, \xi_\alpha) = \varrho\,A'(T) \cdot \exp\left(-\frac{(\xi_\alpha - v_\alpha)^2}{2\,c_S^2}\right) \tag{9.3}$$

mit dem temperaturabhängigen Faktor

$$A'(T) = c_S^{-3}\,(2\pi)^{-3/2}.$$

Mittels der Chapman-Enskog-Entwicklung aus Abschn. 7.1 wurde die dynamische Zähigkeit $\eta$ in Abhängigkeit von der Kollisionsfrequenz $\omega$ in (7.30) bestimmt zu

$$\eta = \frac{n\,k\,T}{\omega}.$$

Diese Beziehung kann genutzt werden, um bei vorgegebener kinematischer Zähigkeit $\nu = \eta/\varrho$ die Kollisionsfrequenz $\omega$ festzulegen mit

$$\omega(\nu) = \frac{RT}{\nu} = \frac{c_S^2}{\nu}. \tag{9.4}$$

In der Lattice-BGK-Methode kommt zu $\omega(\nu)$ noch ein Anteil auf Grund endlicher Zeitschrittweiten hinzu, siehe Gleichung (9.28).

Die makroskopischen Strömungsgrößen $\varrho = \varrho(\boldsymbol{r},t)$, $v_\alpha = v_\alpha(\boldsymbol{r},t)$ und $T = T(\boldsymbol{r},t)$ ergeben sich aus den Momenten der Verteilungsfunktion, die im Abschn. 3 formuliert worden. Die Momente der Stoßinvarianten für Masse, Impuls und Energie sind

$$\varrho = \int f \, d\boldsymbol{\xi} = \int F \, d\boldsymbol{\xi},$$

$$\varrho v_\alpha = \int \xi_\alpha \, f \, d\boldsymbol{\xi} = \int \xi_\alpha \, F \, d\boldsymbol{\xi},$$

$$\varrho \, (e + v_\alpha^2/2) = \frac{1}{2} \int \xi_\alpha^2 \, f \, d\boldsymbol{\xi} = \frac{1}{2} \int \xi_\alpha^2 \, F \, d\boldsymbol{\xi} \tag{9.5}$$

mit $d\boldsymbol{\xi} = d\xi_1 \, d\xi_2 \, d\xi_3$ und den Integrationsgrenzen von $-\infty$ bis $\infty$.

Weitere wichtige Momente, die hier benötigt werden, sind der Impuls- und Spannungstensor:

$$\varrho \, v_\alpha \, v_\beta + p \, \delta_{\alpha\beta} - \sigma_{\alpha\beta} = \int \xi_\alpha \, \xi_\beta \, f \, d\boldsymbol{\xi}. \tag{9.6}$$

Für die Gleichgewichtsverteilung ergibt sich, da dann $\sigma_{\alpha\beta} = 0$:

$$\varrho \, v_\alpha \, v_\beta + p \, \delta_{\alpha\beta} = \int \xi_\alpha \, \xi_\beta \, F \, d\boldsymbol{\xi}. \tag{9.7}$$

Die Schubspannungen ergeben sich aus der Differenz zu

$$\sigma_{\alpha\beta} = \int \xi_\alpha \, \xi_\beta \, (F - f) \, d\boldsymbol{\xi}. \tag{9.8}$$

Der Druck ist dabei definiert zu

$$p = \frac{1}{3} \int c_\alpha^2 \, f \, d\boldsymbol{c} = \frac{1}{3} \int c_\alpha^2 \, F \, d\boldsymbol{c}.$$

Mit diesen hier aufgeführten, gaskinetischen Definitionen sind alle, für die Herleitung des Lattice-BGK-Verfahrens notwendigen Grundlagen gegeben.

## 9.2 Diskreter Phasenraum der Lattice-BGK-Methode

Wie bereits bei der elementaren Gaskinetik in Kap. 2 gezeigt, ergeben sich bereits bei dem sehr einfachem „N/6"-Modell wesentliche Aussagen zu Strömungsgrößen, thermodynamischen Beziehungen und zu Transportgrößen.

Dieses „1/6"-Modell mit Einheitsgeschwindigkeiten $c_0$ der Moleküle nur in kartesischen Richtungen ist jedoch nicht drehungsinvariant, was sich bei der Herleitung des Druckes, analog zu der in Abschn. 2.1.2 mit Abb. 2.3 für eine etwas gedrehte Wand sofort zeigt. Um Drehungsinvarianz (Galilei-Invarianz) des Druck- und Spannungstensors mit einem Minimum an molekularen Geschwindigkeitsrichtungen zu erreichen, sind neben den sechs kartesischen Richtungen weitere Richtungen zu berücksichtigen.

In der Literatur haben sich zwei Konzepte zur Formulierung des Phasenraumes, der den Orts- und Geschwindigkeitsraum umfasst, etabliert, das *hexagonale Gitter* und das *quasi-kartesische Gitter*, welches zusätzlich um die diagonalen Richtungen erweitert wird. Der diskrete Phasenraum, der den gesamten Integrationsbereich umfasst, wird in der Literatur meist als „lattice" bezeichnet.

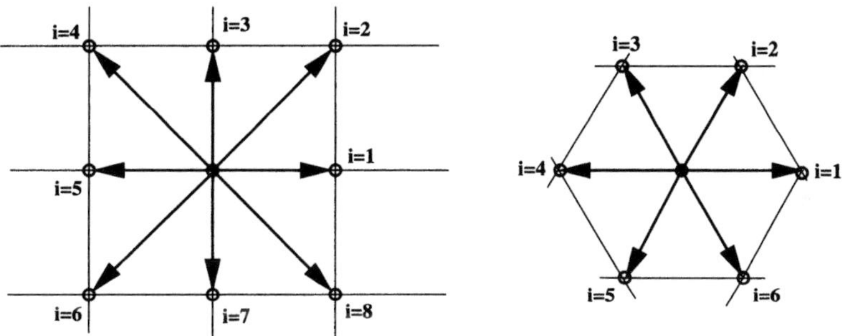


**Abb. 9.1.** Diskreter, zweidimensionaler Phasenraum in kartesischer, bzw. hexagonaler Anordnung

Die zwei Anordnungen sind in Abb. 9.1 skizziert. Das quasi-kartesische Gitter erlaubt insgesamt acht endliche Richtungen von Molekülgeschwindigkeiten, das hexagonale insgesamt sechs endliche Richtungen. Entlang jeder Richtung, mit Index $i$ bezeichnet, können Moleküle mit einer vorgegebenen Geschwindigkeit $\boldsymbol{\xi}_i$ fliegen.

In der hier vorgestellten Lattice-BGK-Version werden im Folgenden die quasi-kartesischen Gitter nach Abb. 9.1, links, genutzt, da diese von der Gitterstruktur den üblichen Lösungverfahren der Strömungsmechanik nahe kommen, wodurch viele numerische Erfahrungen aus diesen Verfahren übertragen werden können.

Aufbauend auf dem quasi-kartesischen Gitter in Abb. 9.1 wird angenommen, dass Moleküle, die von einem Knotenpunkt $P(r)$ des Phasenraumes ausgehen, längs der kartesischen Richtungen und in Diagonalrichtungen zu den Nachbarpunkten gelangen können. Die Anzahl von Molekülen ist jedoch nicht, wie in den Lattice-Gas-Methoden in jeder Richtung konstant, sondern wird durch eine variable Größe, die diskrete Verteilungsfunktion $f(\xi_i)$, für jede Richtung bestimmt. Zur korrekten, quantitativen Erfassung des Drucktensor wird eine zusätzliche (Null-)Geschwindigkeit vorgegeben, wodurch augenblicklich ruhende Moleküle der Anzahl $\sim f(\xi = 0)$ erfasst werden. Jeder Geschwindigkeit $\xi_i$ im Punkt $P(r)$ ist somit eine Verteilungsfunktion zugeordnet:

$$f(\xi_i) = f_i.$$

Diese gibt die Wahrscheinlichkeit an, eine bestimmte Anzahl von Molekülen in einem Geschwindigkeitsbereich um $\xi_i$ zu finden.

Die Abstände $\delta x$ zwischen den Gitterpunkten werden in allen kartesischen Richtungen gleich groß gewählt, so dass ein äquidistantes, kartesisches Netz vorliegt.

$$\delta x = \delta y = \delta z = const.$$

Die Geschwindigkeit $\xi_i$ der Moleküle in den einzelnen Richtungen $i$ des Phasenraumes wird so gewählt, dass diese gerade in einem Zeitschritt $\delta t$ den nächsten Nachbarpunkt erreichen. Mit der kartesischen Komponente der Molekülgeschwindigkeit $\xi_0$ folgt für den Ortsschritt

$$\delta x = \xi_0 \, \delta t. \tag{9.9}$$

Jede Geschwindigkeit $\xi_i$ im Gitter besitzt somit vom Betrag gleiche kartesische Komponenten der Größe $\xi_0$.

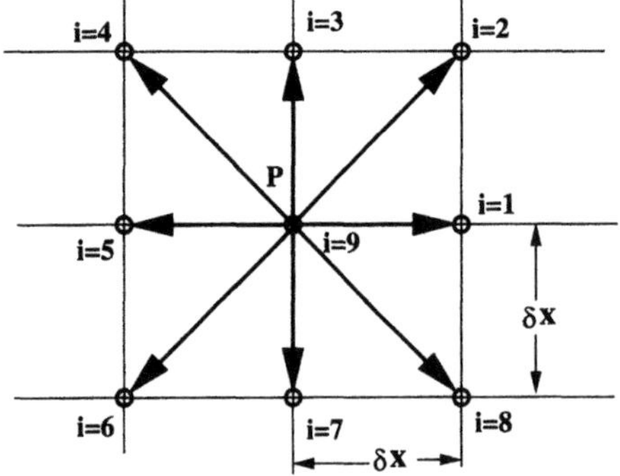


**Abb. 9.2.** Diskreter Phasenraum D2Q9 in zwei Dimensionen mit konstanten Schrittweiten $\delta x = \xi_0 \, \delta t$

Damit ergeben sich in zwei Dimensionen im diskreten Phasenraum, im Folgenden mit D2Q9 abgekürzt, nach Abb. 9.2 acht endliche Geschwindigkeiten

**Tabelle 9.1.** Geschwindigkeiten im Phasenraum D2Q9

| $i$ | $\xi_1/\xi_0$ | $\xi_2/\xi_0$ | $p = \xi_\alpha^2/\xi_0^2$ |
|---|---|---|---|
| 1 | 1 | 0 | 1 |
| 2 | 1 | 1 | 2 |
| 3 | 0 | 1 | 1 |
| 4 | −1 | 1 | 2 |
| 5 | −1 | 0 | 1 |
| 6 | −1 | −1 | 2 |
| 7 | 0 | −1 | 1 |
| 8 | 1 | −1 | 2 |
| 9 | 0 | 0 | 0 |

$\boldsymbol{\xi}_i$   $i = 1, 8$ und eine Nullgeschwindigkeit $i = 9$. Diese Geschwindigkeiten sind in Tabelle 9.1 für zwei Dimensionen aufgeführt.

Es sind somit drei verschiedene Geschwindigkeitsbeträge für das zweidimensionale Gitter D2Q9 möglich, die durch ihr normiertes Betragsquadrat $p$ charakterisiert werden.

$$p = \left(\frac{\xi_i}{\xi_0}\right)^2 \tag{9.10}$$

Da im Wesentlichen die Geschwindigkeitsbeträge interessant sind, werden die Molekulargeschwindigkeiten der Richtung $i$ teilweise durch das Betragsquadrat $p$ gekennzeichnet, d.h. $\xi_{\alpha,i}$   $\rightarrow$   $\xi_{p,\alpha}$.

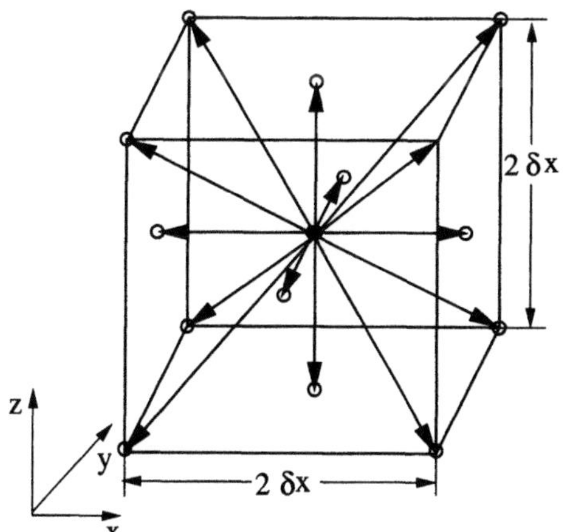


**Abb. 9.3.** Diskreter Phasenraum D3Q15 in drei Dimensionen mit konstanten Schrittweiten $\delta x = \xi_0\,\delta t$

In drei Dimensionen bildet der Phasenraum um einen Punkt $P(\boldsymbol{r})$ einen Kubus mit den Geschwindigkeiten in kartesische Richtungen und den diagonalen Richtungen zu den Ecken des Kubus, Abb. 9.3. Damit existieren 14 endliche Geschwindigkeiten analog zum zweidimensionalen Fall mit normiertem Betragsquadrat $p = 1$ und $p = 3$ und eine Nullgeschwindigkeit mit $p = 0$. Insgesamt sind es somit 15 Geschwindigkeiten. Diese Anordnung wird im Folgenden D3Q15 genannt. In drei Dimensionen sind noch andere Anordnungen der Geschwindigkeiten möglich, auf die hier jedoch nicht eingegangen wird.

**Zur Wahl der Größen $\delta x$ und $\xi_0$.** Der Gitterabstand $\delta x$ entspricht in dem diskreten Modell einer mittleren freien Weglänge $l_f$, die die Moleküle ohne Kollision zurücklegen. Erst in den Gitterpunkten selbst wird eine Kollision mittels des diskreten BGK-Modelles ermöglicht. Entsprechend der Annahme von Kontinuum, d.h. Knudsen-Zahl $Kn = l_f/L \ll 1$, ist die mittlere freie Weglänge, hier $\delta x$, klein gegenüber einer makroskopischen Abmessung $L$ zu wählen. Sei $L$ z.B. eine typische Länge des Integrationsbereiches, dann gilt

$$\epsilon \equiv Kn_{LBGK} = \delta x/L \ll 1$$

mit $\epsilon$, der Knudsen-Zahl $Kn_{LBGK}$ des diskreten LBGK-Modelles.

In numerischen Rechnungen ist das Verhältnis von Schrittweite $\delta x$ zur Integrationslänge $L$ auf Grund der notwendigen, numerischen Auflösung immer ausreichend klein, etwa in der Größenordnung

$$\epsilon = \delta x/L = O(10^{-2}).$$

Die Einheitsgeschwindigkeit $\xi_0$ der Moleküle in dem Phasenraum wird mit der vorn getroffenen Einschränkung schwach kompressibler Strömungen bestimmt. Für diese Strömungen folgt, dass die Mach-Zahl $Ma$, d.h. das Verhältnis typischer Strömungsgeschwindigkeit $U_0$ zur Schallgeschwindigkeit, hier $c_S$ nach (9.2), ausreichend kleiner Eins ist.

$$Ma = \frac{U_0}{c_S} \ll 1. \tag{9.11}$$

Da die Molekülgeschwindigkeit $\xi_0$ von gleicher Größenordnung wie die Schallgeschwindigkeit $c_S$ ist, gilt für die Wahl von $\xi_0$

$$\xi_0 \approx \frac{U_0}{Ma} \quad \text{mit} \quad Ma \ll 1.$$

Die Mach-Zahl ist hier lediglich eine Skalierungsgröße, die nicht direkt in die Lösung der makroskopischen Größen eingeht. Sie wird üblicherweise in der Größenordnung $Ma \approx 0,1 \rightarrow 0,01$ gewählt. Wählt man sie zu klein, werden die Zeitschritte $\delta t$ klein und damit der Rechenaufwand größer, dafür aber reduzieren sich die Diskretisierungsfehler (siehe Abschnitt 9.5.2) und die Zeitgenauigkeit verbessert sich.

## 9.3 Formulierung der Lattice-BGK-Methode

Die Herleitung der Lattice-BGK-Methode erfordert die diskrete Formulierung des BGK-Modelles der Boltzmann-Gleichung, die der Momente, der Gleichgewichtsverteilung und der diskreten Formulierung der Transportkoeffizienten.

Das Ergebnis ist ein Algorithmus der Lattice-BGK-Methode zur Simulation reibungsbehafteter Strömung inkompressibler Fluide.

### 9.3.1 Diskretisierung des BGK-Modelles

Die Boltzmann-Gleichung mit dem Kollisionsterm des BGK-Modelles in (9.1) wird auf jedem Gitterpunkt $P(\boldsymbol{r})$ des diskreten Phasenraumes diskretisiert. Die linke Seite beschreibt die zeitliche Änderung und den Transport der Verteilungsfunktion $f$ im Ortsraum und die rechte Seite die Änderung der Verteilungsfunktion im Geschwindigkeitsraum $\boldsymbol{\xi}$ infolge der Kollisionen. Die beiden Seiten können in einem Transportschritt und einem Kollisionschritt getrennt betrachtet werden.

**Der Transportschritt** ist die Lösung der linken Seite von (9.1)

$$\frac{\partial \tilde{f}_i}{\partial t} + \xi_{i\alpha}\,\frac{\partial \tilde{f}_i}{\partial x_\alpha} = 0$$

für eine Geschwindigkeitsrichtung $i$. Diese Gleichung ist eine hyperbolische, partielle Differentialgleichung mit der charakteristischen Lösung

$$\tilde{f}_i(\boldsymbol{r} + \boldsymbol{\xi}_i\,\delta t, t + \delta t) = f_i(\boldsymbol{r}, t). \tag{9.12}$$

Der Wert der Verteilungsfunktion $f$ wird längs eines Geschwindigkeitsvektors $\boldsymbol{\xi}_i$ des diskreten Phasenraumes von einem Gitterpunkt zum nächsten Nachbarpunkt in einem Zeitschritt $\delta t$ übertragen, siehe Abb. 9.4. Die Verteilungsfunktion $\tilde{f}$ ist ein Zwischenwert, der nur den Transport von einem Gitterknoten zum nächsten berücksichtigt, ohne die Funktion zu ändern. Dieser Schritt entspricht dem Flug der Moleküle über eine mittlere freie Weglänge $l_f = \sqrt{\delta x_\alpha^2}$.

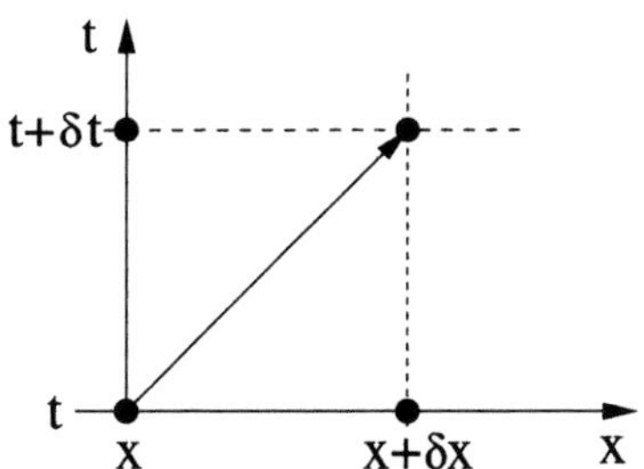


**Abb. 9.4.** Transport der Verteilungsfunktion längs Charakteristik

**Der Kollisionschritt** ändert die Verteilungsfunktion lokal an einem Gitterpunkt $P(\boldsymbol{r})$ durch Kollisionen, die hier durch den BGK-Ansatz beschrieben werden. Die Verteilungsfunktion zur neuen Zeit $t + \delta t$ ist eine Funktion des Zwischenwertes $\tilde{f}$ und erfordert die Berechnung der Gleichgewichtsfunktion $\tilde{f}^{eq}$ als Funktion der Momente vor der Ausführung des Kollisionsschrittes.

Unter der Funktion $\tilde{f}^{eq}$ wird hierbei die Lattice-BGK-Approximation der Maxwell-Verteilung $F$ verstanden, die im nächsten Abschnitt 9.3.3 hergeleitet wird. Der Kollisionschritt für den Wert der Verteilungsfunktion zu neuen Zeit $t + \delta t$ ist dann

$$
\begin{aligned}
f_i(\boldsymbol{r} + \boldsymbol{\xi}_i\,\delta t, t + \delta t) &= \tilde{f}_i(\boldsymbol{r} + \boldsymbol{\xi}_i\,\delta t, t + \delta t) \\
&+ \omega\,\delta t \cdot \left( \tilde{f}_i^{eq}(\boldsymbol{r} + \boldsymbol{\xi}_i\,\delta t, t + \delta t) - \tilde{f}_i(\boldsymbol{r} + \boldsymbol{\xi}_i\,\delta t, t + \delta t) \right).
\end{aligned} \tag{9.13}
$$

Die Schritte (9.12) und (9.13) zusammengesetzt ergeben die diskretisierte Boltzmann-Gleichung mit dem BGK-Kollisionsoperator, oft Lattice-BGK-Gleichung genannt.

$$
f_i(\boldsymbol{r} + \boldsymbol{\xi}_i\,\delta t, t + \delta t) = f_i(\boldsymbol{r},t) + \omega\,\delta t \cdot (f_i^{eq}(\boldsymbol{r},t) - f_i(\boldsymbol{r},t)). \tag{9.14}
$$

Der Transport- und Kollisionsschritt ist für jede Geschwindigkeit $\boldsymbol{\xi}_i$ und für jeden Gitterpunkt und Zeitschritt zu berechnen. Algorithmisch kann die Lattice-BGK-Methode in separaten Transport- und Kollisionsschritten oder in einem Schritt durch Lösung von (9.14) abgearbeitet werden.

### 9.3.2 Diskrete Momente

Vor der Berechnung des Kollisionsschrittes (9.13) oder nach Lösung der LBGK-Gleichung (9.14) erhält man auf jedem Gitterpunkt $P(\boldsymbol{r},t)$ Geschwindigkeitsverteilungsfunktionen $f_i$ (9 in 2-D und 15 in 3-D) aus verschiedenen Richtungen. Aus diesen Verteilungen werden die interessierenden Strömungsgrößen als Momente dieser Verteilungen berechnet. Da diese Verteilungen nur diskret vorliegen, wird das Integral über alle Geschwindigkeiten durch die Summe über alle diskreten Geschwindigkeiten ersetzt.

Für die Basismomente von Masse, Impuls und Energie (9.6) pro Volumen gilt dann z.B. in zwei Dimensionen mit 9 Geschwindigkeiten:

$$
\varrho(\boldsymbol{r},t) = \sum_{i=1}^{i=9} f_i(\boldsymbol{r},t) = \sum_{i=1}^{i=9} f_i^{eq}(\boldsymbol{r},t),
$$

$$
\varrho\, v_\alpha(\boldsymbol{r},t) = \sum_{i=1}^{i=9} \xi_{i,\alpha}\, f_i(\boldsymbol{r},t) = \sum_{i=1}^{i=9} \xi_{i,\alpha}\, f_i^{eq}(\boldsymbol{r},t),
$$

$$
\varrho\, E(\boldsymbol{r},t) = \frac{1}{2} \sum_{i=1}^{i=9} \xi_{i,\alpha}^2\, f_i(\boldsymbol{r},t) = \frac{1}{2} \sum_{i=1}^{i=9} \xi_{i,\alpha}^2\, f_i^{eq}(\boldsymbol{r},t). \tag{9.15}
$$

Die Gesamtenergie pro Volumen $\varrho E = \varrho\,(e + v_\alpha^2/2)$ wird hier jedoch nicht weiter berücksichtigt, da nachfolgend die Annahme isothermer Strömung getroffen wird. Von größerer Bedeutung für eine fast inkompressible Strömung ist der Impuls- und Spannungstensor (9.6). Der diskrete Tensor ergibt sich zu:

$$\varrho\, v_\alpha\, v_\beta + p\, \delta_{\alpha\beta} + \sigma_{\alpha\beta} = \sum_{i=1}^{i=9} \xi_{i,\alpha} \xi_{i,\beta}\, f_i.$$

Für die Gleichgewichtsverteilung $f_i^{eq}$ (da dann $\sigma_{\alpha\beta} = 0$) reduziert sich der Impuls- und Spannungstensor entsprechend (9.7) zu

$$\varrho\, v_\alpha\, v_\beta + p\, \delta_{\alpha\beta} = \sum_{i=1}^{i=9} \xi_{i,\alpha} \xi_{i,\beta}\, f_i^{eq}. \tag{9.16}$$

Die Reibungsspannungen ergeben sich mit (9.8) somit zu

$$\sigma_{\alpha\beta} = \sum_{i=1}^{i=9} \xi_{i,\alpha}\, \xi_{i,\beta}\, (f_i^{eq} - f_i). \tag{9.17}$$

### 9.3.3 Diskrete Gleichgewichtsverteilung $f^{eq}$

Die Lösung der diskreten Boltzmann-Gleichung erfordert noch die Festlegung der Gleichgewichtsverteilung $f_i^{eq}$ für die diskreten Geschwindigkeiten $\xi_i$. Die Gleichgewichtsverteilung $f^{eq}$ bezeichnet die unter den Annahmen der Lattice-BGK Methode approximierte Maxwell-Verteilung $F$ der Gleichung (9.3).

Wesentliche Annahme zur Approximation der Maxwell-Verteilung für das Lattice-BGK-Modell ist die Voraussetzung kleiner Mach-Zahlen. Kleine Mach-Zahl bedeutet, dass die Strömungsgeschwindigkeit sehr viel kleiner als die Schallgeschwindigkeit ist. Als Referenzschallgeschwindigkeit wird die isotherme Schallgeschwindigkeit $c_S$ (9.2) definiert. Somit kann die Forderung kleiner Mach-Zahlen formuliert werden als:

$$m = \frac{|v_\alpha|}{c_S} \ll 1, \tag{9.18}$$

während alle Verhältnisse

$$\frac{|\xi_\alpha|}{c_S} = O(1)$$

von der Ordnung Eins angenommen werden.

Mit dieser Annahme kann die Maxwell-Verteilung $F(\boldsymbol{r}, t, \boldsymbol{\xi})$ in (9.3) mittels Taylorreihenentwicklung für kleine Mach-Zahlen $m$ entwickelt werden. Der Term in der Exponentialfunktion der Maxwell-Verteilung in (9.3), ausgeschrieben und nach Größenordnungen sortiert, ist

$$-\frac{(\xi_\alpha - v_\alpha)^2}{2\, c_S^2} = \underbrace{-\frac{\xi_\alpha^2}{2\, c_S^2}}_{O(1)} + \underbrace{\frac{v_\alpha \xi_\alpha}{c_S^2}}_{O(m)} - \underbrace{\frac{v_\alpha v_\alpha}{2\, c_S^2}}_{O(m^2)}.$$

In die Maxwell-Verteilung eingesetzt, ergibt sich

$$F = \varrho \, A'(T) \cdot \exp\left(-\frac{\xi_\alpha^2}{2\,c_S^2}\right) \cdot \exp\left(\frac{2\,v_\alpha \xi_\alpha - v_\alpha v_\alpha}{2\,c_S^2}\right).$$

Die zweite Exponentialfunktion wird nach kleinen Mach-Zahlen $m$ entwickelt und nach dem quadratischen Term $O(m^2)$ abgebrochen.
Mit

$$\mathrm{e}^x = 1 + x + x^2/2 + \cdots \qquad x \ll 1$$

folgt

$$f^{eq} = \varrho \, A'(T) \cdot \exp\left(-\frac{\xi_\alpha^2}{2\,c_S^2}\right) \cdot \left(1 + \frac{2\,v_\alpha \xi_\alpha}{2\,c_S^2} - \frac{v_\alpha v_\alpha}{2\,c_S^2} + \frac{v_\alpha \xi_\alpha \, v_\beta \xi_\beta}{2\,c_S^4}\right).$$

Die Faktoren $A'(T) \cdot \exp\left(-\frac{\xi_\alpha^2}{2\,c_S^2}\right)$ werden zu einem Wichtungsfaktor $t_p$ zusammengefasst

$$t_p = A' \cdot \exp\left(-\frac{1}{2}\frac{\xi_\alpha^2}{c_S^2}\right) \quad \text{mit} \quad A'(T) = c_S^{-3}\,(2\pi)^{-3/2},$$

der nur von dem normierten Geschwindigkeitsquadrat $p = \xi_\alpha^2/\xi_0^2$ und von $c_S^2(T)$ abhängt und für einen vorgegebenen, diskreten Phasenraum jeweils bestimmt werden muss. Damit ergibt sich die *Gleichgewichtsfunktion* $f^{eq}$ des *Lattice-BGK-Verfahrens* zu

$$f^{eq}(x_\alpha, t, \xi_\alpha) = \varrho \, t_p \cdot \left[1 + \frac{v_\alpha \xi_\alpha}{c_S^2} + \frac{v_\alpha v_\beta}{2\,c_S^2}\left(\frac{\xi_\alpha \xi_\beta}{c_S^2} - \delta_{\alpha\beta}\right)\right] \qquad (9.19)$$

mit $\alpha = 1, 2, 3$ und $\beta = 1, 2, 3$ in drei Dimensionen.

Zur Festlegung von $t_p$ wird gefordert, dass die Gleichgewichtsverteilung $f^{eq}$ die Momente (9.15) der Stoßinvarianten für Masse, Impuls und Energie, analog zur Festlegung der Maxwell-Verteilung in Abschn. 4.1, erfüllt. Zur Bestimmung der Momente (9.15) und (9.16) aus der Gleichgewichtsverteilung $f^{eq}$ sind die Summen aus Produkten der Geschwindigkeitskomponenten $\xi_\alpha$ zu bilden. Auf Grund der symmetrischen Anordnung der diskreten Phasenräume D2Q9 und D3Q15 in Abb. 9.2 und Abb. 9.3, folgt sofort, dass die Summen mit ungeraden Potenzen von $\xi_{i,\alpha}$ verschwinden, d.h.

$$\sum_i t_p \xi_{i,\alpha} = 0 \qquad \sum_i t_p \xi_{i,\alpha}^3 = 0 \qquad \sum_i t_p \xi_{i,\alpha}^5 = 0. \qquad (9.20)$$

Für die Momente der Dichte, des spezifischen Impulses und für den Impulstensor aus (9.15) und (9.16) folgt:

$$\varrho = \sum_i f_i^{eq} = \varrho \sum_i t_p + \frac{\varrho v_\alpha v_\beta}{2\,c_S^2}\left(\frac{1}{c_S^2}\sum_i t_p \xi_{i,\alpha}\xi_{i,\beta} - \delta_{\alpha\beta}\sum_i t_p\right), \qquad (9.21)$$

$$\varrho v_\alpha = \sum_i \xi_{i,\alpha} f_i^{eq} = \frac{\varrho v_\alpha}{c_S^2}\sum_i t_p \xi_{i,\alpha}\xi_{i,\beta}\,\delta_{\alpha\beta}, \qquad (9.22)$$

$$\varrho\, v_\alpha\, v_\beta \,+\, p\,\delta_{\alpha\beta} = \sum_i \xi_{i,\alpha}\xi_{i,\beta}\, f_i^{eq} = \varrho\,\sum_i t_p\xi_{i,\alpha}\xi_{i,\beta}$$

$$+\,\frac{\varrho v_\alpha v_\beta}{2\,c_S^2}\left(\frac{1}{c_S^2}\sum_i t_p\xi_{i,\alpha}\xi_{i,\beta}\xi_{i,\gamma}\xi_{i,\delta} - \delta_{\alpha\beta}\sum_i t_p\xi_{i,\gamma}\xi_{i,\delta}\right).\quad(9.23)$$

Durch Auswertung der Momente (9.21), (9.22) und (9.23) folgen die Symmetriebeziehungen für die diskreten Phasenräume D2Q9 und D3Q15 in Abb. 9.2 und Abb. 9.3 mit $\alpha, \beta, \gamma, \delta = 1, 2, 3$ zu

$$\sum_i t_p = 1,$$

$$\sum_i t_p\xi_{i,\alpha}\xi_{i,\beta} = c_S^2\,\delta_{\alpha\beta},$$

$$\sum_i t_p\xi_{i,\alpha}\xi_{i,\beta}\xi_{i,\gamma}\xi_{i,\delta} = c_S^4\,(\delta_{\alpha\beta}\delta_{\gamma\delta} + \delta_{\alpha\gamma}\delta_{\beta\delta} + \delta_{\alpha\delta}\delta_{\beta\gamma}).\quad(9.24)$$

Die letzte Beziehung in (9.24), die sich aus einer Kombination von Kroneckersymbolen zusammensetzt, kann durch Variation der Indizes $\gamma = 1, 2, 3$ und $\delta = 1, 2, 3$ bei festen $\alpha$ und $\beta$ ausgewertet werden. Für $\alpha = \beta$ ergibt sich dafür ein Wert 3, für $\alpha \neq \beta$ ein Wert von 2. Für ein Kroneckersymbol gilt $\delta_{\alpha\beta} = 1$ für $\alpha = \beta$, ansonsten gilt 0. Für ungerade Potenzen von $\xi_{i,\alpha}$ ergibt sich mit (9.20) in allgemeiner Form

$$\sum_i t_p\,\xi_{i,\alpha}^{2n+1} = 0 \qquad n = 0, 1, 2, \cdots \quad(9.25)$$

Aus den Summen in (9.24) können jetzt die Wichtungsfaktoren $t_p$ der Gleichgewichtsverteilung für die diskreten Phasenräume ermittelt werden. Am Beispiel des zweidimensionalen Phasenraumes D2Q9 in Abb. 9.2 mit $p = 0, 1, 2$ wird die Herleitung gezeigt. Es folgt:

$$\sum_i t_p = t_0 + 4\,t_1 + 4\,t_2 = 1,$$

$$\sum_i t_p\xi_{i,\alpha}\xi_{i,\beta} = (2\,t_1 + 4\,t_2)\,\xi_0^2 = c_S^2\,\delta_{\alpha\beta} \qquad\qquad \alpha \text{ fest},\ \beta = 1, 2,$$

$$\sum_i t_p\xi_{i,\alpha}\xi_{i,\beta}\xi_{i,\gamma}\xi_{i,\delta} = 8\,t_2\,\xi_0^4 = c_S^4\cdot 2 \qquad\qquad \alpha \neq \beta \text{ fest},\ \ \gamma, \delta = 1, 2,$$

$$\sum_i t_p\xi_{i,\alpha}\xi_{i,\beta}\xi_{i,\gamma}\xi_{i,\delta} = (2\,t_1 + 4\,t_2)\,\xi_0^4 = c_S^4\cdot 3 \qquad\qquad \alpha = \beta \text{ fest},\ \gamma, \delta = 1, 2.$$

Hieraus ergeben sich die Koeffizienten $t_p$ und das Verhältnis $c_S/\xi_0$. Die Herleitung für den dreidimensionalen Phasenraum erfolgt analog. In Tabelle 9.2 sind die Ergebnisse zusammengefasst.

Für den Zusammenhang zwischen der molekularen Einheitsgeschwindigkeit $\xi_0$ und der isothermen Schallgeschwindigkeit $c_S = \sqrt{RT}$ in (9.2) erhält man für alle hier betrachteten diskreten Phasenräume das Verhältnis

**Tabelle 9.2.** Wichtungskoeffizienten $t_p$

|        | $p = \xi_\alpha^2/\xi_0^2$ | $c_S^2/\xi_0^2$ | $t_0$ | $t_1$ | $t_2$ | $t_3$ |
|--------|-----------|-----------|-------|-------|-------|-------|
| 1DQ3   | $0, 1$    | $1/3$     | $2/3$ | $1/6$ | $-$   | $-$   |
| 2DQ9   | $0, 1, 2$ | $1/3$     | $4/9$ | $1/9$ | $1/36$| $-$   |
| 3DQ15  | $0, 1, 3$ | $1/3$     | $2/9$ | $1/9$ | $-$   | $1/72$|

$$\frac{c_S}{\xi_0} = \frac{1}{\sqrt{3}}. \tag{9.26}$$

Dieses Verhältnis $c_S/\xi_0 = O(1)$ bestätigt die bei der Herleitung der diskreten Gleichgewichtsverteilung getroffenen Annahmen.

**Die Definition des Druckes $p$** im Rahmen der Lattice-BGK-Methode folgt für $\alpha = \beta$ mit (9.24) und (9.2) direkt aus dem Impulstensor (9.23)

$$p = \sum_i f_i^{eq}\, c_S^2 = \varrho\, c_S^2 = \varrho\, RT. \tag{9.27}$$

Zur Interpretation der unterschiedlichen Definitionen des Druckes bei kleinen Mach-Zahlen wird auf das Abschn. 9.5.2 verwiesen.

**Kollisionsfrequenz $\omega$ der Lattice-BGK-Methode.** Für die Kollisionsfrequenz $\omega$ ergab sich für das BGK Modell ein exakter Zusammenhang mit der kinematischen Zähigkeit $\nu = \eta/\varrho$ in (9.4) zu

$$\omega = \frac{c_S^2}{\nu}$$

Eine analoge Beziehung für das diskrete LBGK Modell kann mittels einer Analyse des diskreten Systems hergeleitet werden. Die Herleitung erfolgt in einem nachfolgenden Kapitel 9.5.1. Daraus ergibt sich ein Zusammenhang zwischen Viskosität und Kollisionsfrequenz zu:

$$\omega = \frac{c_S^2}{\nu + \delta t\, c_S^2/2}. \tag{9.28}$$

Im Grenzübergang $\delta t \to 0$ ergibt sich wieder die exakte Beziehung des BGK-Modelles (9.4). Die Beziehung $\omega(\nu)$ wird im Lattice-BGK-Modell genutzt, um bei vorgegebener Zähigkeit $\nu = \eta/\varrho$ die Kollisionsfrequenz $\omega$ festzulegen.

## 9.4 Randbedingungen der Lattice-BGK-Methode

Die Simulation von Strömungen mittels der Lattice-BGK-Methode erfolgt auf gaskinetischer Basis im Phasenraum. Entsprechend müssen die Randbedingungen eines Fluides auf gaskinetischer Basis formuliert werden. Folgende typische Randbedingungen treten in Strömungsproblemen auf.

- Die Haftbedingung an einer Wand einer reibungsbehafteten Strömung erfordert die Einhaltung der Undurchdringlichkeitsbedingung, d.h. verschwindende Normalengeschwindigkeit $v_n = 0$ und verschwindende Tangentialgeschwindigkeit $v_t = 0$ (Haften). Auf der Wand verschwindet der gesamte Geschwindigkeitsvektor $\boldsymbol{v} = 0$.

- Die Symmetriebedingung an einer ebenen Fläche oder geraden Linie erfordert die Einhaltung der Undurchdringlichkeitsbedingung, d.h. verschwindende Normalengeschwindigkeit $v_n = 0$. Die gleiche Bedingung gilt für feste Wände, wenn Gleiten angenommen wird, üblicherweise bei der Berechnung reibungsfreier Strömungen.

- Die Ein- und Ausströmbedingungen sind für durchströmte Ränder zu formulieren. Sie setzen sich im Allgemeinen zusammen aus vorgeschriebenen Randwerten und aus extrapolierten Werten, die durch Verträglichkeitsbedingungen mittels Extrapolation aus dem Integrationsbereich bestimmt werden.

Für die Lattice-BGK-Methode gibt es zwei Möglichkeiten diese Arten von Bedingungen zu erfüllen, einmal mittels molekularer Reflexionsbedingungen (*bouncing back*) oder mittels Formulierung einer Gleichgewichtsfunktion auf dem Rand.

### 9.4.1 Molekulare Reflexionsbedingung (*bouncing back*)

Die molekulare Reflexionsbedingung (*bouncing back*) basiert auf der Annahme, dass eine Verteilungsfunktion $f_i$, die mit einer diskreten Geschwindigkeit $\boldsymbol{\xi}_i$ von einem Gitterknoten im Fluid zum Rand (Wand) hin transportiert wird, in Richtung der Randnormalen $\boldsymbol{n}$ mit entgegengesetzter Geschwindigkeit $\boldsymbol{\xi}_{i1} \cdot \boldsymbol{n} = -\boldsymbol{\xi}_i \cdot \boldsymbol{n}$, an den Fluidknoten zurückgegeben wird. Die Tangentialkomponente der Geschwindigkeit bleibt entweder erhalten (spiegelnde Reflexion) oder wird mit umgekehrten Vorzeichen an den Fluidknoten zurückgegeben (Haftbedingung).

**Formulierung der Haftbedingung.** Nimmt man an, dass eine ebene Berandung $y = y_0$ (Wand) in der Mitte zwischen zwei Gitterlinien parallel zur x-Koordinate liegt, dann gehören z.B. die Gitterpunkte oberhalb der Berandung zum Integrationsbereich der Fluidströmung (Fluidknoten mit Index F), unterhalb davon sind es fiktive Punkte, die im Festkörper (Festkörperknoten mit Index K) liegen, siehe Abb. 9.5. Die Festkörperknoten $P(\boldsymbol{r}_K)$ werden mit fiktiven Werten der Verteilungsfunktion entsprechend der Randbedingung belegt, so dass die Berechnung der randnächsten Punkte wie bei inneren Punkten abläuft.

Der Festkörperknoten empfängt im Transportschritt der Lattice-BGK-Methode die Verteilung $f_i$ aus der Richtung der Geschwindigkeit $\boldsymbol{\xi}_i$

$$f_i(\boldsymbol{r}_K, t + \delta t) = f_i(\boldsymbol{r}_F, t + \delta t) \qquad \text{längs} \qquad \boldsymbol{\xi}_i$$

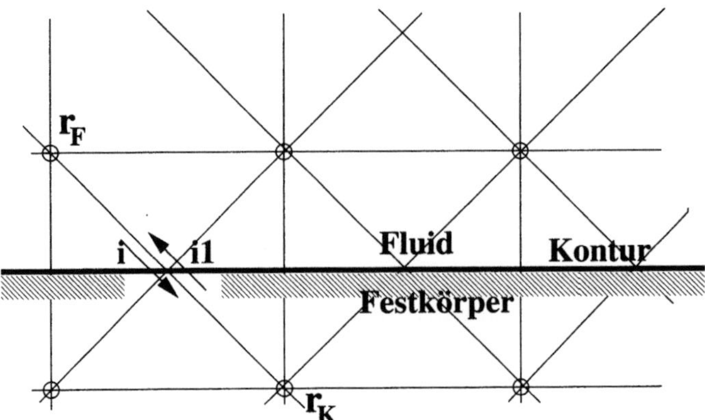


**Abb. 9.5.** Lattice-BGK-Gitter für Randformulierung mittels molekularer Reflexionsbedingung (*bouncing back*)

und gibt diese an den Fluidknoten zurück mit der Geschwindigkeit $\boldsymbol{\xi}_{i1} = -\boldsymbol{\xi}_i$

$$f_{i1}(\boldsymbol{r}_F, t + \delta t) = f_i(\boldsymbol{r}_F, t + \delta t) \qquad \text{mit} \qquad \boldsymbol{\xi}_{i1} = -\boldsymbol{\xi}_i.$$

Algorithmisch wird der reflektierte Wert $f_{i1}(\boldsymbol{r}_F, t + \delta t)$ der Verteilungsfunktion auf dem Festkörperknoten gespeichert und im Transportschritt wieder darauf zugegriffen.

Man stellt mittels Definition der Momente (9.15) fest, das für die makroskopischen Werte auf den fiktiven Festkörperknoten gilt:

$$\sum_i f_i(\boldsymbol{r}_K, t) = \sum_{i1} f_{i1}(\boldsymbol{r}_F, t) \quad \text{und so} \quad p(\boldsymbol{r}_K) = p(\boldsymbol{r}_F)$$

und

$$\sum_i \xi_{i,\alpha}\, f_i(\boldsymbol{r}_K, t) = \sum_{i1} \xi_{i1,\alpha} f_{i1}(\boldsymbol{r}_F, t) \quad \text{und so} \quad v_\alpha(\boldsymbol{r}_K) = -v_\alpha(\boldsymbol{r}_F).$$

Liegt der tatsächliche Rand genau in der Mitte zwischen Fluidknoten und Festkörperknoten, $\boldsymbol{r}_R = (\boldsymbol{r}_F + \boldsymbol{r}_K)/2$, dann gilt dort:

$$p(\boldsymbol{r}_R) = \frac{p(\boldsymbol{r}_K) + p(\boldsymbol{r}_F)}{2} = p(\boldsymbol{r}_F)$$

$$v_\alpha(\boldsymbol{r}_R) = \frac{v_\alpha(\boldsymbol{r}_K) + v_\alpha(\boldsymbol{r}_F)}{2} = 0.$$

Die Haftbedingung $v = 0$ und verschwindender Druckgradient werden somit exakt auf der Mittellinie zwischen Festkörper- und Fluidknoten erfüllt. Weicht die Lage der Berandung davon ab, ensteht ein Diskretisierungsfehler der Ordnung $O(\delta x)$. Auf Grund der Einfachheit dieser Randformulierung wird diese jedoch in vielen Fällen genutzt, insbesondere dann, wenn die Randgeometrie besonders komplex ist, wie z.B. bei Strömungen durch granulare Medien.

Eine genauere Formulierung der Randbedingungen an einer gekrümmten Randkontur wird in Abschn. 9.4.3 aufgeführt.

**Formulierung der spiegelnden Reflexion.** Zur Formulierung einer Symmetriebedingung oder einer Gleitströmung über eine Wand kann dieses Reflexionskonzept analog übertragen werden. Geändert wird dann aber nur die Geschwindigkeit normal zum Rand. Entsprechend Abb. 9.5 sei $y$ die Richtung normal zur Wand und $x$ tangential dazu. Der Festkörperknoten empfängt wieder die Verteilung

$$f_i(\boldsymbol{r}_K, t + \delta t) = f_i(\boldsymbol{r}_F, t + \delta t) \qquad \text{längs} \qquad \xi_i$$

und gibt diese an den Fluidknoten zurück als

$$f_{i1}(\boldsymbol{r}_F, t + \delta t) = f_i(\boldsymbol{r}_F, t + \delta t) \qquad \text{mit} \quad \xi_{i1,y} = -\xi_{i,y} \quad \text{und} \quad \xi_{i1,x} = \xi_{i,x},$$

wobei die Normalkomponente der Geschwindigkeit ihr Vorzeichen ändert, die Tangentialkomponente aber beibehalten wird.

Man stellt mittels Definition der Momente (9.15) fest, das für die makroskopischen Werte auf den fiktiven Festkörperknoten gilt:

$$p(\boldsymbol{r}_K) = p(\boldsymbol{r}_F) \qquad v_y(\boldsymbol{r}_K) = -v_y(\boldsymbol{r}_F) \qquad v_x(\boldsymbol{r}_K) = v_x(\boldsymbol{r}_F).$$

Auf dem Rand in der Mitte zwischen Fluidknoten und Festkörperknoten verschwindet die Normalengeschwindigkeit $v_y = 0$, die anderen Werte $v_x$ und $p$ sind symmetrisch zum Rand.

### 9.4.2 Randformulierung mittels Gleichgewichtsverteilung

Randformulierungen mittels Gleichgewichtsverteilung setzen voraus, dass sich am Rand sofort Gleichgewicht einstellt, d.h. man ersetzt die Nichtgleichgewichtsverteilung $f_i$ durch Gleichgewichtsverteilung $f_i^{eq}$

$$f_i \rightarrow f_i^{eq},$$

wobei die Gleichgewichtsverteilung mit den vorgegebenen Randgrößen gebildet wird.

Im Gegensatz zur Reflexionsbedingung, in Abb. 9.5 skizziert, wählt man algorithmisch besser eine Gitterlinie $y_R$ direkt als Rand. Auf den Knoten dieser Gitterlinie formuliert man eine Gleichgewichtsverteilung $f_R^{eq}$, die sich aus der Definition (9.19) und den als bekannt vorausgesetzten Randwerten der makroskopischen Größen $\boldsymbol{v}$ und $p$. Für die Haftbedingung mit $v_\alpha = 0$ gilt z.B:

$$f_R^{eq}(\boldsymbol{r}_R, t + \delta t, \boldsymbol{\xi}_i) = t_p \cdot \varrho = t_p \cdot \frac{p}{c_S^2}.$$

Diese Formulierung erfordert einen Wert für den Druck $p$ auf der Wand, der aus der makroskopischen Fluidlösung bestimmt werden muss analog zu numerischen Lösungsverfahren der Navier-Stokes-Gleichungen. Bei schwach gekrümmten Konturen und ausreichend hohen Reynolds-Zahlen reicht meist die Annahme eines verschwindenden Druckgradienten in Richtung der Normalen zur Wand.

Die Randformulierung mittels Gleichgewichtsverteilung benötigt einige Rechenoperation mehr als die Reflexionsbedingungen und erfordert den kompletten Satz makroskopischer Randwerte. In vielen Fällen stellt sie jedoch oft die einzige Möglichkeit dar, vorgegebene Randwerte makroskopischer Größen in die Lattice-BGK-Methode zu implementieren. Typische Beispiele sind z.B. Einström- und Ausströmrandbedingungen eines Integrationsbereiches.

### 9.4.3 Randformulierungen höherer Ordnung

Viele Probleme sind durch krummlinige Berandungen gekennzeichnet. Die Genauigkeit der molekularen Reflexionsbedingung in Abschn. 9.4.1 reduziert sich auf erste Ordnung, was sich zum Teil durch stufenförmige Randergebnisse bemerkbar macht. Beste Genauigkeit des Verfahrens wird erzielt, wenn die Genauigkeit der Randformulierung von der gleichen Ordnung ist, wie die des Berechnungsverfahrens der Strömung im Inneren. Das Lattice-BGK-Verfahren ist von quadratischer Ordnung $O(\delta x^2)$ genau, wie die Analyse in Abschn. 9.5.2 zeigt. Entsprechend wird gleiche formale Genauigkeit von einer Randformulierung erwartet.

Eine relativ einfache Randformulierung von $O(\delta x^2)$ für krummlinige Randkonturen ist in Filippova et al. [13] beschrieben. Diese Randformulierung basiert auf einer Kombination aus Reflexionsbedingung und Gleichgewichtsbedingung.

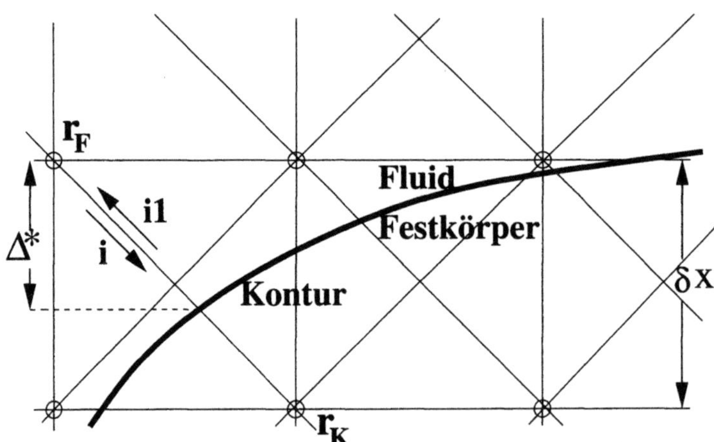


**Abb. 9.6.** Randformulierung bei gekrümmten Rändern

Die geometrische Darstellung einer gekrümmten Randkontur in einem quasi-kartesischen Gitter D2Q9 ist in Abb. 9.6 skizziert. Herausgegriffen ist eine Molekülbahn in der Diagonalen mit dem Fluidknoten bei $r_F$ und dem Festkörperknoten bei $r_K$. Geometrisch bestimmt werden muss noch der Schnittpunkt der Molekülbahn mit der Randkontur, der sich durch das Verhältnis von Teilstück $\Delta^*$ zur Schrittweite $\delta x$ ausdrücken lässt

$$\Delta = \frac{\Delta^*}{\delta x} \quad \text{mit} \quad 0 \le \Delta \le 1. \tag{9.29}$$

Analog zur molekularen Reflexionsbedingung in Abschn. 9.4.1 empfängt im Transportschritt der Festkörperknoten vom Fluidknoten die Verteilung

$$f_i(r_K, t + \delta t) = f_i(r_F, t + \delta t) \qquad \text{längs} \qquad \xi_i.$$

Die Verteilungsfunktion $f_{i1}$ vom Festkörperknoten zum Fluidknoten mit der Geschwindigkeit $\xi_{i1} = -\xi_i$ ist jetzt

$$f_{i1}(r_F, t + \delta t) = (1 - \Theta) \cdot f_i(r_F, t + \delta t)$$
$$+ \Theta \cdot \tilde{f}_i^{eq}(r, t) - 2\, t_p \frac{\xi_\alpha}{c_S^2} \cdot U_{w,\alpha}. \tag{9.30}$$

Hierbei ist $U_{w,\alpha}$ eine Komponente der vorzuschreibenden Wandgeschwindigkeit auf der Randkontur. Bei Haftbedingung ist $U_{w,\alpha}$ gleich Null, der Wert ist endlich bei Gleitströmung oder Durchströmung der Kontur, z.B. bei porösen Medien.

Die Gleichgewichtsverteilung $\tilde{f}^{eq}$ wird in Abhängigkeit vom Teilungsverhältnis $\Delta$ festgelegt. Hierbei ist:

$$\tilde{f}_i^{eq} = f_i^{eq}(r_K, t) \quad \text{für} \quad \Delta \ge 0.5,$$

$$\tilde{f}_i^{eq} = f_i^{eq}(r_F, t) \quad \text{für} \quad \Delta < 0.5. \tag{9.31}$$

Die Funktion $f_i^{eq}(r_F, t)$ ist die Gleichgewichtsverteilung (9.19) mit den Werten am Fluidknoten gebildet. Die Gleichgewichtsverteilung $f_i^{eq}(r_K, t)$ wird gebildet mit dem Druck $p(r_F, t)$ aus dem Fluidknoten, aber mit einer Strömungsgeschwindigkeit $v_\alpha(r_K, t)$, die sich aus einer Extrapolation vom Fluidknoten über die Wandgeschwindigkeit $U_{w,\alpha}$ auf den Festkörperknoten ergibt

$$v_\alpha(r_K, t) = v_\alpha(r_F, t) \cdot \left(1 - \frac{1}{\Delta}\right) + \frac{1}{\Delta} \cdot U_{w,\alpha}.$$

Der Parameter $\Theta$ in (9.30) ist ein Wichtungsfaktor als Funktion des Teilungsverhältnisses $\Delta$ in (9.29) und der dimensionslosen Kollisionsfrequenz (9.35).

$$\Omega = \omega \cdot \delta t$$

Die Werte von $\Theta$ ergeben sich aus einer Analyse, analog zu der für das gesamte Verfahren in Abschn. 9.5, und aus einer numerischen Stabilitätsabschätzung zu:

$$\Theta = \Omega \cdot (2\Delta - 1) \qquad \text{für} \quad \Delta \ge 0.5,$$

$$\Theta = \frac{\Omega}{1 - \Omega} \cdot (2\Delta - 1) \quad \text{für} \quad \Delta < 0.5. \tag{9.32}$$

Eine Analyse bestätigt, dass diese Randformulierung für beliebige, krummlinige Konturen von Genauigkeit $O(\delta x^2)$ ist. Details dazu sind der Arbeit
Filippova et al. [13] zu entnehmen. Die Anwendbarkeit und Genauigkeit
ist in zahlreichen Anwendungsrechnungen bestätigt worden, siehe auch Abschn. 9.9.2.

## 9.5 Analyse der Lattice-BGK-Methode

Anhand der Verfahrenselemente (9.14),(9.19), (9.15) und(9.28) der Lattice-
BGK-Methode ist nicht ohne weiteres zu ersehen, welches physikalisches Modell diese Methode beschreibt. Zur Simulation von Strömungsproblemen mittels Lattice-BGK-Methoden ist es deshalb erforderlich, die Konsistenz dieser
Methoden mit den zu Grunde liegenden physikalischen Modellen, wie hier
den Navier-Stokes-Gleichungen, als auch die Genauigkeit der kinetischen Approximation zu überprüfen.

Die Annahme kleiner Mach-Zahlen $Ma = U_0/c_S \ll 1$ zeigt, dass in
diesem Problem zwei charakteristische Geschwindigkeiten sehr unterschiedlicher Größenordnung existieren. Die typische Strömungsgeschwindigkeit $U_0$
bestimmt die Strömungsskalierung, d.h. die Größenordnung der makroskopischen Strömungsvariablen, wie Geschwindigkeit und Druck. Die Schallgeschwindigkeit $c_S$ ist ein Maß für die molekulare Geschwindigkeit und bestimmt somit die molekulare Skalierung.

Die Analyse der Lattice-BGK-Methode erfordert somit die Berücksichtigung beider, sehr unterschiedlicher Skalen. Dies kann zum einem in einer
Kombination beider Skalen erfolgen, d.h. mit einer sogenannten Mehrskalen-
analyse, siehe z.B. [37], zum anderen können beide Skalenbereiche getrennt
nacheinander untersucht werden. Letzteres erscheint hier für das Verständnis des kinetischen Konzeptes günstiger. Aus diesem Grunde wird in diesem
Abschnitt zunächst auf die molekularen Skalen eingegangen, mit dem Ziel
die diskrete Lattice-BGK-Methode in ein System von Momentengleichungen
für Masse und Impuls zu überführen. Diese Analyse erfolgt mittels Taylorreihenentwicklung der diskreten Lattice-BGK-Gleichung und einer nachfolgenden Chapman-Enskog-Entwicklung analog zur Herleitung der Navier-Stokes-
Gleichungen aus dem BGK-Modell in Abschn. 7.1.

In dem anschließenden Abschnitt Kap 9.5.2 werden die resultierenden Momentengleichungen in Strömungsskalen formuliert und der Zusammenhang
der Lattice-BGK-Methode mit den Navier-Stokes-Gleichungen eines inkompressiblen Fluides dargestellt.

### 9.5.1 Analyse auf molekularen Skalen

Zur Abschätzung der Größenordnung der einzelnen Terme werden normali-
sierte, dimensionslose Größen eingeführt. Der Übersichtlichkeit halber werden

jetzt die dimensionsbehafteten Variablen mit einem Superskript (*) bezeichnet, die dimensionslosen Größen sind ohne Index. Für die molekularen Skalen werden als Bezugsgrößen verwendet:

$$x^*_{ref} = L^* \qquad \xi^*_{ref} = \xi^*_0 = \sqrt{3}\, c^*_S \qquad f^*_{ref} = f^*_0 = \varrho^*_{ref}. \tag{9.33}$$

Damit ergeben sich die dimensionslosen Größen:

$$x_\alpha = \frac{x^*_\alpha}{L^*} \qquad t = \frac{t^*\,\xi^*_0}{L^*} \qquad e_{i,\alpha} = \frac{\xi^*_{i,\alpha}}{\xi^*_0} \qquad f = \frac{f^*}{f^*_0}. \tag{9.34}$$

Die dimensionslose Komponente $e_{i,\alpha}$ der Molekülgeschwindigkeit hat damit den Betrag 0 oder 1. Die dimensionslose Kollisionsfrequenz $\omega$ ist

$$\omega = \frac{\omega^*\,L^*}{\xi^*_0}.$$

Damit ergibt sich die Kollisionsfrequenz, multipliziert mit dem Zeitschritt, zu einer Größe von $O(1)$:

$$\Omega = \omega\,\delta t = \frac{\omega^*\,L^*}{\xi^*_0}\,\frac{\xi^*_0\,\delta t^*}{L^*} = \omega^*\,\delta t^* = O(1). \tag{9.35}$$

Als Größenordnungsparameter tritt die Knudsen-Zahl $\epsilon = \delta x^*/L^* \ll 1$ auf, die für die diskrete LBGK-Methode gleichzeitig der dimensionslose Zeit- und Ortsschritt ist, da $\delta x^* = \xi^*_0\,\delta t^*$. Der Parameter $\epsilon$ ist

$$\epsilon \equiv \frac{\delta x^*}{L^*} = \delta x = \delta t = \frac{\xi^*_0\,\delta t^*}{L^*} \ll 1. \tag{9.36}$$

Ein in der Zeit $\delta t^*$ mit Geschwindigkeit $\xi^*_i$ zurückgelegter Weg ist dann

$$\frac{1}{L^*}\left(\boldsymbol{x}^* + \boldsymbol{\xi}^*_i\,\delta t^*\right) = \boldsymbol{x} + \boldsymbol{e}_i\,\delta t.$$

Die makroskopischen Variablen sind entsprechend der Vereinbarungen ebenfalls dimensionslos definiert zu:

$$\varrho = \frac{\varrho^*}{\varrho^*_{ref}} \qquad v_\alpha = \frac{v^*_\alpha}{\xi^*_0} \qquad p = \frac{p^*}{\varrho^*_{ref}(\xi^*_0)^2}. \tag{9.37}$$

Die dimensionslose Lattice-BGK-Gleichung (9.14) lautet somit

$$f_i(\boldsymbol{x} + \boldsymbol{e}_i\,\delta t, t + \delta t) = f_i(\boldsymbol{x},t) + \Omega \cdot \left(f^{eq}_i(\boldsymbol{x},t) - f_i(\boldsymbol{x},t)\right). \tag{9.38}$$

**Taylorreihenentwicklung.** Unter Annahme stetiger Verläufe aller Variablen im Phasenraum kann die Lattice-BGK-Gleichung (9.38) mittels Taylorreihenentwicklung um einen Zustand bei $(\boldsymbol{x},t)$ in eine partielle Differentialgleichung für die Verteilungsfunktion $f_i$ entwickelt werden. Für kleine Schrittweiten $\varepsilon = \delta x = \delta t \ll 1$ folgt

$$f_i(\boldsymbol{x} + \boldsymbol{e}_{i,\alpha}\,\delta t, t + \delta t) = f_i(\boldsymbol{x},t) + \varepsilon \cdot \left(\frac{\partial}{\partial t} + \boldsymbol{e}_{i,\alpha}\,\frac{\partial}{\partial x_\alpha}\right) f_i(\boldsymbol{x},t)$$
$$+ \frac{\varepsilon^2}{2} \cdot \left(\frac{\partial}{\partial t} + \boldsymbol{e}_{i,\alpha}\,\frac{\partial}{\partial x_\alpha}\right)\left(\frac{\partial}{\partial t} + \boldsymbol{e}_{i,\beta}\,\frac{\partial}{\partial x_\beta}\right) f_i(\boldsymbol{x},t) + O(\varepsilon^3).$$

Aus der Lattice-BGK-Gleichung (9.38) ergibt sich folgende Differentialgleichung für $f_i(\boldsymbol{x}, t)$ nach Division durch $\varepsilon$

$$\frac{\partial f_i}{\partial t} + e_{i,\alpha}\, \frac{\partial f_i}{\partial x_\alpha} - \frac{\Omega}{\varepsilon}\, (f_i^{eq} - f_i)$$

$$= -\frac{\varepsilon}{2} \cdot \left( \frac{\partial^2 f_i}{\partial t^2} + 2\, e_{i,\alpha}\, \frac{\partial^2 f_i}{\partial t\, \partial x_\alpha} + e_{i,\alpha}\, e_{i,\beta}\, \frac{\partial^2 f_i}{\partial x_\alpha\, \partial x_\beta} \right) + O(\varepsilon^2). \qquad (9.39)$$

**Chapman-Enskog-Entwicklung.** Die Chapman-Enskog-Entwicklung für die Lattice-BGK-Methode folgt analog dem Weg wie bei der Herleitung der Navier-Stokes-Gleichungen aus dem BGK-Modell in Abschn. 7.1. Die Navier-Stokes-Gleichungen ergaben sich dabei als erste Näherung der Chapman-Enskog-Entwicklung für kleine Knudsen-Zahlen.

Entsprechend der Chapman-Enskog-Entwicklung wird die diskrete Verteilungsfunktion $f_i$ in Form einer Gleichgewichtverteilung $f_i^{eq}$ und einer Nichtgleichgewichts-Störverteilung $f_i^{(1)}$, die kleine Abweichungen vom Gleichgewicht beschreibt, angesetzt. Als Größenordnungsparameter wird wieder die diskrete Knudsen-Zahl $\epsilon = \delta t = \delta x \ll 1$ gewählt.

$$f_i = f_i^{eq} + \varepsilon \cdot f_i^{(1)}. \qquad (9.40)$$

Dieser Chapman-Enskog-Ansatz wird in die entwickelte Lattice-BGK-Gleichung (9.39) eingesetzt und führt zu

$$\frac{\partial f_i^{eq}}{\partial t} + e_{i,\alpha}\, \frac{\partial f_i^{eq}}{\partial x_\alpha} + \Omega\, f_i^{(1)} + \varepsilon \left( \frac{\partial f_i^{(1)}}{\partial t} + e_{i,\alpha}\, \frac{\partial f_i^{(1)}}{\partial x_\alpha} \right)$$

$$= -\frac{\varepsilon}{2} \left( \frac{\partial^2 f_i^{eq}}{\partial t^2} + 2\, e_{i,\alpha}\, \frac{\partial^2 f_i^{eq}}{\partial t\, \partial x_\alpha} + e_{i,\alpha}\, e_{i,\beta}\, \frac{\partial^2 f_i^{eq}}{\partial x_\alpha\, \partial x_\beta} \right) + O(\varepsilon^2). \qquad (9.41)$$

Analog zur Chapman-Enskog-Entwicklung für das BGK-Modell in Abschn. 7.1 erhält im Grenzübergang $\varepsilon \to 0$ eine Bestimmungsgleichung für die Störverteilung $f_i^{(1)}$ als Funktion der Gleichgewichtsverteilung $f^{eq}$.

$$f_i^{(1)} = -\frac{1}{\Omega} \left( \frac{\partial f_i^{eq}}{\partial t} + e_{i,\alpha}\, \frac{\partial f_i^{eq}}{\partial x_\alpha} \right). \qquad (9.42)$$

**Momente.** Für die Momente der Störverteilung $f_i^{(1)}$ gilt

$$\sum_i f_i^{(1)} = 0,$$

$$\sum_i e_{i,\alpha}\, f_i^{(1)} = 0, \qquad (9.43)$$

da für die dimensionslosen Stoßinvarianten (9.15) der Masse ($\varrho$) und des Impulses ($\varrho\, v_\alpha$) die Momente von $f$ und $f^{eq}$ gleich sind, d.h. es ist

$$\varrho = \frac{p}{c_S^2} = \sum_i f_i^{eq} = \sum_i f_i$$

und

$$\varrho\, v_\alpha = \sum_i e_{i,\alpha}\, f_i^{eq} = \sum_i e_{i,\alpha}\, f_i.$$

Für den dimensionslosen Impuls- und Spannungstensor ergibt sich nach (9.16) und (9.17)

$$\varrho\, v_\alpha v_\beta + p\, \delta_{\alpha\beta} - \sigma_{\alpha\beta} = \sum_i e_{i,\alpha} e_{i,\beta}\, f_i$$

mit

$$\varrho\, v_\alpha v_\beta + p\, \delta_{\alpha\beta} = \sum_i e_{i,\alpha} e_{i,\beta}\, f_i^{eq}$$

und

$$\sigma_{\alpha\beta} = \sum_i e_{i,\alpha} e_{i,\beta}\, (f_i^{eq} - f_i).$$

Anzumerken ist, dass die Spannungskomponenten $\sigma_{\alpha\beta}$ lokal zu bestimmen sind, ohne dass die Ableitungen der Geschwindigkeiten im Verformungstensor bestimmt werden müssen.

**Momentengleichungen.** Die Momente der Lattice-BGK-Gleichung ergeben sich aus der Summation über alle diskreten Geschwindigkeiten $e_{i,\alpha}$ der entwickelten Lattice-BGK-Gleichung (9.41). Für die Stoßinvarianten Masse und Impuls ergeben sich die Kontinuitätsgleichung (Erhaltung der Masse) und die Impulsgleichungen für Strömungen kleiner Mach-Zahlen, jedoch noch mit makroskopischen Variablen bezogen auf die molekularen Referenzgrößen (9.33). Die für Strömungen kleiner Mach-Zahlen charakteristische Normierung und damit verbundene Abschätzung relevanter Terme in den Erhaltungsgleichungen wird nachfolgend diskutiert.

**Die Momentengleichung der Masse** erhält man als erstes Moment $M_1$ durch Summation über Gleichung (9.41) zu

$$\frac{\partial}{\partial t} \sum_i f_i^{eq} + \frac{\partial}{\partial x_\alpha} \sum_i e_{i,\alpha}\, f_i^{eq} + \Omega \sum_i f_i^{(1)}$$

$$+ \varepsilon \left( \frac{\partial}{\partial t} \sum_i f_i^{(1)} + \frac{\partial}{\partial x_\alpha} \sum_i e_{i,\alpha} f_i^{(1)} \right) = -\frac{\varepsilon}{2} \left( \frac{\partial^2}{\partial t^2} \sum_i f_i^{eq} \right.$$

$$\left. + 2\,\frac{\partial^2}{\partial t\, \partial x_\alpha} \sum_i e_{i,\alpha}\, f_i^{eq} + \frac{\partial^2}{\partial x_\alpha\, \partial x_\beta} \sum_i e_{i,\alpha}\, e_{i,\beta}\, f_i^{eq} \right) + O(\varepsilon^2).$$

Unter Berücksichtigung obiger Definitionen der Momente von $f_i$ in (9.15) und (9.16) und von $f_i^{(1)}$ in (9.43) erhält man die Momentengleichung für die Masse in molekularen Skalen zu

$$\frac{\partial \varrho}{\partial t} + \frac{\partial \varrho v_\alpha}{\partial x_\alpha} = -\frac{\varepsilon}{2}\left(\frac{\partial^2 \varrho}{\partial t^2} + 2\frac{\partial^2 \varrho v_\alpha}{\partial t\,\partial x_\alpha} + \frac{\partial^2(\varrho v_\alpha v_\beta + p\,\delta_{\alpha\beta})}{\partial x_\alpha\,\partial x_\beta}\right) + O(\varepsilon^2). \quad (9.44)$$

Diese Gleichung in Kap 9.5.2 in Strömungsskalen entwickelt, führt auf die Kontinuitätsgleichung eines inkompressiblen Fluides.

**Die Momentengleichung des Impulses** erhält man als Moment $M_2$ durch Multiplikation der Gleichung (9.41) mit einer Molekülgeschwindigkeit $e_{i,\alpha}$ und anschließender Summation über alle Geschwindigkeiten zu

$$\frac{\partial}{\partial t}\sum_i e_{i,\alpha}f_i^{eq} + \frac{\partial}{\partial x_\beta}\sum_i e_{i,\alpha}e_{i,\beta}f_i^{eq} + \Omega\sum_i e_{i,\alpha}f_i^{(1)}$$

$$+\varepsilon\left(\frac{\partial}{\partial t}\sum_i e_{i,\alpha}f_i^{(1)} + \frac{\partial}{\partial x_\alpha}\sum_i e_{i,\alpha}e_{i,\beta}f_i^{(1)}\right) = -\frac{\varepsilon}{2}\left(\frac{\partial^2}{\partial t^2}\sum_i e_{i,\alpha}f_i^{eq}\right.$$

$$\left.+2\frac{\partial^2}{\partial t\,\partial x_\alpha}\sum_i e_{i,\alpha}e_{i,\beta}\,f_i^{eq} + \frac{\partial^2}{\partial x_\alpha\,\partial x_\beta}\sum_i e_{i,\alpha}\,e_{i,\beta}\,e_{i,\gamma}f_i^{eq}\right) + O(\varepsilon^2). \quad (9.45)$$

Die ersten zwei Momente von $f_i^{(1)}$ verschwinden wieder wegen (9.43). Das Moment $\sum_i e_{i,\alpha}e_{i,\beta}f_i^{(1)}$ bleibt jedoch endlich und liefert einen Beitrag zum Spannungstensor. Mit der Definition von $f_i^{(1)}$ in Gleichung (9.42) kann dieses Moment umgeformt werden in

$$\sum_i e_{i,\alpha}e_{i,\beta}f_i^{(1)} = -\frac{1}{\Omega}\left(\frac{\partial}{\partial t}\sum_i e_{i,\alpha}e_{i,\beta}f_i^{eq} + \frac{\partial}{\partial x_\alpha}\sum_i e_{i,\alpha}e_{i,\beta}e_{i,\gamma}f_i^{eq}\right).(9.46)$$

Der letzte Term in (9.46) kann mittels Definition der Gleichgewichtsverteilung (9.19) und den Summenvereinbarungen (9.24) und (9.25) als Moment ausgedrückt werden. Dieses ergibt mit $\alpha$, $\beta$ fest und $\gamma$, $\delta$ variiert

$$\frac{\partial}{\partial x_\delta}\sum_i e_{i,\alpha}e_{i,\beta}e_{i,\gamma}f_i^{eq} = \varrho_0 c_S^2\,\frac{\partial v_\gamma}{\partial x_\delta}(\delta_{\alpha\gamma}\delta_{\beta\delta} + \delta_{\alpha\delta}\delta_{\gamma\beta} + \delta_{\alpha\beta}\delta_{\gamma\delta})$$

$$= \varrho_0 c_S^2\left(\frac{\partial v_\alpha}{\partial x_\beta} + \frac{\partial v_\beta}{\partial x_\alpha} + \frac{\partial v_\gamma}{\partial x_\gamma}\right). \quad (9.47)$$

In dieser Herleitung wurde bereits angenommen, dass die Dichte, wie nachfolgend gezeigt, nahezu konstant gesetzt werden kann, d.h. $\varrho \approx \varrho_0 = const.$ Der letzte Term in (9.45) kann entsprechend formuliert werden.

Die Anteile (9.46) mit (9.47) können mit den entsprechenden Termen in (9.45) zusammengefasst werden. Damit erhält man die Momentengleichung des Impulses in molekularen Skalen.

$$\frac{\partial \varrho v_\alpha}{\partial t} + \frac{\partial}{\partial x_\beta}\left(\varrho v_\alpha v_\beta + p\,\delta_{\alpha\beta}\right) = \frac{\partial}{\partial x_\beta}\eta\left(\frac{\partial v_\alpha}{\partial x_\beta} + \frac{\partial v_\beta}{\partial x_\alpha} + \frac{\partial v_\gamma}{\partial x_\gamma}\right)$$

$$-\frac{\varepsilon}{2}\left(2\frac{\partial^2 \varrho v_\alpha}{\partial t^2} - (\frac{1}{\Omega}-1)\frac{\partial^2}{\partial t\,\partial x_\alpha}(\varrho v_\alpha v_\beta + p\,\delta_{\alpha\beta})\right) + O(\varepsilon^2). \qquad (9.48)$$

Hierbei wurde bereits die Definition der dynamischen Zähigkeit in molekularen Skalen eingeführt. Diese ist

$$\eta = \nu\,\varrho_0 = \varrho_0\,\varepsilon\,c_S^2\left(\frac{1}{\Omega} - \frac{1}{2}\right) = \varrho_0\,\frac{\delta t\,c_S^2}{2}\left(\frac{2}{\Omega} - 1\right). \qquad (9.49)$$

Diese diskrete Formulierung der Zähigkeit entspricht exakt der bereits vorn in (9.28) eingeführten Definition mit $\Omega = \omega\,\delta t$.

### 9.5.2 Analyse in Strömungsskalen

Vergleicht man die hier abgeleiteten Momentengleichungen für Masse (9.44) und Impuls (9.48) mit den Navier-Stokes-Gleichungen (7.33), so findet man Diskrepanzen in einzelnen Termen. Die Ursache der Diskrepanzen liegt an den unterschiedlichen, charakteristischen Skalen der gaskinetischen Betrachtung mit den molekularen Referenzgrößen (9.37) und den Skalen einer Strömung eines schwach kompressiblen, bzw. inkompressiblen Fluides.

Aus diesem Grunde ist eine weitere, für Strömungen kleiner Mach-Zahlen charakteristische Normierung und damit verbundene Abschätzung relevanter Terme in den Momentengleichungen (9.44) und (9.48) notwendig, die im Folgenden gezeigt wird. Folgende Eigenschaften sind charakteristisch für Strömungen kleiner Mach-Zahlen und müssen für die Skalierung beachtet werden.

**Die makroskopische Strömungsgeschwindigkeit** $v_\alpha^*$ sei proportional einer typischen Strömungsgeschwindigkeit $U_0^*$. Diese ist wesentlich kleiner als die isotherme Schallgeschwindigkeit $c_S$ bzw. kleiner als die molekulare Einheitsgeschwindigkeit $\xi_0^* = \sqrt{3}\,c_S$. Zur Abschätzung der Größenordnungen wird deshalb eine Mach-Zahl $m$ definiert, die mit $\xi_0^*$ gebildet wird. Diese unterscheidet sich von der in (9.11) definierten Mach-Zahl nur durch einen konstanten Faktor

$$m = \frac{U_0^*}{\xi_0^*} = \frac{1}{\sqrt{3}}\frac{U_0^*}{c_S^*} \ll 1. \qquad (9.50)$$

Die dimensionslose Strömungsgeschwindigkeit $v_\alpha$ in molekularen Skalen kann somit umgeformt werden in:

$$v_\alpha = \frac{v_\alpha^*}{\xi_0^*} = m \cdot v_\alpha'. \qquad (9.51)$$

Hierbei ist $v_\alpha' = v_\alpha^*/U_0^*$ eine auf Größenordnung Eins normierte Strömungsgeschwindigkeit.

**Die Zeitskala $T_S^*$,** mit der eine typische Strömungsänderung in der Zeit abläuft, skaliert mit der Strömungsgeschwindigkeit $U_0$, d.h. $T_S^* \sim L^*/U_0^*$. Die Strouhal-Zahl $Sr$, der Ähnlichkeitsparameter für zeitabhängige Strömungen, liegt bei niederfrequenten Strömungen entsprechend in der Größenordnung von Eins

$$Sr = \frac{L^* U_0^*}{T_S^*} = O(1). \tag{9.52}$$

Zum Beispiel beträgt die Strouhal-Zahl $Sr \approx 0,2$ in einem weiten Bereich der Reynolds-Zahl, wobei $Sr$ mit der Wirbelablösefrequenz einer von Karmanschen Wirbelstraße gebildet wird. Die dimensionslose Zeit $t$ in molekularen Skalen (9.34) ist proportional einer charakteristischen Zeit $L^*/\xi_0^*$ und somit wesentlich kleiner als die charakteristischen Zeit $T_S^*$ der Strömung. Die Zeit $t$ in molekularen Skalen kann somit in eine dimensionslose Zeit $\tau$ in Strömungsskalen umgerechnet

$$t = \frac{t^* \xi_0^*}{L^*} = \frac{1}{m}\,\tau \qquad \text{mit} \qquad \tau = \frac{t^* U_0^*}{L^*}.$$

Die Ableitungen nach der Zeit werden entsprechend umgeformt in

$$\frac{\partial}{\partial t} = m \cdot \frac{\partial}{\partial \tau}. \tag{9.53}$$

**Die Reynolds-Zahl $Re$** einer Strömung ist definiert durch

$$Re = \frac{U_0^* L^*}{\nu^*}.$$

Das bedeutet, dass die kinematische Zähigkeit $\nu^*$ typischerweise mit $U_0^* L^*$ zu skalieren ist. Damit kann die dimensionslose Zähigkeit $\nu$ in molekularen Skalen in eine dimensionslose Zähigkeit $\nu'$ in Strömungsskalen umgerechnet werden.

$$\nu = \frac{\eta}{\varrho} = \frac{\nu^*}{\xi_0^* L} = m \cdot \nu' \qquad \text{mit} \qquad \nu' = \frac{\nu^*}{U_0^* L}. \tag{9.54}$$

**Der Druck** kann mittels einer Approximation für Strömungen kleiner Mach-Zahlen, z.B. in [34], aufgespalten werden in einen thermodynamischen Druckanteil $p_0^*$ und einen hydrodynamischen Anteil $p'^*$, hier zunächst dimensionsbehaftet geschrieben

$$p^* = p_0^* + p'^*. \tag{9.55}$$

Der thermodynamische Druckanteil $p_0^*(t)$ wird bestimmt durch die Gasgleichung $p_0^* = \varrho^* R^* T^*$ und ist räumlich konstant, kann jedoch noch von der Zeit abhängen. Für offene Systeme kann angenommen werden, dass $p_0^*$ auch in der Zeit konstant ist.

Der hydrodynamische Druck $p'^*$ kann als Parameter betrachtet werden, der so einzustellen ist, dass die Massenerhaltung erfüllt wird. Typisches Beispiel hierfür sind die Druckrelaxationsverfahren zur Lösung der Navier-Stokes-Gleichungen inkompressibler und schwach kompressibler Strömungen.

Für eine Größenordnungsbetrachtung wird angenommen, dass der thermodynamische Druck mit der Schallgeschwindigkeit und Dichte skaliert, während der hydrodynamische Druck proportional dem Staudruck ist. Damit kann der dimensionslose Druck $p$ in (9.44) und (9.48) aufgespalten werden in

$$p = \frac{p^*}{\varrho^*_{ref}\,\xi^{*2}_0} = p_0 + m^2 \cdot p' \quad \text{mit} \quad p' = \frac{p'^*}{\varrho_{ref}\,U^{*2}_0}. \tag{9.56}$$

**Die Dichte** wird analog zum Druck in einen thermodynamischen Anteil $\varrho^*_0$ und einen hydrodynamischen Anteil $\varrho'^* = p'^*/c^{*2}_S$ aufgespalten. In dimensionsloser Form gilt:

$$\varrho = \varrho_0 + m^2 \cdot \varrho' = \varrho_0 + m^2 \cdot p'/c^2_S \quad \text{mit} \quad c^2_S = \frac{c^{*2}_S}{\xi^{*}_0} = \frac{1}{3}. \tag{9.57}$$

Die Dichte $\varrho^*_0 = p^*_0/R^*T^*$ ist bei konstantem, thermodynamischen Druck $p^*_0$ nur eine Funktion der Temperatur und eventuell noch über die Gaskonstante $R^*$ eine Funktion von Spezieskonzentrationen in Gasgemischen.

**Momentengleichungen in Strömungsskalen.** Mit den Beziehungen in Strömungsskalen (9.50), (9.51),(9.53), (9.54),(9.56) und (9.57) werden die Momentengleichungen für Masse (9.44) und Impuls (9.48) umgeformt, um eine Größenordnungabschätzung durchführen zu können.

Für die nachfolgende Abschätzung wird die *Annahme eines inkompressiblen Fluides* mit konstanter Temperatur (isotherme Strömung) getroffen, d.h. es sei

$$\varrho_0 = const. \quad p_0 = const. \quad \text{und} \quad T = const.$$

Eine Erweiterung der Lattice-BGK-Methode auf nicht-isotherme Strömung kleiner Mach-Zahlen ist z.B. zu finden in Filippova et al. [14].

Durch die Normierung der Variablen auf Strömungsskalen kann jetzt angenommen werden, dass alle dimensionslosen, makroskopischen Variablen von Größenordnung Eins sind. Die Größenordnung einzelner Terme in den Momentengleichungen wird jetzt durch zwei Parameter bestimmt, die Knudsen-Zahl $\varepsilon \ll 1$ nach (9.36) und die Mach-Zahl $m \ll 1$ nach (9.50). Zur Größenordnungabschätzung wird weiterhin vereinfachend angenommen, dass beide Parameter von gleicher Größenordnung klein sind, d.h. es gilt

$$\varepsilon \sim m \ll 1.$$

**Die Kontinuitätsgleichung** ergibt sich aus (9.44) durch Transformation in Strömungsskalen zu:

$$\frac{m^3}{c^2_S}\frac{\partial p'}{\partial \tau} + \frac{\partial(\varrho_0 + m^2\,\varrho')\,m\,v'_\alpha}{\partial x_\alpha}$$

$$= -\frac{\varepsilon\,m^2}{2}\left(m^2\frac{\partial^2\varrho'}{\partial\tau^2} + 2\frac{\partial^2\varrho_0 v'_\alpha}{\partial\tau\,\partial x_\alpha} + \frac{\partial^2(\varrho_0 v'_\alpha v'_\beta + m^2 p'\,\delta_{\alpha\beta})}{\partial x_\alpha\,\partial x_\beta}\right) + O(\varepsilon^2 m^2).$$

Das dimensionslose Quadrat der Schallgeschwindigkeit ist gleich $c^2_S = 1/3$.

Dividiert man durch $m$ und fasst alle Terme, bis auf den ersten, in dem Diskretisierungsfehler $O(m\varepsilon, \varepsilon^2)$ zusammen, so ergibt sich

$$\frac{m^2}{c_S^2}\frac{\partial p'}{\partial \tau} + \frac{\partial \varrho_0\, v'_\alpha}{\partial x_\alpha} = O(m\varepsilon, \varepsilon^2). \tag{9.58}$$

Führt man jetzt den Grenzwert $m \sim \varepsilon \to 0$ aus, so erhält man die Kontinuitätsgleichung eines inkompressiblen Fluides mit $\varrho_0 = const.$

$$\frac{\partial\, v'_\alpha}{\partial x_\alpha} = 0. \tag{9.59}$$

Der führende Abbruchfehler $O(m^2)$ ist von zweiter Ordnung in der Mach-Zahl bzw. wenn man, wie oben angenommen, die Parameter $\varepsilon$ und $m$ von gleicher Größenordnung klein annimmt, dann kann man den Fehler der Lattice-BGK-Methode wegen der Definition von $\varepsilon$ in (9.36) auch als Fehler von zweiter Ordnung in Raum und Zeit interpretieren.

Eine divergenzfreie Strömung wird in der Lattice-BGK-Methode durch eine eine zeitliche Änderung des hydrodynamischen Druckes erreicht, wie der erste Term in Gleichung (9.58) zeigt. Diese Art, divergenzfreie Strömung zu erreichen, entspricht des häufig zur Lösung der Navier-Stokes-Gleichungen eines inkompressiblen Fluides genutzten Verfahrens der sogenannten ,,künstlichen Kompressibilität", siehe z.B. [11].

**Die Impulserhaltungsgleichung** erhält man aus der Momentengleichung (9.48) wiederum durch Transformation in Strömungsskalen zu

$$m^2 \frac{\partial \varrho_0 v'_\alpha}{\partial \tau} + m^2 \frac{\partial}{\partial x_\beta}\left(\varrho_0 v'_\alpha v'_\beta + p'\,\delta_{\alpha\beta}\right) = m^2 \frac{\partial}{\partial x_\beta}\eta\left(\frac{\partial v'_\alpha}{\partial x_\beta} + \frac{\partial v'_\beta}{\partial x_\alpha} + \frac{\partial v'_\gamma}{\partial x_\gamma}\right)$$

$$-\frac{\varepsilon\, m^3}{2}\left(2\frac{\partial^2 \varrho_0 v'_\alpha}{\partial \tau^2} - \left(\frac{1}{\Omega}-1\right)\frac{\partial^2}{\partial \tau\, \partial x_\alpha}(\varrho_0 v'_\alpha v'_\beta + p'\,\delta_{\alpha\beta})\right) + O(\varepsilon^2 m^2).$$

Dividiert man durch $m^2$, so erhält man die Impulserhaltungsgleichungen eines inkompressiblen Fluides mit (9.59) bis auf einen kleinen Diskretisierungsfehler $O(\varepsilon m)$ zu

$$\frac{\partial \varrho_0 v'_\alpha}{\partial \tau} + \frac{\partial}{\partial x_\beta}\left(\varrho_0 v'_\alpha v'_\beta + p'\,\delta_{\alpha\beta}\right) = \frac{\partial}{\partial x_\beta}\eta\left(\frac{\partial v'_\alpha}{\partial x_\beta} + \frac{\partial v'_\beta}{\partial x_\alpha}\right) + O(\varepsilon m). \tag{9.60}$$

Unter der Annahme von $m \sim \varepsilon \ll 1$ ersieht man aus (9.58) und (9.60), dass die Lattice-BGK-Methode die Kontinuitäts- und Impulserhaltungsgleichung mit quadratischer Ordnung $O(\varepsilon^2)$ in Ort und Zeit erfüllt.

*Fazit: Die Lösungen der Lattice-BGK-Methode approximieren Lösungen der Navier-Stokes-Gleichungen eines inkompressiblen Fluides mit einer Genauigkeit von zweiter Ordnung im Raum und in der Zeit. Für die Abschätzung der Zeitgenauigkeit wurde niederfrequente Strömung mit Strouhal-Zahlen von Ordnung Eins nach (9.52) vorausgesetzt. Diese Bedingung ist bei den meisten instationären Wirbelströmungen erfüllt.*

## 9.6 Zusammenfassung des Lattice-BGK-Algorithmus

In diesem Abschnitt wird aus Gründen der Übersicht eine kurze Zusammenfassung des zuvor entwickelten Lattice-BGK-Algorithmus zur Lösung der Navier-Stokes-Gleichungen eines inkompressiblen Fluides gegeben. Im Folgenden werden alle Variablen als dimensionsbehaftet betrachtet (ohne Superskript). Für die programmmäßige Umsetzung ist es oft zweckmäßig, dimensionslose Größen, z.B. entsprechend (9.33), zu verwenden. Dies bleibt dem Nutzer vorbehalten.

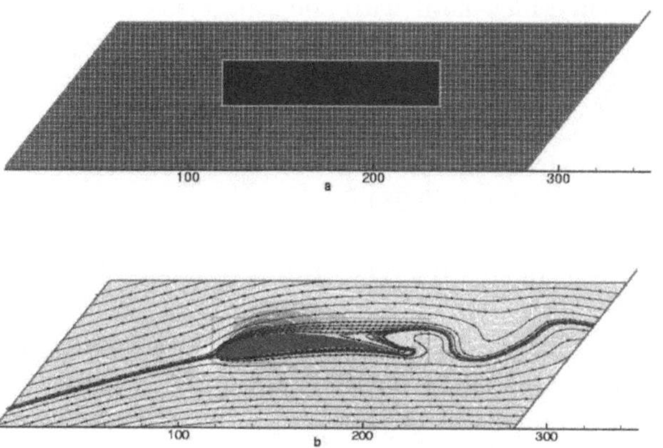

**Abb. 9.7.** Zweidimensionale, instationäre Strömung um ein Turbinenprofil in einer Kaskade, aus [17].
  Oben: Netz mit einem Bereich lokaler Verfeinerung um das Profil
  Unten: Farben konstanten Druckes und Stromlinien zu einem Zeitpunkt

Zur Berechnung einer isothermen Strömung eines inkompressiblen Fluides mittels Lattice-BGK-Methode sind folgende Schritte durchzuführen:

- Der Integrationsbereich zur Berechnung eines Strömungsproblemes sei über ein quasi-kartesisches Gitter in zwei oder drei Dimensionen in Form der diskreten Phasenräume D2Q9 oder D3Q15 in Abb. 9.2 und Abb. 9.3 festgelegt. Umströmte Körper, wie z.B. ein Turbinenprofil in einer Kaskade in Abb. 9.7, schneiden aus dem quasi-kartesischem Netz einen Teil heraus. Die Punkte innerhalb dieses Teiles sind Festkörperknoten, die bis auf direkte Wandnähe nicht in der Strömungsberechnung berücksichtigt werden.

- Die Strömung eines inkompressiblen Fluides ist charakterisiert durch die Reynolds-Zahl $Re$

$$Re = \frac{\varrho_0 U_0 L}{\eta}.$$

Die in der Reynolds-Zahl enthaltenen Größen sind vorzugeben, d.h. die Dichte $\varrho_0$ und Zähigkeit $\eta$ als Stoffgrößen und eine typische Strömungsgeschwindigkeit $U_0$, z.B. die der Anströmung. Die Längen $L$ sind Abmessungen eines Körpers oder des Integrationsbereiches.

- Zur Festlegung der Parameter der Lattice-BGK-Methode wird eine Mach-Zahl $Ma = U_0/c_S \ll 1$ vorgegeben. Die Mach-Zahl ist hier lediglich eine Skalierungsgröße, die nicht direkt in die Lösung eingeht. Sie wird üblicherweise in der Größenordnung $Ma \approx 0,1 \to 0,01$ gewählt. Wählt man sie zu klein, werden die Zeitschritte $\delta t$ klein und damit der Rechenaufwand größer, dafür aber reduzieren sich die Diskretisierungsfehler und die Zeitgenauigkeit verbessert sich.

  Aus der vorgegebenen Mach-Zahl wird die isotherme Schallgeschwindigkeit $c_S$ bestimmt und daraus die molekulare Einheitsgeschwindigkeit $\xi_0 = \sqrt{3}c_S$. Mit dem durch das Gitter festgelegten Ortsschritt $\delta x$ kann jetzt die Zeitschrittweite $\delta t = \delta x/\xi_0$ bestimmt werden.

- Die molekulare Kollisionsfrequenz $\Omega = \omega \cdot \delta t$ wird durch die Zähigkeit $\nu = \eta/\varrho_0$ festgelegt mit Gleichung (9.28) zu

$$\Omega = \frac{c_S^2 \delta t}{\nu + c_S^2 \delta t/2} \qquad \text{mit} \qquad 0 < \Omega < 2.$$

Mittels numerischer Stabilitätsanalyse kann nachgewiesen werden, dass das Lattice-BGK-Verfahren stabil bleibt im Bereich $0 < \Omega < 2$. Eine Kollisionsfrequenz $\Omega$ gegen Zwei bedeutet hierbei verschwindende Zähigkeit. Zur der Berechnung reibungsfreier Strömung ist jedoch eine minimale Zähigkeit zur Stabilisierung des Verfahrens notwendig, man setzt dann $\Omega \approx 2 - \varepsilon$, mit $\varepsilon = \delta x/L \ll 1$, siehe hierzu [17].

- Als Anfangsbedingung werden im Allgemeinen makroskopische Werte für den Druck $p$ und die Geschwindigkeiten $v_\alpha$ mit $\alpha = 1, 2, (3)$ vorgegeben und daraus die Gleichgewichtsverteilungen $f^{eq}$ nach (9.19) in den einzelnen Geschwindigkeitsrichtungen $\xi_i$ ermittelt. Die Gleichgewichtsverteilung $f_i^{eq}$ wird als Anfangsbedingung für die Nichtgleichgewichtsverteilung $f_i$ angenommen.

- Der Transportschritt (9.12) ist für jeden inneren Punkt des Integrationsbereiches durchzuführen

$$\tilde{f}_i(\boldsymbol{r} + \boldsymbol{\xi}_i\,\delta t, t + \delta t) = f_i(\boldsymbol{r}, t).$$

Das Ergebnis ist ein Zwischenwert der Verteilungsfunktion $\tilde{f}_i$ für alle inneren Knoten und Richtungen $i$.

- Die Berechnung der Momente der Verteilungsfunktion $\tilde{f}_i$ nach (9.15)

$$p = c_S^2 \sum_i \tilde{f}_i \qquad \varrho_0\, v_\alpha = \sum_i \xi_{i,\alpha}\, \tilde{f}_i$$

erfolgt vor dem Kollisionsschritt.

- Die Gleichgewichtsverteilung $f_i^{eq}$ (9.19) ist für die inneren Gitterpunkte aus den Momenten zu berechnen. Für ein inkompressibles Fluid kann $f_i^{eq}$ wie folgt geschrieben werden:

$$f_i^{eq} = t_p \cdot \left[ \frac{p}{c_S^2} + \frac{\varrho_0\, v_\alpha \xi_{i,\alpha}}{c_S^2} + \frac{\varrho_0\, v_\alpha v_\beta}{2\, c_S^2} \left( \frac{\xi_{i,\alpha}\xi_{i,\beta}}{c_S^2} - \delta_{\alpha\beta} \right) \right].$$

- Im Kollisionsschritt (9.13) ist die endgültige Nichtgleichgewichtsverteilung zur neuen Zeit $t + \delta t$ auf den inneren Punkten zu bestimmen mit

$$f_i = \tilde{f}_i + \Omega \cdot (f_i^{eq} - f_i).$$

- Die Randwerte für die Verteilungsfunktion $f_i$ sind problemabhängig mittels den in Abschn. 9.4 aufgeführten Möglichkeiten zu bestimmen.

- Die Berechnungsschleife ist damit für eine Zeitebene abgeschlossen. Die Berechnung für den nächsten Zeitschritt beginnt wieder mit dem Transportschritt.

Lösungen des hier beschriebenen Algorithmus entsprechen den Lösungen der Navier-Stokes-Gleichungen eines inkompressiblen Fluides mit einer Genauigkeit zweiter Ordnung in Ort und Zeit. Die mit der Lattice-BGK-Methode approximierten Navier-Stokes-Gleichungen in dimensionsbehafteten Variablen sind:

$$\frac{\partial v_\alpha}{\partial x_\alpha} = 0 \tag{9.61}$$

$$\frac{\partial \varrho_0 v_\alpha}{\partial t} + \frac{\partial}{\partial x_\beta}\left(\varrho_0 v_\alpha v_\beta + p\,\delta_{\alpha\beta}\right) = \frac{\partial}{\partial x_\beta}\eta\left(\frac{\partial v_\alpha}{\partial x_\beta} + \frac{\partial v_\beta}{\partial x_\alpha}\right). \tag{9.62}$$

**Die Energieerhaltungsgleichung** wird in dieser Lattice-BGK-Methode nicht miterfasst, da sie bei Strömungen kleiner Mach-Zahlen vom der Kontinuitäts- und Impulsgleichung entkoppelt ist. Geschwindigkeiten und Druck hängen in inkompressibler Strömung nicht von der Temperatur ab.

Ausgehend von der Energieerhaltungsgleichung eines kompressiblen Fluides in (7.33) kann diese bei kleinen Mach-Zahlen aufgespalten werden in eine Gleichung für mechanische Energien und eine Gleichung für thermische Energien. Die Gleichung für mechanische Energien ist linear abhängig vom Impulssatz und braucht nicht weiter betrachtet werden.

Die Gleichung der thermischen Energie führt auf eine Gleichung zur Bestimmung der Temperatur $T$ bzw. der Enthalpie $h = c_p T$, siehe z.B. die Gleichung (9.67). Da diese von der Kontinuitäts- und Impulsgleichung entkoppelt ist, kann sie als skalare Konvektion-Diffusions-Gleichung für die Temperatur behandelt werden. Ein Lösungskonzept mittels Lattice-BGK-Ansatz für diesen Typ von Gleichungen ist nachfolgend in Abschn. 9.7 beschrieben.

Ein Einfluss variabler Temperatur auf die Kontinuitäts- und Impulsgleichung ensteht durch die Abhängigkeit der Dichte und der Viskosität von der Temperatur.

## 9.7 Einige Erweiterungen des Lattice-BGK-Algorithmus

In diesem Abschnitt werden einige über die Berechnung inkompressibler, viskoser Strömungen hinausgehende Erweiterungen des Lattice-BGK-Algorithmus kurz aufgeführt.

### 9.7.1 Äußere Kräfte

Äußere Kräfte $F_\alpha$, die in Richtung $x_\alpha$ wirken, sind Anteile der Impulsbilanz. Die Wirkung von Kräften ist in verschiedenen Strömungsproblemen zu berücksichtigen, wie z.B. die Gravitationswirkung in Strömungen mit freien Oberflächen oder in Strömungen mit thermischen Auftrieb (Rayleigh-Benard Konvektion) oder der Einfluss elektrischer oder magnetischer Kräfte in Plasmen.

In der Boltzmann-Gleichung (5.11) bzw. dem BGK-Modell (5.47) werden Kräfte durch einen zusätzlichen Term

$$\frac{F_\alpha}{m}\,\frac{\partial f}{\partial \xi_\alpha}$$

berücksichtigt. Unter der Annahme, dass die Kräfte nicht von der molekularen Geschwindigkeit selbst abhängen und ihre Wirkung unmittelbar erfolgt, ersetzt man die Nichtgleichgewichtsfunktion $f$ durch die Maxwell-Verteilung $F_{Maxw}$, (9.3). Wie im Abschn. 5.4.4 gezeigt, ergibt das Moment $M_2$ nach Integration über den Geschwindigkeitsraum:

$$\int \xi_\beta \frac{F_\alpha}{m}\,\frac{\partial F}{\partial \xi_\alpha}\,d\boldsymbol{\xi} = -\frac{F_\alpha}{m}\,\frac{1}{c_S^2}\cdot \int (\xi_\alpha - v_\alpha)\xi_\beta\, F_{Maxw}\,d\boldsymbol{\xi} = -\varrho\,\frac{F_\alpha}{m}.$$

Für die diskrete Lattice-BGK-Methode kann der Kraftterm entsprechend in einem zusätzlichen Term für die Richtung $i$ formuliert werden

$$T_i^{F_\alpha} = -\frac{F_\alpha}{m}\,\frac{(\xi_{i,\alpha} - v_\alpha)}{c_S^2}\, f_i^{eq}.$$

Die Summation über alle Geschwindigkeitsrichtungen $i$ mit (9.15) ergibt das Moment $M_1$. Per Definition hat dieses keinen Beitrag zur Massenerhaltung in der Kontinuitätsgleichung, d.h. es ist

$$\sum_i T_i^{F_\alpha} = -\frac{F_\alpha}{m}\,\frac{1}{c_S^2}\sum_i (\xi_{i,\alpha} - v_\alpha)\, f_i^{eq} = 0.$$

Für den Impulserhaltungsatz führt das Moment $M_2$ auf

$$\sum_i \xi_\beta T_i^{F_\alpha} = -\frac{F_\alpha}{m}\,\frac{1}{c_S^2}\sum_i (\xi_{i,\alpha}\xi_{i,\beta} - v_\alpha\xi_{i,\beta})\, f_i^{eq} = -\varrho\,\frac{F_\alpha}{m}\,\delta_{\alpha\beta}.$$

Für die zu lösende Lattice-BGK-Gleichung (9.14) wird der Term $T_i^{F_\alpha}$ additiv entweder dem Kollisionschritt (9.13) oder der zusammengefassten Lattice-BGK-Gleichung (9.14) hinzugefügt. Letztere lautet dann:

$$f_i(\boldsymbol{r} + \boldsymbol{\xi}_i\,\delta t, t + \delta t) \;=\; f_i(\boldsymbol{r}, t) + \omega\,\delta t \cdot (f_i^{eq}(\boldsymbol{r}, t) - f_i(\boldsymbol{r}, t)) + T_i^{F_\alpha}. \qquad (9.63)$$

Die Analyse in Abschn. 9.5.1 und Abschn. 9.5.2 führt auf die Impulserhaltungsgleichung (9.60) mit zusätzlichem Kraftterm, wobei hier $\varrho = \varrho_0$ für ein inkompressibles Fluid gesetzt wurde

$$\frac{\partial \varrho_0 v_\alpha}{\partial t} + \frac{\partial}{\partial x_\beta}\left(\varrho_0 v_\alpha v_\beta + p\,\delta_{\alpha\beta}\right) = \frac{\partial}{\partial x_\beta}\eta\left(\frac{\partial v_\alpha}{\partial x_\beta} + \frac{\partial v_\beta}{\partial x_\alpha}\right) + \varrho_0\,\frac{F_\alpha}{m}. \qquad (9.64)$$

Beispielhaft wäre der Term (9.65) für die Schwerkraft $F_g = m\,g$ in Richtung $x_3$ wirkend gleich

$$T_i^{F_g,3} = -g\,\varrho\,\frac{1}{c_S^2}\,\xi_3.$$

### 9.7.2 Quelltermformulierungen

Ein direkter und effizienterer Weg zur Erfassung äußerer Kräfte ist die Formulierung des Terms als Quellterm in der Lattice-BGK-Gleichung.

$$T_i^{F_\alpha} = -\frac{F_\alpha}{m}\,\varrho\,\frac{1}{c_S^2}\,\xi_\alpha. \qquad (9.65)$$

Die Summation über alle Geschwindigkeitsrichtungen $i$ mittels Symmetriebeziehungen (9.24) liefert für das Moment $M_2$:

$$\sum_i \xi_\beta T_i^{F_\alpha} = -\frac{F_\alpha}{m}\,\varrho\,\frac{1}{c_S^2}\,\sum_i t_p \xi_\alpha \xi_\beta \frac{F_\alpha}{m} = -\varrho\,\frac{F_\alpha}{m}\,\delta_{\alpha\beta}.$$

Dieser Term wird wie in (9.63) der Lattice-BGK-Gleichung hinzugefügt und führt zur Impulserhaltungsgleichung (9.64).

Quellterme $\dot\varrho$, die die Massenerhaltung z.B. einer Spezies, beeinflussen, haben die Form

$$T_i^\varrho = \dot\varrho\,t_p$$

und werden wie in (9.63) ebenfalls zur Lattice-BGK-Gleichung addiert.

### 9.7.3 Konvektion-Diffusions-Gleichungen mit Quellterm

Gleichungen vom Typ der Konvektion-Diffusions-Gleichungen zur Beschreibung des Transportes und der Diffusion einer skalaren Größe $\psi(\boldsymbol{r}, t)$ sind in der Strömungsmechanik häufig zu lösen. Die Gleichungen haben die Form

$$\frac{\partial \varrho_0 \psi}{\partial t} + \frac{\partial \varrho_0 v_\alpha\,\psi}{\partial x_\alpha} = \frac{\partial}{\partial x_\alpha}\left(k\,\frac{\partial \psi}{\partial x_\alpha}\right) + \dot q(\psi). \qquad (9.66)$$

Eine Gleichung dieses Typs ist die Energie- bzw. Temperaturgleichung bei Strömungen kleiner Mach-Zahlen mit $\psi = h$ für die Enthalpie $h = c_p T$ und $k = \lambda$ für die Wärmeleitfähigkeit. Der Quellterm $\dot q(T)$ kann eine interne oder externe Wärmequellen beschreiben. Eine Form der Energiegleichung lautet dann:

$$\frac{\partial \varrho_0 h}{\partial t} + \frac{\partial \varrho_0 v_\alpha\, h}{\partial x_\alpha} = \frac{\partial}{\partial x_\alpha} \left( \lambda\, \frac{\partial T}{\partial x_\alpha} \right) + \dot{q}(T). \tag{9.67}$$

Weitere Gleichungen des Typs sind die Massenerhaltungsgleichungen von Spezies.

$$\frac{\partial \varrho_0 y_s}{\partial t} + \frac{\partial \varrho_0 v_\alpha\, y_s}{\partial x_\alpha} = \frac{\partial}{\partial x_\alpha} \left( \varrho D_{sr}\, \frac{\partial y_s}{\partial x_\alpha} \right) + \dot{q}(y_s).$$

Hier kann $\psi = y_s$ für den Massenbruch $y_s = \varrho_s/\varrho$ einer Spezies $s$ stehen und $k = D_{sr}$ für den Diffusionskoeffizienten zwischen Spezies $s$ und $r$. Ein Quellterm $\dot{q}(y_s)$ beschreibt die Speziesproduktion in einer chemischer Reaktion.

Konvektion-Diffusions-Gleichungen vom Typ (9.66) können mit folgendem Ansatz analog zu der Lattice-BGK-Gleichung (9.14) kinetisch erfasst werden:

$$g_i(\boldsymbol{r} + \boldsymbol{\xi}_i\,\delta t, t + \delta t) \;=\; g_i(\boldsymbol{r}, t) + \Omega_g \cdot (g_i^{eq}(\boldsymbol{r}, t) - g_i(\boldsymbol{r}, t)) + t_p\, \dot{q}. \tag{9.68}$$

Zur Unterscheidung von der Lattice-BGK-Methode für die Navier-Stokes-Gleichungen (9.14) wurde hier die Verteilungsfunktion mit $g_i$ bezeichnet. Die entsprechende Gleichgewichtsverteilung $g_i^{eq}$ wird analog zu (9.19) wie folgt definiert:

$$g^{eq}(\boldsymbol{x}, t, \boldsymbol{\xi}) = t_p \cdot \psi \left[ 1 + \frac{v_\alpha \xi_\alpha}{c_S^2} + \frac{v_\alpha v_\beta}{2\, c_S^2} \left( \frac{\xi_\alpha \xi_\beta}{c_S^2} - \delta_{\alpha\beta} \right) \right]. \tag{9.69}$$

Der vorzugebende Transportkoeffizient $k$ in (9.66) bestimmt analog zur Zähigkeit in (9.28) die Kollisionsfrequenz $\Omega_g$ in (9.69):

$$\Omega_g = \frac{c_S^2 \delta t}{k + \delta t\, c_S^2/2}. \tag{9.70}$$

Für das erste Moment, d.h. für die Stoßinvariante der Masse, gilt:

$$\psi = \sum_i g_i = \sum_i g_i^{eq}.$$

Das erste Moment für den Impuls ist jedoch nicht mehr invariant. Es ist:

$$v_\alpha\, \psi = \sum_i \xi_\alpha\, g_i^{eq} \neq \sum_i \xi_\alpha\, g_i. \tag{9.71}$$

Dies folgt daraus, dass die Geschwindigkeit $v_\alpha = v_\alpha(\boldsymbol{r}, t)$ eine vorzugebende Größe in den skalaren Gleichungen vom Typ der Gleichung (9.66) ist. Die Geschwindigkeit wird durch andere Beziehungen bestimmt, wie z.B. durch Lösungen der Navier-Stokes-Gleichungen mittels des Lattice-BGK-Algorithmus aus dem vorangehenden Abschnitt. 9.6.

Die Analyse des Lattice-BGK-Ansatzes (9.68) mit den in Abschn. 9.5.1 und Abschn. 9.5.2 aufgeführten Schritten unter Berücksichtigung von (9.71) zeigt, dass das nullte Moment die Konvektion-Diffusions-Gleichung mit Quellterm (9.66) erfasst und löst.

## 9.8 Momentenformulierung der Lattice-BGK-Methode

Die Lattice-BGK-Methode als relativ neues Lösungskonzept der Strömungsmechanik ist noch in ständiger Weiterentwicklung begriffen. Eine alternative Formulierung der Lattice-BGK-Methode von Lallemand und Luo [26] basiert auf einer Formulierung im Momentenraum und führt zu der sogenannten *generalisierten Lattice-Boltzmann-Gleichung* und wird hier kurz vorgestellt.

Diese Variante bietet die Möglichkeit, eine maximale Anzahl (maximal in Bezug auf die Anzahl diskreter Geschwindigkeiten) von unabhängigen Kollisionsfrequenzen einzustellen und ermöglicht somit die Eigenschaften des Algorithmus zu optimieren, wie z.B. die numerische Stabilität und Dissipation. Der Übersicht halber wird im Folgenden dieses Konzept für den zweidimensionalen Fall mit diskretem Phasenraum D2Q9 nach Abb. 9.2 beschrieben. Weitere Details, Analysen und Erweiterungen der Methode sind z.B. den Arbeiten von Lallemand und Luo [26] und [27] zu entnehmen.

Ausgangspunkt sind die diskreten Momente $M_k(\boldsymbol{r}, t)$ der Lattice-BGK-Methode in Abschn. 9.3.2, die als Summe über die diskreten Verteilungsfunktionen $f_i$, multipliziert mit einem Faktor $\Phi_k(\xi_i)$, wie folgt definiert sind:

$$M_k = \sum_{i=1}^{9} \Phi_k(\xi_i)\, f_i.$$

Für alle Geschwindigkeiten $\xi_i$ an einem Knoten (neun im zweidimensionalen Modell D2Q9) existiert jeweils die entsprechende Anzahl von Verteilungsfunktionen $f_i$. Der Einfachheit halber wird angenommen, dass die Größen wie in Abschn. 9.5.1 dimensionslos formuliert sind, so dass die dimensionslose Komponente $e_{i,\alpha}$ der Molekülgeschwindigkeit den Betrag 0 oder 1 hat.

Ein diskretes Moment, z.B. die Dichte oder das Moment des Impulses in x-Richtung (9.15) kann dann für den Phasenraum D2Q9 wie folgt geschrieben werden:

$$M_1 = \varrho = (1, 1, 1, 1, 1, 1, 1, 1, 1)\,(f_1, f_2, f_3, f_4, f_5, f_6, f_7, f_8, f_9)^T$$

$$M_2 = \varrho v_x = (1, 1, 0, -1, -1, -1, 0, 1, 0)\,(f_1, f_2, f_3, f_4, f_5, f_6, f_7, f_8, f_9)^T$$

wobei $(\cdots)^T$ ein transponierter Vektor ist. In entsprechender Form können weitere Momente gewählt werden, insgesamt neun für das Modell D2Q9. Dazu werden die drei invarianten Momente $\varrho$, $\varrho v_x$ und $\varrho v_y$ und sechs zusätzliche physikalische Momente oder Kombinationen davon festgelegt. In [26] wurden insgesamt gewählt:

- die Dichte $\varrho$, die Impulskomponenten $\varrho v_x$ und $\varrho v_y$, die Energie $e$,
- das Quadrat der Energie $e^2$, die Wärmeströme $q_x$ und $q_y$
- und die Spannungen $p_{xx}$ und $p_{xy}$.

Eine andere Auswahl der Momente ist jedoch prinzipiell möglich.

Der Zusammenhang zwischen den diskreten Verteilungsfunktionen und Momenten kann jetzt als Gleichungssystem mit den Spaltenvektoren $\boldsymbol{f}$ für alle neun Verteilungsfunktionen $f_i$ und für die Momente $\boldsymbol{M}$ mit neun Beiträgen geschrieben werden zu:

$$\boldsymbol{M} = \boldsymbol{A}\boldsymbol{f}, \tag{9.72}$$

wobei $\boldsymbol{A}$ eine Matrix ist, die die diskreten Momente $\boldsymbol{M}$ als Funktion der diskreten Verteilungen $\boldsymbol{f}$ abbildet.

Entsprechende Gleichgewichtsgrößen der Momente $\boldsymbol{M}^{eq}$ können als Funktion der invarianten Erhaltungsgrößen der Lattice-BGK-Methode (9.15), d.h. durch Dichte $\varrho$ und Impuls $\varrho v_\alpha$, ausgedrückt werden und über eine Analyse der linearisierten Lattice-Boltzmann-Gleichung (9.75), wie in [26] gezeigt, bestimmt werden.

Durch Invertierung des Gleichungssystemes (9.72) können bei gegebenen Momenten $\boldsymbol{M}$ die Verteilungen $\boldsymbol{f}$ bestimmt werden.

$$\boldsymbol{f} = \boldsymbol{A}^{-1}\,\boldsymbol{M}. \tag{9.73}$$

Die Lattice-BGK-Gleichung (9.14) mit dem Vektor $\boldsymbol{f}$ geschrieben, lautet

$$\boldsymbol{f}(\boldsymbol{r} + \boldsymbol{\xi}_i\,\delta t, t + \delta t) = \boldsymbol{f}(\boldsymbol{r},t) + \Omega \cdot (\boldsymbol{f}^{eq}(\boldsymbol{r},t) - \boldsymbol{f}(\boldsymbol{r},t)). \tag{9.74}$$

Der Kollisionsterm auf der rechten Seite kann mittels Gleichung (9.73) durch die Momente ersetzt werden und ergibt

$$\boldsymbol{f}(\boldsymbol{r} + \boldsymbol{\xi}_i\,\delta t, t + \delta t) = \boldsymbol{f}(\boldsymbol{r},t) + \boldsymbol{A}^{-1}\,\boldsymbol{S}\,(\boldsymbol{M}^{eq}(\boldsymbol{r},t) - \boldsymbol{M}(\boldsymbol{r},t)). \tag{9.75}$$

Die skalare Kollisionsfrequenz $\Omega$ der üblichen Lattice-BGK-Methode wird hierbei ersetzt durch eine Matrix $\boldsymbol{S}$, die es erlaubt, jedem Moment eine eigene Kollisionsfrequenz bzw. Relaxationsparameter $s_i$ zuzuordnen. Die Lattice-BGK-Gleichung (9.75) mit mehrfachen Relaxationsparametern ist die oben erwähnte *generalisierte Lattice-Boltzmann-Gleichung*.

Die Matrix $\boldsymbol{S}$ ist eine Diagonalmatrix mit den Relaxationsparametern $s_i$ als Werte auf der Hauptdiagonale. Die Relaxationsparameter $s_i$ sind Null für die invarianten Momente $\varrho$ und $\varrho v_\alpha$, da für diese $\boldsymbol{M}^{eq}$ gleich $\boldsymbol{M}$ ist. Für die übrigen (hier sechs) Momente $M_i$, die nicht invariant sind, kann jeweils ein unabhängiger Relaxationsparameter $s_i$ vorgeschrieben werden. Durch geeignete Wahl dieser Parameter ist es möglich, wie oben erwähnt, die Eigenschaften des Verfahrens zu beeinflussen, siehe [26] und [27].

Der Lösungsalgorithmus der Lattice-Boltzmann-Gleichung (9.75) ist dem der Lattice-BGK-Methode in Abschn. 9.6 ähnlich, erfordert jedoch noch Transformationen der Verteilungsfunktionen in den Momentenraum. Ausgehend von einem diskreten Phasenraum, z.B. D2Q9 in Abb. 9.2, werden zunächst die einzelnen Gitterpunkte wie in Abschn. 9.6 mit Verteilungsfunktionen belegt und die Transformationsmatrizen $\boldsymbol{A}$ und $\boldsymbol{A}^{-1}$ bestimmt.

- Im Projektionsschritt werden die Verteilungsfunktion in den Momentenraum nach (9.72) transformiert und die Gleichgewichtsmomente $\boldsymbol{M}^{eq}$) bestimmt.

- Im Kollisionsschritt wird der Kollisionsoperator $S\ (M^{eq}(r,t) - M(r,t))$ im Momentenraum mit den vorher festgelegten Relaxationsparametern $s_i$ berechnet und mit $A^{-1}$ auf die Verteilungsfunktionen projiziert. Dies ergibt eine Zwischengröße $\tilde{f}$ der Verteilungsfunktion

$$\tilde{f}(r, t + \delta t) \;=\; f(r, t) + A^{-1}\,S\ (M^{eq}(r, t) - M(r, t))\,.$$

- Der Transportschritt zur Bestimmung der neuen Verteilungsfunktion erfolgt wie in (9.12) über die nächsten Nachbarknoten:

$$f(r + \xi_i\,\delta t, t + \delta t) \;=\; \tilde{f}(r, t).$$

## 9.9 Anwendungen des Lattice-BGK-Verfahrens

### 9.9.1 Validierungsrechnung für Strömung um Zylinder

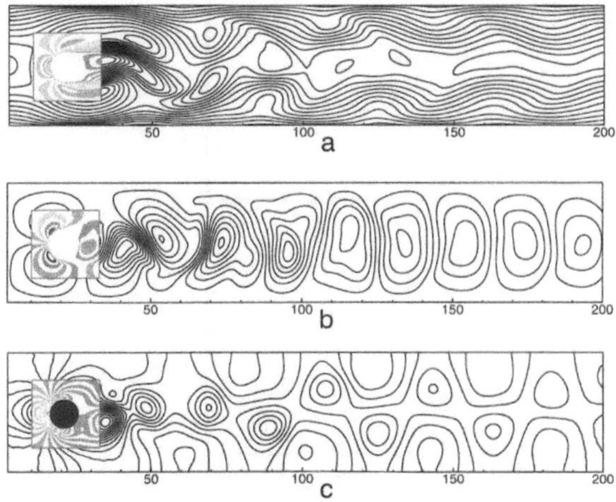


**Abb. 9.8.** Zweidimensionale Strömung um einen Zylinder und Entwicklung einer von-Karmanschen-Wirbelstraße.
a) Linien konstanter Horizontalgeschwindigkeit
b) Linien konstanter Vertikalgeschwindigkeit
c) Linien konstanten Druckes

Zur Validierung des Lattice-BGK-Verfahrens wurden die Benchmarkprobleme aus [36] genutzt. Diese Testprobleme beschreiben die inkompressible Strömung um einen Zylinder, der asymmetrisch in einem ebenen Kanal angeordnet ist. Vorgegeben sind die vollständigen Randbedingungen des Problemes bei unterschiedlichen Reynolds-Zahlen in zwei und drei Dimensionen.

Zum Vergleich stehen Referenzlösungen aus unterschiedlichen Rechnungen und Experimente zur Verfügung.

Die Abb. 9.8 und Abb. 9.9 zeigen die Ergebnisse einer zweidimensionalen, instationären Lösung der Strömung um einen Zylinder bei einer Reynolds-Zahl von $Re = 100$. In diesem Falle entwickelt sich als asymptotische Lösung nach ausreichend langer Zeit eine zeitlich periodische Strömung infolge Wirbelablösung am Zylinder und Ausbildung einer Wirbelstraße. Zur Lösung wurde ein quasi-kartesisches Netz mit $221 \times 43$ Gitterpunkten entsprechend dem diskreten Phasenraum D2Q9 in Abb. 9.2 mit lokaler Verfeinerung um einen Faktor 6 in der Umgebung des Zylinders genutzt. Die Abb. 9.8 zeigt für eine ausgewählte Zeit von oben nach unten die Linien konstanter, horizontaler und vertikaler Geschwindigkeit in Abb. 9.8 a) und b). Die Linien konstanten Druckes sind in Abb. 9.8 c) dargestellt.

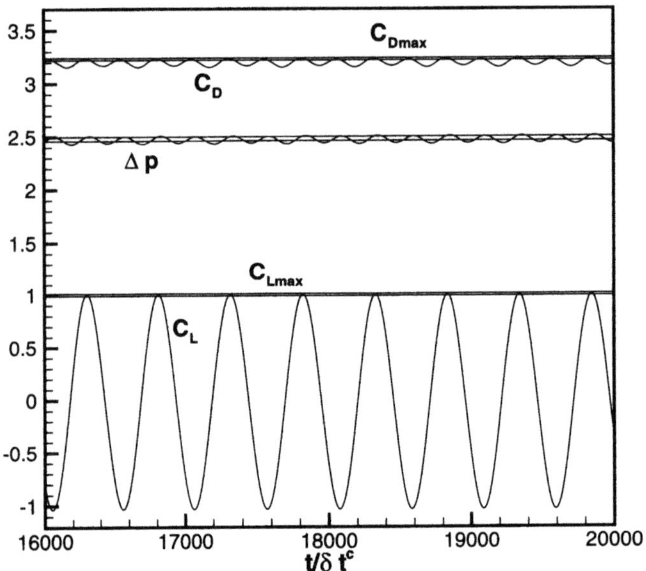


**Abb. 9.9.** Zweidimensionale Strömung um einen Zylinder und Entwicklung einer von-Karmanschen-Wirbelstraße. Ergebnisse als Funktion der Zeit für einen periodischen Zustand und Vergleich mit Referenzlösungen aus [36] (gerade Linien)
Oben: Widerstandsbeiwert $c_D$
Mitte: Druckdifferenz am Zylinder $\Delta p$
Unten: Auftriebsbeiwert $c_L$

Abb. 9.9 zeigt über der Zeit aufgetragene Ergebnisse im Vergleich mit den Referenzlösungen aus [36]. Die oberen zwei Kurven zeigen den Widerstandskoeffizienten $c_D$ und die Druckdifferenz $\Delta p$ zwischen den vorderen und hinteren Punkt des Zylinders bei $\alpha = 0^o$ und $\alpha = 180^o$. Die untere Kurve zeigt den periodischen Verlauf des Auftriebskoeffizienten $c_L$ über der Zeit. Die geraden Linien zeigen jeweils als Referenzlösung die obere, bzw. untere Grenze der Amplituden dieser Werte.

Die Ergebnisse und Vergleiche dieser Validierungsrechnung zeigen, dass die Lattice-BGK-Methode die theoretisch in Abschn. 9.5.2 ermittelte Genauigkeit von zweiter Ordnung in Ort und Zeit erfüllt, wobei jedoch auch die Randbedingungen, hier für die krummlinigen Konturen des Zylinders, diese Genauigkeitsanforderungen erfüllen müssen. Dies wurde in diesem Beispiel durch die Randformulierungen höherer Ordnung in [13] erfüllt. Ein Vergleich der Rechenzeiten mit anderen Rechnungen dieses Testfalles ist relativ schwierig auf Grund der unterschiedlichen Lösungsverfahren und unterschiedlicher Rechner. Die Lattice-BGK-Methode gehörte jedoch zu den Methoden mit der geringsten Rechenzeit.

### 9.9.2 Beispiele von Anwendungen der Lattice-BGK-Methode

In diesem Abschnitt werden noch einige demonstrative Beispiele von Anwendungen der Lattice-BGK-Methode gezeigt. Eine weitere Übersicht von Anwendungen der Lattice-BGK-Methode ist in Hänel und Filippova [22] zu finden. Eine umfangreiche Beschreibung verschiedener Ansätze und Anwendungen ist in dem Buch von Succi [37] zu finden.

**Die Gas-Partikel-Strömung durch Filter** in Abb. 9.10 ist ein Beispiel für die Flexibilität der Lattice-BGK Methode, komplexe Geometrien zu erfassen.

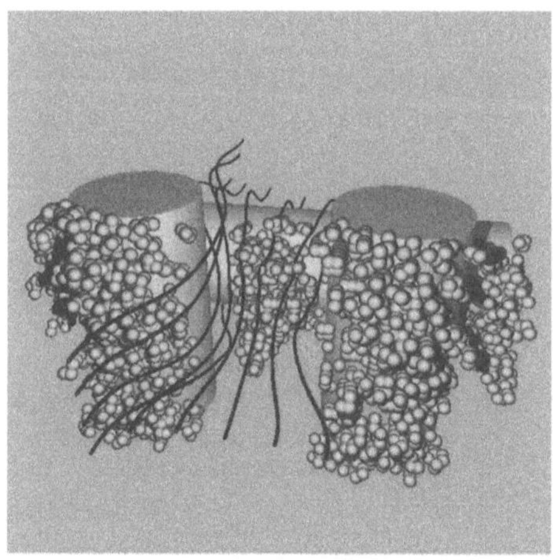

**Abb. 9.10.** Dreidimensionale Um- und Durchströmung eines Filters (Ausschnitt aus einer Filtermatte) mit bereits deponierten Partikeln ($D_{Filter} = 100\,\mu$ m, $d_{part.} = 10\,\mu$ m, $Re = 1$, $St = 0.56$)

Die Simulation des Partikeltransportes erfolgt durch Lösung der Lagrangeschen Bewegungsgleichungen für die diskreten Partikel. Die Strömung des

Fluides um die Filtergeometrie, einschließlich der Strömung um und durch die abgelagerten Partikel, erfolgt mit der Lattice-BGK-Methode und den Randbedingungen aus Abschn. 9.4.3. Details sind in [15] beschrieben.

**Die laminare Umströmung eines Tragflügelprofiles** bei hohen Anstellwinkeln ist ein Beispiel für ein Strömungsproblem mit dünnen Grenzschichten entlang der Oberfläche und massiver, instationärer Ablösung und Wirbelbildung. Die Lösung dieses Strömungsproblemes erfolgte ebenfalls mit der Lattice-BGK-Methode in [16] mit lokaler Gitterverfeinerung und Randbedingungen nach Abschn. 9.4.3. Die Abb. 9.11 zeigt momentane Linien konstanter Strömungsgeschwindigkeit (links) und konstanten Druckes (rechts) der instationären, laminaren Umströmung.

 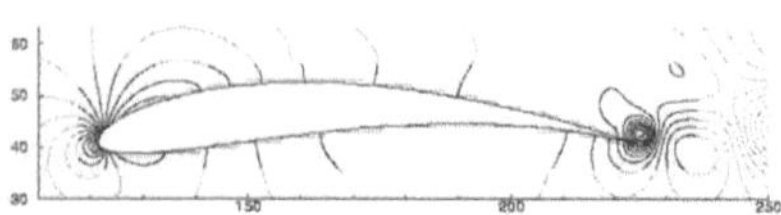

**Abb. 9.11.** Augenblicksaufnahme der Linien konstanter Strömungsgeschwindigkeit (links) und konstanten Druckes (rechts) der instationären, laminaren Umströmung eines Tragflügelprofiles mit Anstellwinkel von $16^o$ und $Re = 7500$ aus [16]

**Die Simulation turbulenter Umströmungen von Tragflügelprofilen** erfordert neben der Berechnung der Strömung wie im laminaren Fall noch die Annahme und Lösung eines Turbulenzmodelles. In [17] wurde die Strömung mittels Lattice-BGK-Methode simuliert und mit einem $k-\varepsilon$ Turbulenzmodell gekoppelt. Das Turbulenzmodell selbst wurde mit einer Finite-Differenzen-Methode gelöst.

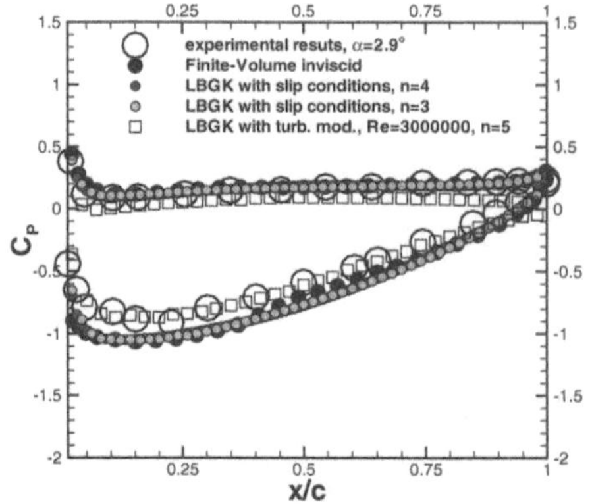


**Abb. 9.12.** Druckbeiwert $c_p$ über einem NACA 4412 Profil für Lösungen mit der Lattice-BGK-Methode aus [17] und Vergleich mit einer Finiten-Volumen-Methode und experimentellen Ergebnissen

Die Abb. 9.12 zeigt den Verlauf des Druckbeiwertes $c_p$ über einem NACA 4412 Profil für Lösungen mit der Lattice-BGK-Methode und im Vergleich mit einer Finiten-Volumen-Methode und experimentellen Ergebnissen.

**Die Berechnung reaktiver Strömungen** bei kleinen Mach-Zahlen mittels einer Lattice-BGK-Methode wurde in [14] gezeigt. Die oben beschriebene Lattice-BGK-Methode für inkompressible Fluide konstanter Dichte wurde auf variable Dichte erweitert, da diese sich infolge reaktiver Wärmefreisetzung und somit variabler Temperatur stark ändern kann. Die Details der Methode sind in [14] beschrieben.

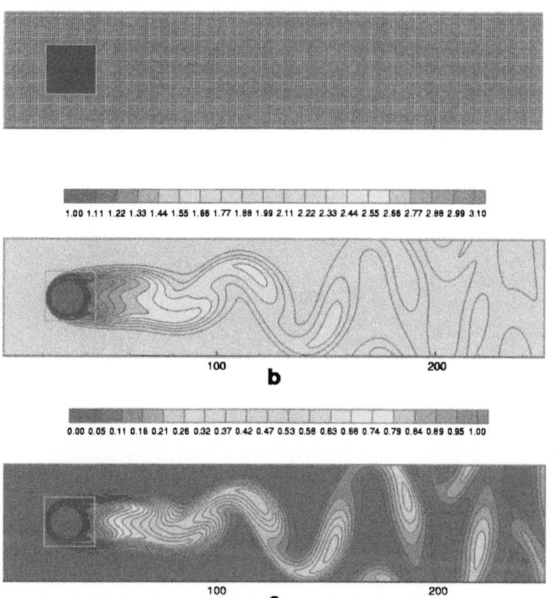

**Abb. 9.13.** Reaktive, instationäre Strömung um poröse Brenner aus [14] mit
a) dem quasi-kartesischem Gitter mit lokaler Verfeinerung,
b) dem augenblicklichen Temperaturfeld,
c) der augenblicklichen Massenkonzentration des Produktes

Die Abb. 9.13 zeigt als Beispiel einer solchen Rechnung die instationäre periodische Umströmung einer Brennergeometrie bei einer Reynolds-Zahl von $Re = 300$. Der Oxydator strömt hierbei von links in den Integrationsbereich ein. Der Brennstoff tritt aus der porösen Oberfläche der zylindrischen Brenner aus, so dass in Nähe der Oberflächen eine chemische Reaktion stattfindet. Die Reaktion wurde hier vereinfacht als globale Einschrittreaktion berücksichtigt.

# 10. Anhang

## 10.1 Integrale vom Typ $\int x^k\, e^{-\beta^2 x^2}\, dx$

Häufig benötigte Integrale über die Maxwell-Verteilung $F$ sind vom Typ

$$I_k = \int_0^\infty x^k\, e^{-\beta^2 x^2}\, dx \qquad k = 0, 1, 2, 3, \cdots .$$

Man unterscheidet hierbei zwischen Integralen mit geradzahliger Potenz $k$ und ungeradzahliger Potenz $k$. Für die Integration von 0 bis $\infty$ gilt:

<table>
<tr><td align="center">geradzahlige Potenzen<br>$k = 0, 2, 4, \cdots$</td><td align="center">ungeradzahlige Potenzen<br>$k = 1, 3, 5$</td></tr>
<tr><td align="center">$I_0 = \int_0^\infty e^{-\beta^2 x^2}\, dx = \tfrac{1}{2}\,\frac{\sqrt{\pi}}{\beta}$</td><td align="center">$I_1 = \int_0^\infty x\, e^{-\beta^2 x^2}\, dx = \tfrac{1}{2}\,\frac{1}{\beta^2}$</td></tr>
<tr><td align="center">$I_2 = \int_0^\infty x^2\, e^{-\beta^2 x^2}\, dx = \tfrac{1}{4}\,\frac{\sqrt{\pi}}{\beta^3}$</td><td align="center">$I_3 = \int_0^\infty x^3\, e^{-\beta^2 x^2}\, dx = \tfrac{1}{2}\,\frac{1}{\beta^4}$</td></tr>
<tr><td align="center">$I_4 = \int_0^\infty x^4\, e^{-\beta^2 x^2}\, dx = \tfrac{3}{8}\,\frac{\sqrt{\pi}}{\beta^5}$</td><td align="center">$I_5 = \int_0^\infty x^5\, e^{-\beta^2 x^2}\, dx = \frac{1}{\beta^6}$</td></tr>
<tr><td align="center">$I_6 = \int_0^\infty x^6\, e^{-\beta^2 x^2}\, dx = \tfrac{15}{16}\,\frac{\sqrt{\pi}}{\beta^7}$</td><td align="center">$I_7 = \int_0^\infty x^7\, e^{-\beta^2 x^2}\, dx = 3\,\frac{1}{\beta^8}$</td></tr>
<tr><td align="center">$I_{k+2} = I_k \cdot \frac{k+1}{2\beta^2}$</td><td align="center">$I_{k+2} = I_k \cdot \frac{k+1}{2\beta^2}$</td></tr>
</table>

Für die Integration von $-\infty$ bis $\infty$ gilt:

<table>
<tr><td align="center">geradzahlige Potenzen<br>$k = 0, 2, 4, \cdots$</td><td align="center">ungeradzahlige Potenzen<br>$k = 1, 3, 5$</td></tr>
<tr><td align="center">$\int_{-\infty}^\infty x^k\, e^{-\beta^2 x^2}\, dx = 2\, I_k$</td><td align="center">$\int_{-\infty}^\infty x^k\, e^{-\beta^2 x^2}\, dx = 0$</td></tr>
</table>

## 10.2 Tensornotation

Die Tensornotation wird hier nur aufgeführt, soweit im Text gebraucht. Für weitere Regeln und Definitionen von Tensoren und Integralen mit Tensoren im Rahmen der kinetischen Theorie wird auf das Buch von Ferziger und Kaper [12] verwiesen.

Folgende Vereinbarungen werden genutzt:

- Indizes $i, j, k, l$ laufen von 1 bis 3 entsprechend $x, y, z$ in 3 Dimensionen,

- Vektoren $\boldsymbol{a} = a_i$

$$\text{z.B. Geschwindigkeitsvektor} \quad \boldsymbol{v} = v_i = (v_1, v_2, v_3)^T = \begin{pmatrix} v_1 \\ v_2 \\ v_3 \end{pmatrix}$$

- Skalares Produkt zweier Vektoren (Summenkonvention), d.h. über doppelt auftretende, gleiche Indizes wird summiert:

$$\boldsymbol{a} \cdot \boldsymbol{b} = a_i \cdot b_i = \sum_{i=1}^{3} a_i b_i = a_1 b_1 + a_2 b_2 + a_3 b_3$$

$$\text{z.B. Divergenz} \quad \nabla \cdot \boldsymbol{v} = \frac{\partial v_k}{\partial x_k} = \sum_k \frac{\partial v_k}{\partial x_k} = \frac{\partial v_1}{\partial x_1} + \frac{\partial v_2}{\partial x_2} + \frac{\partial v_3}{\partial x_3}$$

$$\text{z.B. Quadrat des Betrages eines Vektors} \quad c^2 = c_i^2 = c_1^2 + c_2^2 + c_3^2$$

- Tensor von Rang 2 ist eine Größe mit 2 Indizes

$$\text{z.B. Spannungstensor} \quad \sigma_{ij} = \begin{pmatrix} \sigma_{11} & \sigma_{12} & \sigma_{13} \\ \sigma_{21} & \sigma_{22} & \sigma_{23} \\ \sigma_{31} & \sigma_{32} & \sigma_{33} \end{pmatrix}$$

$$\text{z.B. Tensorgradient} \quad \frac{\partial v_i}{\partial x_j} = \begin{pmatrix} \frac{\partial v_1}{\partial x_1} & \frac{\partial v_1}{\partial x_2} & \frac{\partial v_1}{\partial x_3} \\ \frac{\partial v_2}{\partial x_1} & \frac{\partial v_2}{\partial x_2} & \frac{\partial v_2}{\partial x_3} \\ \frac{\partial v_3}{\partial x_1} & \frac{\partial v_3}{\partial x_2} & \frac{\partial v_3}{\partial x_3} \end{pmatrix}$$

$$\text{z.B. dyadisches Produkt zweier Vektoren}$$

$$c_i c_j = \begin{pmatrix} c_1 c_1 & c_1 c_2 & c_1 c_3 \\ c_2 c_1 & c_2 c_2 & c_2 c_3 \\ c_3 c_1 & c_3 c_2 & c_3 c_3 \end{pmatrix}$$

z.B. Kronecker Delta $\delta_{i,j}$, Einheitstensor

$$\delta_{i,j} = \begin{pmatrix} 1\,0\,0 \\ 0\,1\,0 \\ 0\,0\,1 \end{pmatrix}$$

Einträge von $\delta_{i,j}$:   $\delta_{i,j} = \begin{cases} 0 \text{ wenn} & i \neq j \\ 1 \text{ wenn} & i = j \end{cases}$

- Transponierter Tensor $w_{jk}^T$ ergibt sich aus $w_{jk}$ durch Vertauschen von Spalten und Zeilen.

- Symmetrische und antisymmetrische Tensoren:
  Ein Tensor ist symmetrisch, wenn

$$w_{jk}^T = w_{kj},$$

bzw. antisymmetrisch, wenn

$$w_{jk}^T = -w_{kj}.$$

Ein beliebiger Tensor kann in einen symmetrischen und antisymmetrischen Tensor zerlegt werden mit

$$w_{jk} = \frac{1}{2}\left(w_{jk} + w_{kj}^T\right) + \frac{1}{2}\left(w_{jk} - w_{kj}^T\right)$$

- Spur eines Tensors $\operatorname{tr} w_{i,j}$ ist gleich der Summe der diagonalen Terme

$$\operatorname{tr} w_{i,j} = w_{ii} \qquad \text{z.B. Spur des Einheitstensor:} \quad \operatorname{tr}\delta_{i,j} = 3$$

- Spurfreier Tensor $w_{i,j}^0$, wenn $\operatorname{tr} w_{i,j} = 0$

z.B. Spannungstensor    $\sigma_{ij} = \dfrac{\partial v_i}{\partial x_j} + \dfrac{\partial v_j}{\partial x_i} - \dfrac{2}{3}\dfrac{\partial v_k}{\partial x_k}\,\delta_{i,j}$

z.B. dyadisches Produkt    $c_i\,c_j - \dfrac{1}{3}\,\mathbf{c}^2\,\delta_{ij} = c_i\,c_j - \dfrac{1}{3}\,c_k^2\,\delta_{ij}$

- Doppel- oder Skalarprodukt zweier Tensoren $u_{ij}$ und $v_{ji}$
  vom Grad 2 ergibt ein Skalar

$$u_{ij} : v_{ji} = \sum_{i,j} u_{ij}\,v_{ji} = u_{11}v_{11} + u_{21}v_{12} + u_{31}v_{13}$$

$$+ u_{12}v_{21} + u_{22}v_{22} + u_{32}v_{23} + u_{13}v_{31} + u_{23}v_{32} + u_{33}v_{33}$$

## 10.3 Zur Formulierung der Störverteilung $\varphi$

Ausgangspunkt ist die Gleichung (7.17) für die Störverteilung $\varphi$ im Abschn. 7.1.3:

$$-\omega\,\varphi = \frac{1}{n}\left(\frac{dn}{dt} + c_i \cdot \frac{\partial n}{\partial x_i}\right) + \left(\frac{c^2}{2RT} - \frac{3}{2}\right)\frac{1}{T}\cdot\left(\frac{dT}{dt} + c_i\frac{\partial T}{\partial x_i}\right)$$
$$- \frac{c_j}{RT}\left(\frac{dv_j}{dt} + c_i\frac{\partial v_j}{\partial x_i}\right).$$

Mittels der Euler-Gleichungen (7.18) in nichtkonservativer Form

$$\frac{1}{n}\frac{dn}{dt} = -\frac{\partial v_i}{\partial x_i},$$

$$\frac{1}{RT}\frac{dv_j}{dt} = -\frac{1}{n}\frac{\partial n}{\partial x_j} - \frac{1}{T}\frac{\partial T}{\partial x_j},$$

$$\frac{1}{T}\frac{dT}{dt} = -\frac{2}{3}\frac{\partial v_i}{\partial x_i}$$

werden die substantiellen Ableitungen ersetzt. Nach Gradienten der Variablen sortiert ergibt dies:

$$-\omega\,\varphi = -\frac{c_i}{n}\cdot\frac{\partial n}{\partial x_i} + \frac{c_j}{n}\cdot\frac{\partial n}{\partial x_j}$$
$$+ \left(\frac{c^2}{2RT} - \frac{3}{2}\right)\frac{c_i}{T}\cdot\frac{\partial T}{\partial x_i} - \frac{c_j}{T}\cdot\frac{\partial T}{\partial x_j}$$
$$+ \frac{1}{RT}\left(c_i\,c_j\right) : \frac{\partial v_j}{\partial x_i} - \frac{2}{3}\left(\frac{c^2}{2RT} - \frac{3}{2}\right)\frac{\partial v_i}{\partial x_i} - \frac{\partial v_i}{\partial x_i}.$$

Nach weiterer Zusammenfassung erhält man:

$$-\omega\,\varphi = \left(\frac{c^2}{2RT} - \frac{5}{2}\right)\frac{1}{T}c_i\cdot\frac{\partial T}{\partial x_i}$$
$$+ \frac{1}{RT}\left(c_i\,c_j\right) : \frac{\partial v_j}{\partial x_i} - \frac{c^2}{3RT}\frac{\partial v_i}{\partial x_i}.$$

Der letzte Term wird mittels Einheitstensor $\delta_{ij}$ als skalares Tensorprodukt

$$\frac{c^2}{3RT}\frac{\partial v_i}{\partial x_i} = \frac{1}{3RT}\,c^2\,\delta_{ij} : \frac{\partial v_j}{\partial x_i}$$

geschrieben und mit dem davor stehenden skalaren Tensorprodukt zusammengefasst. Damit erhält man für $\varphi$ die Gleichung (7.19):

$$\varphi = -\frac{1}{\omega}\left[\left(\frac{c^2}{2RT} - \frac{5}{2}\right)\frac{c_i}{T}\cdot\frac{\partial T}{\partial x_i} + \frac{1}{RT}\left(c_i\,c_j - \frac{1}{3}\,c^2\,\delta_{ij}\right) : \frac{\partial v_j}{\partial x_i}\right]. \quad (10.1)$$

Die weitere Umformung zu Gleichung (7.20) um den Verformungstensor $S_{ij}$ eines kompressiblen Fluides (7.21)

$$S_{ij} = \frac{1}{2}\left(\frac{\partial v_i}{\partial x_j} + \frac{\partial v_j}{\partial x_i} - \frac{2}{3}\frac{\partial v_k}{\partial x_k}\delta_{ij}\right)$$

zu erhalten, wird im Folgenden gezeigt.

Das skalare Tensorprodukt im zweitem Term von (10.1) wird umgeschrieben zu:

$$\left(c_i\,c_j - \frac{1}{3}\,\boldsymbol{c}^2\,\delta_{ij}\right) : \frac{\partial v_j}{\partial x_i} = c_i c_j \; : \; \frac{\partial v_j}{\partial x_i} - \frac{1}{3}\,c_k^2\,\delta_{ij} \; : \; \frac{\partial v_j}{\partial x_i}$$

und das Quadrat der Geschwindigkeiten $\boldsymbol{c}^2 = c_k^2$ wieder als skalares Tensorprodukt geschrieben

$$c_k^2 = c_i c_j \; : \; \delta_{ji}.$$

Damit ergibt sich:

$$c_i c_j \; : \; \frac{\partial v_j}{\partial x_i} - \frac{1}{3}\,(c_i c_j \; : \; \delta_{ji})(\delta_{ij} \; : \; \frac{\partial v_j}{\partial x_i}) = c_i c_j \; : \; \left(\frac{\partial v_j}{\partial x_i} - \frac{1}{3}\frac{\partial v_k}{\partial x_k}\delta_{ji}\right)$$

mit der Divergenz der Geschwindigkeit

$$\delta_{ij} \; : \; \frac{\partial v_j}{\partial x_i} = \frac{\partial v_k}{\partial x_k}.$$

Nach der Aufspaltung des Tensors

$$\frac{\partial v_j}{\partial x_i} = \frac{1}{2}\left(\frac{\partial v_j}{\partial x_i} + \frac{\partial v_i}{\partial x_j}\right)$$

ergibt sich

$$\left(c_i\,c_j - \frac{1}{3}\,\boldsymbol{c}^2\,\delta_{ij}\right) : \frac{\partial v_j}{\partial x_i} = c_i c_j \; : \; \left[\frac{1}{2}\left(\frac{\partial v_j}{\partial x_i} + \frac{\partial v_i}{\partial x_j}\right) - \frac{1}{3}\frac{\partial v_k}{\partial x_k}\delta_{ji}\right].$$

Der letzte Ausdruck in dieser Gleichung ist der gesuchte Verformungstensor $S_{ji} = S_{ij}$. Damit erhält man die gesuchte Störverteilung entsprechend der Gleichung (7.22) zu

$$\varphi = -\frac{1}{\omega}\left[\left(\frac{\boldsymbol{c}^2}{2RT} - \frac{5}{2}\right)\frac{c_i}{T}\cdot\frac{\partial T}{\partial x_i} + \frac{1}{RT}\,c_i c_j \; : \; S_{ji}\right]$$

bzw.

$$\varphi = -\frac{1}{\omega}\left[\left(\frac{\boldsymbol{c}^2}{2RT} - \frac{5}{2}\right)\frac{c_i}{T}\cdot\frac{\partial T}{\partial x_i} + \frac{1}{2RT}\,c_i c_j \; : \; \left(\frac{\partial v_j}{\partial x_i} + \frac{\partial v_i}{\partial x_j} - \frac{2}{3}\frac{\partial v_k}{\partial x_k}\delta_{ji}\right)\right].$$

Für weitere Regeln und Definitionen von Tensoren und Integralen mit Tensoren im Rahmen der kinetischen Theorie wird auf das Buch von Ferziger und Kaper [12] verwiesen.

# Literaturverzeichnis


1. Becker R. (1922) Stoßwelle und Detonation. Z. f. Physik, VIII:321
2. Bhatnagar P.L., Gross E.P., Krook M. (1954) A Model for Collision Processes in Gases. Phys. Rev., 94:511
3. Bird G.A. (1976) Molecular Gasdynamics. Clarendon Press, Oxford
4. Bird G.A. (1963) Homogeneous Gas Relaxation. Phys. Fluids, 6:1518
5. Bird R.B., Stewart WE, Lightfoot EN (1960) Transport Phenomena. Wiley, New York
6. Boltzmann L. (1872) Weitere Studien über das Wärmegleichgewicht unter Gasmolekülen. Sitz.-Ber. Akad.Wiss. Wien, II, 66:275 Siehe auch: Brush S.G. (1970)
7. Brush S.G. (1970) Kinetische Theorie, Band II Irreversible Prozesse. Vieweg Verlag, Braunschweig
8. Cercignani C. (2000) Rarefied Gas Dynamics: From Basic Concepts to Actual Calculations. Cambridge University Press, Cambridge
9. Chapman S., Cowling T.G. (1952) The Mathematical Theory of Non-uniform Gases. Cambridge University Press, Cambridge
10. Chen H., Chen D., Matthaeus W. (1992) Recovery of the Navier-Stokes Equations through a Lattice Gas Boltzmann Equation Method. Phys. Rev. A, 45:5339-5342
11. Chorin A.J. (1968) Numerical Solution of the Navier-Stokes Equations. Math. of Computations, 23:341
12. Ferziger J.H., Kaper H.G. (1972) Mathematical Theory of Transport Processes in Gases. North-Holland Publishing Company, Amsterdam, London
13. Filippova O., Hänel D. (1998) Boundary Fitting and Local Grid Refinement for Lattice-BGK Models. Int. J. of Modern Phys.C, 9:36
14. Filippova O., Hänel D. (2000) A Novel Lattice BGK Approach for Low Mach Number Combustion. J. Comp. Physics, 158:136-160
15. Filippova O., Hänel D. (1997) Lattice-Boltzmann Simulation of Gas-Particle Flow in Filters. Computers & Fluids, 26:697
16. Filippova O., Hänel D. (2001) Flow Prediction by Lattice-Boltzmann Methods. In: In: N. Satofuka (Ed.), "Computational Fluid Dynamics 2000", pp 523-529, Springer Verlag,Berlin, Heidelberg
17. Filippova O., Succi S., Mazzocco F., Arrighetti C., Bella G., Hänel D. (2001) Multiscale Lattice Boltzmann Schemes with Turbulence Modeling. J. Comp. Physics, 170:812
18. Frisch U., Hasslacher B., Pomeau Y.(1986) Lattice Gas Automata for the Navier-Stokes Equations. Phys. Rev. Lett., 56:1506
19. Frohn A. (1988) Einführung in die kinetische Gastheorie. Aula-Verlag, Wiesbaden
20. Gilbarg D., Paolucci D. (1953) The Structure of Shock Waves in the Continuum Theory of Fluids. J. Rat. Mech. Anal., 2:617

21. Grad H. (1949) On the Kinetic Theory of Rarified Gases. Comm. Pure Apll. Math., 2:331
22. Hänel D., Filippova O. (2001) Lattice-Boltzmann Methods - A New Tool in CFD. In: M. Hafez et al. (Eds.), "Computational Fluid Dynamics for the 21st Century",Notes on Numerical Fluid Mechanics, 78:117, Springer Verlag Berlin, Heidelberg
23. Hicks B.L., Yen S.L., Reilly B.L. (1972) Internal Structure of Shock Waves. J. Fluid Mech., 53:85
24. Hirschfelder J.O., Curtiss C.F., Bird R.B. (1954) Molecular Teory of Gases and Liquids. Wiley, New York, London, Sydney
25. Kennard E.H. (1938) Kinetic Theory of Gases. McGraw-Hill, New York
26. Lallemand P., Luo L.S. (2000) Theory of the Lattice Boltzmann Method: Dispersion, Dissipation Isotropy, Galilean Invariance, and Stability. Phys. Rev. E, 61:6546
27. Lallemand P., Luo L.S. (2003) Theory of the Lattice Boltzmann Method: Acoustic and Thermal Properties in Two and Three Dimensions. Phys. Rev. E, 68:036706
28. Liepmann H.W., Narasimha R., Chahine M.T. (1962) Structure of a Plane Skock Layer. Phys. Fluids, 5:1313
29. Maxwell J.C. (1867) On Dynamic Theory of Gases. Philos. Trans. roy. Soc., 157:49 Siehe auch: Brush SG (1970)
30. McNamara G., Zanetti G. (1988) Use of the Boltzmann Equation to Simulate Lattice-Gas Automata. Phys. Rev. Lett. 61:2332 - 2335
31. Mott-Smith H.M. (1951) The Solution of the Boltzmann Equation for a Shock Wave. Phys. Rev., 82:885
32. Müller I., Ruggeri T. (1998) Rational Extended Thermodynamics, 2nd ed. Springer, New York
33. Qian Y.H., d'Humiéres D., Lallemand P. (1992) Lattice BGK Models for Navier-Stokes Equations. Europhys. Lett., 17:479 - 484
34. Rehm G.R., Baum H.R. (1978) The Equations of Motion for Thermally Driven Flows. J. Res. Natl. Bur. Standards, 83:297
35. Rivet J.P., Boon (2001) Lattice Gas Hydrodynamics. Cambridge University Press, Cambridge
36. Schäfer M., Turek S. (1996) Benchmark Computations of Laminar Flow around a Cylinder. In: Notes in Numerical Fluid Mechanics, 52:547, Vieweg Verlag, Braunschweig
37. Succi S. (2001) The Lattice Boltzmann Equation for Fluid Dynamics and Beyond (Numerical Mathematics and Scientific Computation). University Press, Oxford
38. Talbot L., Sherman F.S. (1959) Structure of Weak Shock Waves in a Monatomic Gas. NASA Memo, 12-14-58W
39. Vincenti W.G., Kruger C.H. (1967) Introduction to Physical Gas Dynamics. Wiley, Inc., New York, London, Sydney
40. Warnatz J., Maas U., Dibble R.W. (2001) Verbrennung. Springer, Heidelberg
41. Wolfram S. (1986) Cellular Automaton Fluids 1: Basic Theory. J. Stat. Phys., 45:471
42. Wolfram S. (2002) A New Kind of Science. Wolfram Media Inc.

# Sachverzeichnis

MIX
Papier aus verantwortungsvollen Quellen
Paper from responsible sources
FSC® C105338

If you have any concerns about our products,
you can contact us on
ProductSafety@springernature.com

In case Publisher is established outside the EU,
the EU authorized representative is:
**Springer Nature Customer Service Center GmbH
Europaplatz 3, 69115 Heidelberg, Germany**

Printed by Libri Plureos GmbH
in Hamburg, Germany